全国农业高等院校规划教材
农业部兽医局推荐精品教材

宠物营养与食品

● 王景芳　史东辉　主编

中国农业科学技术出版社

图书在版编目（CIP）数据

宠物营养与食品/王景芳，史东辉主编. —北京：中国农业科学技术出版社，2008.8
全国农业高等院校规划教材. 农业部兽医局推荐精品教材
ISBN 978-7-80233-569-1

Ⅰ. 宠…　Ⅱ.①王…②史…　Ⅲ. 观赏动物－食品营养－高等学校－教材　Ⅳ. S815

中国版本图书馆 CIP 数据核字（2008）第 081273 号

责任编辑　崔改泵　段道怀
责任校对　贾晓红　康苗苗

出　版　者　中国农业科学技术出版社
　　　　　　北京市中关村南大街 12 号　邮编：100081
电　　话　（010）82106632（编辑室）
传　　真　（010）62121228
网　　址　http://www.castp.cn
经　销　者　新华书店北京发行所
印　刷　者　北京科信印刷有限公司
开　　本　787 mm×1082 mm　1/16
印　　张　17
字　　数　400 千字
版　　次　2008 年 8 月第 1 版　2016 年 12 月第 4 次印刷
定　　价　28.00 元

《宠物营养与食品》

编　委　会

主　编　王景芳　黑龙江生物科技职业学院

　　　　史东辉　辽宁医学院

副主编　顾洪娟　辽宁农业职业技术学院

　　　　李文军　黑龙江畜牧兽医职业学院

　　　　王俊峰　信阳农业高等专科学校

参　编　邵洪侠　黑龙江生物科技职业学院

　　　　侯晓亮　黑龙江民族职业学院

　　　　王　东　黑龙江畜牧兽医职业学院

　　　　邬立刚　黑龙江农业职业技术学院

　　　　刘希凤　山东畜牧兽医职业学院

主　审　张卫宪　周口职业技术学院

内 容 简 介

　　《宠物营养与食品》系为高职高专院校宠物医疗专业学生编写的系列教材之一。本书共设 8 章。第一章为宠物营养基础，主要讲述蛋白质、脂肪、碳水化合物、矿物质、维生素和能量在宠物营养中的作用及相互关系；第二章为营养需要与饲养标准，讲述宠物处于不同生理状态下对各种营养物质需要的特点、变化规律及影响因素；第三章为宠物食品原料，讲述宠物食品的概述、原料的营养特性及利用；第四章为宠物食品的原料配制，讲述如何根据饲养标准为不同宠物配制日粮；第五章为宠物食品加工与质量管理，讲述宠物食品的加工工艺及质量管理；第六章为观赏鸟的营养与饲料，讲述观赏鸟所需各种营养物质及饲料；第七章为观赏鱼的营养与饲料，讲述观赏鱼所需各种营养物质及饲料；第八章实训指导，为学生岗位应职能力的训练提供指导。本书的读者对象，除高职高专院校宠物专业学生外，还可供动物营养与饲料学的科研人员、教师、畜牧及宠物医疗工作者参考。

前　言

本教材是根据《教育部关于加强高职高专教育人才培养工作的意见》、《关于加强高职高专教育教材建设的若干意见》、《关于全面提高高等职业教育教学质量的若干意见》等文件精神而编写的。

在编写教材过程中，根据高职高专的培养目标，遵循高等职业教育的教学规律，针对学生的特点和就业面，注重对学生专业素质的培养和综合能力的提高，尤其突出实践技能训练。理论内容以"必需"、"够用"为尺度，适当扩展知识面和增加信息量；实践内容以基本技能为主，又有综合实践项目。书中所有内容均最大限度地保证其科学性、针对性、应用性和实用性，并力求反映当代新知识、新方法和新技术。

本教材重点在于培养学生具备应职岗位及自主创业所必需的宠物营养与食品方面的基本理论知识和基本技能，掌握宠物营养原理和营养需要的知识与宠物饲粮配合、宠物食品加工调制、饲料资源的合理利用、宠物食品卫生监控的能力，使学生初步具备独立进行岗位工作、自主创业和解决宠物饲养中实际问题的能力。

编写人员分工为：第一章第一至第八节由史东辉编写；第九、十节由王东编写；第二章由顾洪娟编写；第三章由邵洪侠编写；第四章第一、二、三节由王俊峰编写；第四章第四节、第五节由刘希凤编写；第五章由侯晓亮编写；第六章由李文军编写；第七章及第八章由王景芳编写；附录部分由邬立刚编写。全书由王景芳统稿，在统稿中邵洪侠协助做了很多工作。

编写工作承蒙中国农业科学技术出版社的指导；教材由周口职业技术学院张卫宪教授主审，并对结构体系和内容等方面提出了宝贵意见；主编、副主编、参编和主审所在的学校，对编写工作给予了大力支持。同时也向"参考文献"作者表示诚挚谢意。

由于宠物营养的研究工作在我国尚处于起步阶段，宠物营养的精细研究资料较少，加之编者水平所限，难免有不足之处，恳请专家和读者赐教指正。

编　者

2008 年 5 月

序

中国是农业大国，同时又是畜牧业大国。改革开放以来，我国畜牧业取得了举世瞩目的成就，已连续 20 年以年均 9.9% 的速度增长，产值增长近 5 倍。特别是"十五"期间，我国畜牧业取得持续快速增长，畜产品质量逐步提升，畜牧业结构布局逐步优化，规模化水平显著提高。2005 年，我国肉、蛋产量分别占世界总量的 29.3% 和 44.5%，居世界第一位，奶产量占世界总量的 4.6%，居世界第五位。肉、蛋、奶人均占有量分别达到 59.2 千克、22 千克和 21.9 千克。畜牧业总产值突破 1.3 万亿元，占农业总产值的 33.7%，其带动的饲料工业、畜产品加工、兽药等相关产业产值超过 8 000 亿元。畜牧业已成为农牧民增收的重要来源，建设现代农业的重要内容，农村经济发展的重要支柱，成为我国国民经济和社会发展的基础产业。

当前，我国正处于从传统畜牧业向现代畜牧业转变的过程中，面临着政府重视畜牧业发展、畜产品消费需求空间巨大和畜牧行业生产经营积极性不断提高等有利条件，为畜牧业发展提供了良好的内外部环境。但是，我国畜牧业发展也存在诸多不利因素。一是饲料原材料价格上涨和蛋白饲料短缺；二是畜牧业生产方式和生产水平落后；三是畜产品质量安全和卫生隐患严重；四是优良地方畜禽品种资源利用不合理；五是动物疫病防控形势严峻；六是环境与生态恶化对畜牧业发展的压力继续增加。

我国畜牧业发展要想改变以上不利条件，实现高产、优质、高效、生态、安全的可持续发展道路，必须全面落实科学发展观，加快畜牧业增长方式转变，优化结构，改善品质，提高效益，构建现代畜牧业产业体系，提高畜牧业综合生产能力，努力保障畜产品质量安全、公共卫生安全和生态环境安全。这不仅需要全国人民特别是广大畜牧科教工作者长期努力，不断加强科学研究与科技创新，不断提供强大的畜牧兽医理论与科技支撑，而且还需要培养一大批掌握新理论与新技术并不断将其推广应用的专业人才。

培养畜牧兽医专业人才需要一系列高质量的教材。作为高等教育学科建设的一项重要基础工作——教材的编写和出版，一直是教改的重点和热点之一。为了支持创新型国家建设，培养符合畜牧产业发展各个方面、各个层次所需的复合型人才，中国农业科学技术出版社积极组织全国范围内有较高学术水平和多年教学理论与实践经验的教师精心编写出版面向 21 世纪全国高等农林院校，反映现代畜牧兽医科技成就的畜牧兽医专业精品教材，并进行有益的探索和研究，其教材内容注重与时俱进，注重实际，注重创新，注重拾遗补缺，注重对学生能力、特别是农业职业技能的综合开发和培养，以满足其对知识学习和实践能力的迫切需要，以提高我国畜牧业从业人员的整体素质，切实改变畜牧业新技术难以顺利推广的现状。我衷心祝贺这些教材的出版发行，相信这些教材的出版，一定能够得到有关教育部门、农业院校领导、老师的肯定和学生的喜欢。也必将为提高我国畜牧业的自主创新能力和增强我国畜产品的国际竞争力作出积极有益的贡献。

国家首席兽医官
农业部兽医局局长

二〇〇七年六月八日

目　录

第一章　宠物营养基础

第一节　概述

营养是有机体消化吸收食物并利用食物中的有效成分来维持生命活动、修补体组织生长和生产的全部过程。食物中的有效成分能够被有机体用以维持生命或生产产品的一切化学物质，称为营养物质或营养素、养分。养分可以是简单的化学元素如 Ca、P、K、Na、Cl、Mg、S、Fe、Cu、Mn、Zn、Se、I 等；也可以是复杂的化合物，如蛋白质、脂肪、碳水化合物和各种维生素。自然界中的生物根据其营养特点不同，可分为自养生物和异养生物两大类。大部分植物和微生物能利用土壤中的无机元素、硝态或氨态氮、水及空气中的二氧化碳和叶绿素捕获太阳能，通过光合作用合成自身需要的各种有机物，同时释放出氧，这些生物属于自养生物。大多数动物不能像自养生物那样以简单无机物为食物，必须从外界直接获得有机物及氧，这些生物属于异养生物。自养生物是异养生物的主要食物；异养生物的排泄物和死尸，经微生物分解转化为无机物还原于自然界，成为自养生物的食物来源。自养生物和异养生物是生物界物质循环的两大主要生物群落，它们相互制约，相互依存，并同时影响环境，由此构成复杂的生态系统。

一、动植物的组成

宠物食品中的营养物质是宠物生存、生长、繁殖、生产的物质基础。一切能被宠物采食、消化、利用并无毒无害的物质，皆可作为宠物的食品，也称为宠物日粮、宠物食物或宠物饲粮等，包括天然的和人工合成的各种物质，绝大多数来源于植物和动物。

（一）宠物食品中的营养物质

已知的 100 多种化学元素中，在动物、植物体内就有 60 多种。其中，至少有 20 多种参与各种营养物质的构成。根据这些化学元素在动、植物体内含量的多少可分为两大类，即常量元素和微量元素。其中含量不低于 0.01% 者称为常量元素，如碳、氢、氧、氮、钙、磷、钾、钠、氯、镁、硫等；含量低于 0.01% 者称为微量元素，包括铁、铜、钴、锰、锌、碘、硒等。上述元素中，碳、氢、氧、氮四种元素所占比例最大，占动、植物体中元素的90%以上。测定证明：组成动物体的化学元素与组成植物体的化学元素基本相同，只是含量略有差异。具体含量见表 1-1。

表 1 - 1　动、植物体化学元素含量比较

元素含量	植　物		动　物	
	玉米	豆饼	猪肉	羊肉
氧（%）	49.1	38.3	44.9	51.7
碳（%）	40.3	41.7	38.0	25.4
氢（%）	7.2	5.9	10.3	9.3
氮（%）	1.4	7.8	1.8	2.2
硫（g/kg）	0.59	1.68	1.27	1.54
氯（g/kg）	1.38	3.82	0.41	0.52
磷（g/kg）	3.30	7.01	2.77	5.28
钙（g/kg）	0.30	2.15	4.43	8.74
钾（g/kg）	3.18	20.18	1.12	1.42
钠（g/kg）	0.05	0.18	0.53	0.76
镁（g/kg）	1.14	2.65	0.19	0.32
铁（g/kg）	42.0	230.0	90.0	280.0
锰（g/kg）	9.0	30.0	—	—
碘（g/kg）	—	—	400.0	400.0
锌（g/kg）	21.0	47.0	30.0	30.0
铜（g/kg）	51.0	1240.0	—	—
铝（g/kg）	14.0	41.0	—	—
硅（g/kg）	170.0	720.0	10.0	100.0

　　这些元素在宠物体内和食品中绝大部分不是以游离状态单独存在，而是互相结合以复杂的有机和无机化合物的形式构成各种组织器官和产品。

　　国际上通常采用1864年德国的 Hanneberg 提出的概略养分分析方案，将宠物食品中的养分分为6大类（图1-1）。即水分、粗灰分（Ash）、粗蛋白质（CP）、粗脂肪或乙醚浸出物（EE）、粗纤维（CF）、和无氮浸出物（NFE）。该分析方案概括性强，简单、实用。

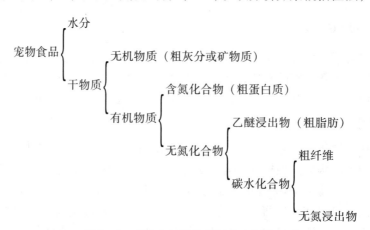

图 1 - 1　宠物食品的养分组成之间关系

1. 水分

　　各种宠物食品均含有水分，其含量差异很大。水分含量越高，干物质含量越低，营养浓度越低，其营养价值也越低。一般宠物食品中水分≤14%时，易于保存和运输。存在于

动植物细胞间、与细胞结合不紧密、容易挥发的水，称游离水或自由水；而与细胞内胶体物质紧密结合在一起、形成胶体水膜、难以挥发的水，称结合水或束缚水。构成动植物体的这两种水分之和，称为总水分。

2. 粗灰分

是宠物食品、动物组织和动物排泄物样品在 550～600℃ 高温炉中将所有有机物全部氧化后剩余的残渣。主要为矿物质氧化物或盐类，有时还含有少量的泥沙，故称粗灰分。

3. 粗蛋白质

宠物食品、动物组织或动物排泄物中一切含氮物质的总称为粗蛋白质，包括真蛋白和非蛋白含氮物，后者又称氨化物，包括游离氨基酸、酰胺类、含氮的糖苷和脂、生物碱、铵盐、硝酸盐、甜菜碱、胆碱、嘧啶和嘌呤等。粗蛋白的平均含氮量为 16%。常规分析测定的粗蛋白，根据测出的含氮量乘以 6.25（100/16＝6.25）计算粗蛋白含量，6.25 称为蛋白质的换算系数。

4. 粗脂肪

是宠物食品、动物组织和动物排泄物样品中脂溶性物质的总称。常规分析中是用乙醚浸提样品所得的乙醚浸出物，所以粗脂肪又称为乙醚浸出物。包括真脂肪和类脂肪。真脂肪系甘油三酯。类脂肪有叶绿素、脂溶性维生素、有机酸、树脂、固醇等。

5. 粗纤维

碳水化合物是植物性宠物食品中最主要的组成成分，也是宠物的主要能量来源。按常规分析，碳水化合物分为粗纤维和无氮浸出物两部分。粗纤维是植物细胞壁的主要组成成分，包括纤维素、半纤维素、木质素及角质成分。纤维素是由 $\beta-1,4$ 葡萄糖聚合而成的同质多糖，其营养价值与淀粉相似；半纤维素是由葡萄糖、果糖、木糖、甘露糖和阿拉伯糖等聚合而成的异质多糖；木质素是一种苯丙基衍生物的聚合物，是宠物利用各种养分的主要限制因子，对宠物没有营养价值。

6. 无氮浸出物

是指宠物食品有机物质中的无氮物质除去脂肪及粗纤维以外的部分，主要是由易被宠物消化利用的淀粉、双糖、单糖等可溶性碳水化合物组成。随着营养科学的发展和养分分析方法的不断改进，分析手段越来越先进，如氨基酸自动分析仪、原子吸收光谱仪、气相色谱分析仪等的使用，使养分分析的效率大大提高，各种纯养分皆可进行分析。宠物食品中的无氮浸出物由下式计算而来。

无氮浸出物（%）＝100%－（水分＋粗灰分＋粗蛋白质＋粗脂肪＋粗纤维）%

无氮浸出物含量越高，适口性越好，消化率越高。

（二）宠物食品中各种营养物质的基本功能

1. 作为宠物体的结构物质

宠物机体的每一个细胞和组织的构成物质，如骨骼、肌肉、皮肤、结缔组织、牙齿、羽毛、角、爪等组织器官都是由营养物质构成的。营养物质是宠物维持生命和正常生产过程中不可缺少的物质。

2. 作为宠物生存和生产的能量来源

在宠物生命和生产过程中，维持体温、随意活动和生产产品，所需能量皆来源于营养物质，主要是碳水化合物、脂肪和蛋白质。

3. 作为动物机体正常机能活动的调节物质

营养物质中的维生素、矿物质以及某些氨基酸、脂肪酸等，在宠物机体内起着不可缺少的调节作用。如果缺乏，宠物正常生理活动将出现紊乱，甚至死亡。

（三）宠物食品中营养物质表示方法

1. 营养物质的表示单位

百分比（%）表示 100 单位重（kg，g，mg，μg 等）的宠物食品总量中某种养分所占的比例，如 mg/kg 表示每千克宠物食品中含有多少毫克的宠物食品养分。

2. 不同干物质为基础的表示方法

原样基础：也称为新鲜基础或潮湿基础，因干物质含量的差异较大，不易比较。

风干基础：宠物食品在空气中放置干燥后称风干宠物食品。在此基础上干物质含量约为88%左右，大多数宠物食品以风干状态饲喂，比较实用。

绝干基础：无水状态或100%的干物质状态，常用于比较不同水分含量的宠物食品。

（四）动植物体的组成成分

动植物体所含化学元素基本相同，数量略有差异，二者所含化学元素皆以氧为最多，碳和氢次之，钙和磷较少。动物体内的钙、磷、钠含量大大超过植物，钾含量则低于植物。其他微量元素的含量相对较稳定。植物受土壤、肥料、气候、收贮时间等因素影响而变化。比较动植物体的化合物有如下差异。

1. 水分

在一定条件下将宠物食品或畜禽产品烘干至恒重，所失重量为水分（包括游离水、结合水）重量，剩余重量为干物质重量。植物体内水分因植物种类、植株生长部位不同差异较大，多可到95%，少到5%。青绿植物为60%～95%，籽实类、油饼类为9%～15%。成年宠物体内水分含量一般为45%～60%，血液含水90%～92%，肌肉含水72%～78%，骨骼组织含水约45%，宠物牙齿珐琅质含水仅5%。

2. 粗灰分

主要由各种矿物质组成，如钙、磷、铁、镁、铜、钾、钠等。植物中各元素因地区、植物种类、生长时期、部位的不同而差异较大。宠物体内钙、磷占65%～75%，主要矿物质元素平均百分含量为：Ca 1.33%，P 0.74%，K 0.19%，Na 0.16%，Cl 0.11%，Mg 0.04%，S 0.15%。除上述矿物元素外，含量仅为宠物体十万分之几至千万分之几的 Fe、Cu、Zn、Mn、Co、F、Cr 等元素也是动物必需的微量元素。

3. 粗蛋白质

植物体内粗蛋白质一部分蛋白质以氨化物形式存在。蛋白质含量因植物种类、部位不同而差异较大，含量比宠物少，豆科籽实为29%～50%，谷实类7%～14%。植物体能自身合成全部的氨基酸，宠物体则不能全部合成。宠物体的每一个细胞都含有蛋白质。宠物体内酶、抗体，内分泌激素，色素以及对宠物有机体起消化、代谢、保护作用的一切特殊物质皆由蛋白质构成。宠物体内的蛋白质是由各种氨基酸按一定顺序排列构成的真蛋白质。一般说来，宠物体内蛋白质含量较高。

4. 粗脂肪

植物脂肪主要由不饱和脂肪酸组成，除油料植物中脂类含量较高外一般植物脂类含量较少。植物种子中的脂类主要是简单的甘油三酯，复合脂类是细胞中的结构物质，平均占细胞膜干物质一半或一半以上。在植物体的粗脂肪中，除中性脂肪和脂肪酸外，还有色素、蜡质等。宠物体内的粗脂肪中，则含有中性脂肪、脂肪酸及各种脂溶性维生素，主要由饱和脂肪酸组成。宠物体内的脂类主要是结构性的复合脂类，如磷脂、糖脂、鞘脂、脂蛋白质和贮存的简单脂类等。宠物的种类、品种、生长程度等不同，脂肪含量差异较大。

5. 粗纤维

植物种类、生长阶段不同，植株部位不同粗纤维含量不同。秸秆、秕壳含粗纤维较高，豆类籽实含量较少。宠物体内不含粗纤维。

6. 无氮浸出物

其在植物籽实中含量最高，其次是叶，在根、茎中含量最低。在淀粉质块根、块茎中的含量可达75%～93%，禾本科籽实中含量为60%～70%。宠物食品中无氮浸出物含量高，适口性好，消化率高，是动物能量的主要来源。宠物体内碳水化合物含量少于1%，主要为以肝糖元和肌糖元形式存在。肝糖元约占肝鲜重的2%～8%，总糖元的15%；肌糖元约占肌肉鲜重的0.5%～1%，总糖元的80%。其他组织中糖元约占5%。葡萄糖是重要的营养性单糖，肝是体内葡萄糖的贮存库。

宠物体与植物体的组成既有相同点又存在差异。宠物摄取营养物质后，必须经过体内的新陈代谢过程，才能将营养物质转变为机体成分。宠物体成分与宠物食品成分间的关系可概括为：宠物体的水分来源于宠物食品中的水、代谢水和饮水；宠物体的蛋白质来源于食品中的蛋白质和氨化物；宠物体的脂肪来源于食品中的粗脂肪、无氮浸出物、粗纤维及蛋白质脱氨部分；宠物体内的糖分来源于食品中的碳水化合物；宠物体中的矿物质来源于宠物食品、饮水和土壤中的矿物质；宠物体内的维生素有一部分来源于食品中的维生素，有一部分来自自身消化道微生物或是由机体合成。但这并不是绝对的，宠物食品中的各种营养物质，在机体代谢过程中，存在着相互协调、相互代替或相互颉颃等复杂关系。

二、宠物对食品的消化和吸收

宠物食品中的有机成分蛋白质、脂肪、碳水化合物以不溶解的大分子形式存在，这些物质必须分解成较简单的化合物，才能通过消化道黏膜进入血液和淋巴液，这种分解过程称作消化。已消化的养分通过消化道黏膜进入血液或淋巴液的生理过程称为吸收。宠物对不同食品的消化利用程度不同，宠物食品中各种营养物质消化吸收的程度直接影响其利用效率。

（一）宠物对食品的消化方式

宠物的类别不同，消化道结构和功能亦不同，但是，它们对食物中各种营养物质的消化却具有许多共同的规律。宠物对食品的消化方式有三种：物理性消化、化学性消化和微生物消化。

1. 物理性消化

物理性消化主要靠宠物的咀嚼器官——牙齿和消化道管壁的肌肉运动把食物压扁、撕碎、磨烂，增加食物的表面积，易于与消化液充分混合，并把食糜从消化道的一个部位运送到消化道的另一个部位。这种消化方式虽然改变了食物的物理性质，但并没有改变食物的化学性质。食物在宠物口腔内的消化方式主要是物理性消化，为胃肠中的化学性消化

（主要是酶的消化）、微生物消化做好准备。

2. 化学性消化

动物对宠物食品的化学性消化主要是酶的消化。酶的消化是高等动物主要的消化方式，是宠物食品变成动物能吸收的营养物质的一个过程。宠物食品中的大分子物质如蛋白质、脂肪和糖类等营养物质在相应酶的作用下分解为可被吸收的小分子物质氨基酸、甘油、脂肪酸以及单糖等。宠物对食品中粗纤维的消化，主要靠消化道内微生物的发酵，此外，植物性食品中含有的酶，在宠物胃肠道适宜的环境中，也参与消化作用。

宠物消化道部位不同，分泌的消化液不同，消化液中酶的种类也不相同，表1-2列出了消化液的来源，消化酶的名称、前体物、致活物和分解食物中营养物质的种类及终产物。

表1-2 消化道中的主要酶类

来　源	酶	前体物	致活物	分解底物	终产物
唾　液	唾液淀粉酶	胃蛋白酶原	盐酸	淀粉	糊精、麦芽糖
胃　液	胃蛋白酶	胃乳酶原	盐酸	蛋白质	胨、脒
胃　液	凝乳酶	胰蛋白酶原	肠激酶	酪蛋白	酪蛋白钙、胨
胰　液	胰蛋白酶	糜蛋白酶原	胰蛋白酶	蛋白质	胨、肽
胰　液	糜蛋白酶	羧肽酶原	胰蛋白酶	蛋白质	胨、肽
胰　液	羧肽酶	氨基肽酶原	胰蛋白酶	肽	氨基酸
胰　液	氨基肽酶			肽	氨基酸
胰　液	胰脂酶			脂肪	甘油、脂肪酸
胰　液	胰麦芽糖酶			麦芽糖	葡萄糖
胰　液	蔗糖酶			蔗糖	葡萄糖、果糖
胰　液	胰淀粉酶			淀粉	糊精、麦芽糖
胰　液	胰核酸酶			核酸	核苷酸
肠　液	氨基肽酶			胨、肽	氨基酸
肠　液	双肽酶			胨、肽	氨基酸
肠　液	麦芽糖酶			麦芽糖	葡萄糖
肠　液	乳糖酶			乳糖	葡萄糖、半乳糖
肠　液	蔗糖酶			蔗糖	葡萄糖、果糖
肠　液	核酸酶			核酸	嘌呤和嘧啶碱
肠　液	核苷酸酶			核酸	磷酸、戊糖

犬、猫是哺乳动物食肉目动物。它们的肠道相对较短，胃肠道分泌的消化液有利于消化和吸收动物的肌肉和骨骼，犬猫能消化吸收动物鲜肉和内脏中90%～95%的蛋白质，而只能消化吸收植物性蛋白质的60%～80%。不同的宠物在不同的生长发育阶段所分泌的酶的种类、数量不同。因此，供给的食物种类和加工调制方法也应不同。

犬驯化后成为以食肉为主的杂食动物，犬的味觉较差，采食迅速，依靠灵敏的嗅觉来辨别食物的新鲜或腐败；上下腭各有一对尖锐的犬齿，用来撕咬食物；肠道较短，只有体长的3～4倍，消化粗纤维的能力较差。

猫具有发达的犬齿，嗅觉相当的灵敏，但不如犬。猫的舌面上长有各种乳头，舌前端乳头的尖端朝后呈牙齿状，可舔食骨头上附着的肉。

3. 微生物消化

消化道中微生物对宠物食品的消化作用称为微生物消化。对大多数宠物来说，微生物消化的作用甚微，仅仅能依靠大肠内微生物发酵利用极少量的粗纤维。微生物消化对于鸟类消化食物纤维素很重要，但是，新生宠物消化道内几乎没有微生物，外界的微生物在宠物出生后，随食物进入消化道，并在其适当部位栖居和繁殖，从而形成了微生物群落。此外，有些鱼类的肠道内也有微生物存在，其种类、数量因鱼的种类而异，所分泌的酶有助于消化食物中的多糖、木质素等。还有一些鱼类的肠道微生物能够合成 B 族维生素和维生素 K。

（二）宠物对食品的吸收

宠物食品中的营养物质在宠物消化道内经物理的、化学的、微生物的消化后，经消化道上皮细胞进入血液和淋巴的过程称为吸收。宠物对营养物质吸收的主要部位在小肠。口腔、食道均不吸收营养物质，胃可吸收少量的葡萄糖、小肽、无机盐和水。大肠也可以吸收一小部分的水分和无机盐。

吸收的方式有胞饮吸收、被动吸收和主动吸收 3 种。

1. 胞饮吸收

初生哺乳宠物对初乳中免疫球蛋白的吸收是胞饮吸收，这对初生宠物获取抗体具有十分重要的意义。

2. 被动吸收

被动吸收是通过滤过、渗透、简单扩散和易化扩散（需要载体）等几种形式，将消化了的营养物质吸收进入血液和淋巴系统。这种吸收形式不需要消耗机体能量。一些分子量低的物质，如简单多肽、各种离子、电解质和水等的吸收即为被动吸收。

3. 主动吸收

主动吸收与被动吸收相反，必须通过机体消耗能量，是依靠细胞壁"泵蛋白"来完成的一种逆电化学梯度的物质转运形式。这种吸收形式是高等动物吸收营养物质的主要方式。吸收后的营养物质一是用于形成宠物体成分（体蛋白、体脂肪、及少量糖元）和宠物产品（奶、繁殖等），二是用于氧化供能。宠物食品中用于形成动物成分、体外产品和氧化供能的营养物质称为可利用营养物质。

（三）宠物食品营养物质的消化率

宠物因类别、年龄、生理状态等的不同，对食物消化吸收的能力不同。宠物消化宠物食品中营养物质的能力称为宠物的消化力。由于食物的来源、加工方法等的不同，食物被消化的水平也不同。食物可被宠物消化的程度或性质称为食物的可消化性。宠物的消化力和食物的可消化性是营养物质消化过程的两个方面。不同动物对不同宠物食品的消化利用程度不同，宠物食品中各种营养物质消化吸收的程度直接影响其利用效率。

1. 消化率

消化率是衡量宠物食品可消化性和动物消化力的统一指标，是宠物食品中可消化养分占食入食品养分的百分率。

$$食物中可消化养分 = 食入食物养分 - 粪中养分$$

$$食物中某养分的消化率（\%） = \frac{食入食物中某养分 - 粪中某养分}{食入食物中某养分} \times 100$$

因粪中所含各种养分并非全部来自宠物食品，有少量来自消化道分泌的消化液、肠道脱落细胞、肠道微生物等内源性产物，故上述公式计算的消化率为表观消化率。

真消化率的计算公式如下：

$$\text{食物中某养分的真消化率（\%）} = \frac{\text{食入食物中某养分} - （\text{粪中某养分} - \text{消化道来源物中某养分}）}{\text{食入食物中某养分}} \times 100$$

在生产实践中多采用表观消化率作为宠物食品营养价值和进行饲养试验的指标。

2. 影响消化率的因素

凡是影响宠物消化生理、消化道结构及机能和食物性质的因素，都会影响宠物的消化率。

（1）宠物 不同种类的宠物，其消化道结构、功能、长度和容积不同，因而消化力也不一样。

宠物消化器官和机能发育的完善程度不同，消化力强弱不同，对食物的消化率也不一样。幼年宠物对蛋白质、脂肪、粗纤维的消化率有随宠物年龄的增长而上升的趋势，尤以粗纤维最明显，无氮浸出物和有机物质的消化率变化不大。老年宠物因牙齿衰残，消化器官机能衰退，对食物的消化率逐渐减低。宠物生理状态也影响消化率，宠物在快速生长期、妊娠和泌乳高峰期的消化率略高一些，而在有些应激和疾病状态下则要低一些。

（2）食物 不同种类的食物因养分含量和性质不同，消化性也不同。一般幼嫩青绿食物的可消化性较高，干粗食物的可消化性较低，作物籽实的可消化性高，而茎秆的可消化性低。

食物的化学成分以粗蛋白质和粗纤维对消化率的影响最大。粗蛋白质含量愈高，消化率愈高，粗纤维愈多，消化率愈低。

食物中的抗营养因子是指食物本身含有或从外界进入食物中的阻碍养分消化的微量成分。在植物性食品原料中，含抗营养因子最多的是植物的籽实，如豆科籽实及其饼粕、禾本科籽实及其糠麸，其中影响蛋白质消化的抗营养因子有蛋白酶抑制因子、植物凝聚素、单宁、胃肠胀气因子、皂苷和抗原蛋白；影响矿物质消化利用的有植酸、硫葡萄糖苷、芥子酸和芥碱、棉酚及其衍生物、环丙烯类脂肪酸；影响维生素消化利用的有香豆素、抗维生素因子、脂氧化酶、甲基芥子盐吡嗪胺、异咯嗪等。

动物性宠物食物中的抗营养因子主要是淡水鱼类及软体动物所含的硫胺素酶，而生禽蛋中则含有破坏生物素的抗生物素肮及影响 B 族维生素消化的卵白素。

（3）饲养管理技术 宠物食品的加工调制和饲养水平不同，消化率不同。食物的加工调制方法有物理、化学、微生物等方法。适宜的磨碎、加热、膨化、酸碱处理、发酵等均可提高食物中蛋白质等有机物质的消化率。饲喂量增加，宠物食品消化率降低。超过维持水平后，随饲养水平的增加，消化率逐渐降低。

第二节 能量与宠物营养

宠物在维持生命与生产过程中，都需要能量。宠物的营养需要或营养供给均可以能量为基础表示。能量是宠物食品的重要组成部分，宠物食品能量浓度起着决定宠物进食量的重要作用。宠物食品中的能量不能完全被宠物利用，其中，可被宠物利用的能量称为有效能。宠物食品中的有效能含量反映了宠物食品能量的营养价值，简称为能值。

一、能量来源与贮备

宠物机体所需的能量主要来源于宠物食品中三大有机物质的碳水化合物、脂肪和蛋白质。在三大养分的化学键中贮存着宠物所需要的化学能。宠物进食后，三大养分经消化吸收进入体内，在糖酵解、三羧酸循环或氧化磷酸化过程可释放出能量，最终以三磷酸腺苷（ATP）的形式满足机体需要。食物能量的最主要来源是碳水化合物。因为碳水化合物在常用植物性宠物食品中含量最高，来源丰富。脂肪的有效能值约为碳水化合物的 2.25 倍，但在宠物食品中含量较少，不是主要的能量来源。蛋白质用作能源的利用效率比较低，并且蛋白质在动物体内不能完全氧化，氨基酸脱氨产生的氨过多，危害宠物健康和生长，因而，蛋白质不宜作能源物质使用。碳水化合物中，各种单糖、寡糖及淀粉是宠物主要的能量来源。

宠物具有临时、过渡与长久三种贮能形式。除了结合于肌肉和肝脏细胞的 ATP 以及其他高能键可供经常活动（如心跳）的能量消耗外，磷酸肌酸是临时贮存 ATP 形式；糖元是过渡形式的能贮，约占鲜肝重的 5% 与肌肉重的 1%，总量则以肌肉中为多，为肝糖元的 5～6 倍；中性脂肪是动物能量的最终贮存形式，也是最主要能源，所有组织内都可进行脂肪合成，但主要在肝与脂肪组织。

二、能量的衡量单位

营养学上常用热量单位来衡量能的大小。传统的热量单位是"卡"，国际营养科学协会及国际生理科学协会确认以焦耳作为表示热量的法定计量单位。宠物营养中常采用千焦耳（kJ）和兆焦耳（MJ）。我国传统单位为卡，现在国家规定用焦耳。卡与焦耳的换算关系如下：

$$1cal = 4.184J；1kcal = 4.184kJ；1Mcal = 4.184MJ$$

三、能量在宠物体内的转化

宠物食品中三大养分在宠物体内的代谢过程伴随着能量的转化过程。宠物食品中的能量在宠物体内的分配见图 1-2。

（一）总能（GE）

宠物食品中三种有机物完全氧化燃烧所释放的全部能量，可由弹式测热计测定。宠物食品的总能取决于其碳水化合物、脂肪和蛋白质含量。三大养分能量的平均含量为：碳水化合物 17.5kJ/g，蛋白质 23.64 kJ/g，脂肪 39.54 kJ/g。其能值是评定能量代谢过程中其他能值的基础，但不能说明宠物食品被动物利用的有效程度。

（二）消化能（DE）

是宠物食品可消化养分所含的能量，即动物摄入宠物食品的总能与粪能（FE）之差。即：

$$DE = GE - FE$$

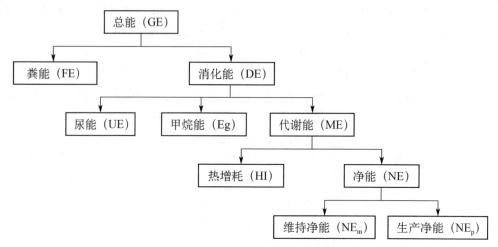

图1-2 食物中能量在宠物体内的转化

按上式计算的消化能称为表观消化能（Apparent Digestible Energy，ADE）。式中：FE（Energy in Feces，FE）为粪中养分所含的总能，称为粪能。粪能主要是以下物质产生的能量：①未被消化吸收的饲料养分；②消化道微生物及其代谢产物；③消化道分泌物和经消化道排泄的代谢产物；④消化道黏膜脱落细胞。

FE 中扣除 FmE 后计算的消化能称为真消化能（True Digestible Energy，TDE），即：

$$TDE = GE - (FE - FmE)$$

用 TDE 反映饲料的能值比 ADE 准确，但测定较难，故现行宠物营养需要和营养价值表一般都用 ADE。消化能含量受宠物食品类型、动物种类、宠物食品或日粮加工方式、饲养水平等因素影响。宠物食品的消化能可以通过动物消化试验测定。

（三）代谢能（ME）

是宠物食品消化能减去尿能（UE）及消化道可燃气体的能量（Eg）后剩余的能量。它代表营养物质中参与宠物体内转化的部分能量。

$$ME = DE - UE = GE - FE - UE$$

尿能是尿中有机物质所含的总能。主要来自于蛋白质的代谢产物，宠物主要来源于尿素。宠物食品的代谢能可以通过宠物代谢试验测定。与消化能相比，代谢能更能表明宠物食品能量在宠物体内的转化与利用程度。

影响消化能、尿能的因素均影响代谢能。

（四）净能（NE）

净能是宠物食品中用于动物维持生命和生产产品的能量，即宠物食品的代谢能扣去宠物食品在体内的热增耗（HI）后剩余的能量。

$$NE = ME - HI = GE - FE - UE - HI$$

热增耗又称体增热，是指绝食动物在采食宠物食品后短时间内，体内产热高于绝食代谢产热的那部分热能。体增热来自消化过程产热、营养物质代谢产热、与营养物质代谢相关的器官肌肉活动产热、肾脏排泄产热和宠物食品在胃肠道发酵产热（HF）。热增耗以热的形式散失，在冷应激环境中，可用于维持体温。但热应激环境下，热增耗是一种额外负担，必须将其散失，以防止体温升高。降低热增耗也是提高宠物食物利用率和宠物生长性能的主要措施之一。一般来说，蛋白质热增耗高于脂肪和碳水化合物。日粮热增耗的高低依赖于三大有机物的比例和日粮的平衡状况。

净能可分为维持净能（NE_M）和生产净能（NE_P）。NE_M指宠物食品能量用于维持生命活动、适度随意运动和维持体温恒定的部分。这部分能量最终以热的形式散失掉。NE_P指宠物食品能量用于沉积到产品中的部分。宠物食品中净能含量越高，其营养价值就越高。

影响净能值的因素包括影响代谢能、热增耗的因素以及环境温度。而影响热增耗的因素主要是宠物种类、宠物食品组成和饲养水平。

第三节　蛋白质营养

蛋白质是生命的物质基础，在宠物营养中占有特殊地位。它是细胞的重要组成成分，在生命过程中起着重要的作用。蛋白质是以氨基酸组成的一类数量庞大的物质的总称。由于组成蛋白质的氨基酸种类、数量和结合方式不同，在器官、体液和其他组织中的蛋白质的生理功能各异。

一、蛋白质的组成与营养功能

（一）组成

1. 蛋白质的元素组成

蛋白质主要组成元素是碳、氢、氧、氮，有的还含有硫、磷、铁、铜和碘等元素。比较典型的蛋白质元素组成（%）如下：

碳 51.0～55.0　　　　氮 15.5～18.0

氢 6.5～7.3　　　　　硫 0.5～2.0

氧 21.5～23.5　　　　磷 0～1.5

各种蛋白质的含氮量虽不完全相等，但差异不大。宠物食品中的蛋白质平均含氮量16%。食物中真蛋白质的含氮量测定很困难，故通常是测定食物中的总含氮量来估算食物中的蛋白质含量。

$$食物中粗蛋白质含量 = 食物中总含氮量 \times 6.25$$

2. 蛋白质的氨基酸组成

蛋白质是氨基酸的聚合物。自然界中存在的氨基酸有 200 种以上，构成蛋白质的氨基酸只有 20 几种。植物能合成自己全部所需的氨基酸，宠物不能全部自己合成。氨基酸有 L 型和 D 型两种构型。除蛋氨酸外，L 型的氨基酸生物学效价比 D 型高。大多数 D 型氨基酸不能被动物利用或利用率很低；天然食物中仅含易被利用的 L 型氨基酸。微生物能合成 L 型和 D 型两种氨基酸。化学合成的氨基酸多为 D、L 型混合物。

3. 蛋白质的分类

按照蛋白质的结构组成、形态和物理特性，一般可分为纤维蛋白、球状蛋白和结合蛋白三大类。

（1）纤维蛋白　包括胶原蛋白、弹性蛋白和角蛋白。胶原蛋白是软骨和结缔组织的主要蛋白质。它不溶于水，对宠物消化酶有抗性，但在水、稀酸、稀碱中煮沸易变成可溶性易消化的白明胶。胶原蛋白含有大量的羟脯氨酸和少量的羟赖氨酸，缺乏半胱氨酸、胱氨酸和色氨酸。弹性蛋白是弹性组织如肌腱和动脉的蛋白质。角蛋白是羽毛、毛发、爪、喙、蹄、角及脑灰质、脊髓和视网膜神经的蛋白质，它不易溶解和消化。

（2）球状蛋白　包括清蛋白、球蛋白、醇溶蛋白、组蛋白、鱼精蛋白、谷蛋白。清蛋白主要包括卵清蛋白、血清蛋白、豆清蛋白、乳清蛋白等；球蛋白有血清球蛋白、肌浆蛋白、豌豆的豆清蛋白等；谷蛋白主要有麦谷蛋白、高赖氨酸玉米的谷蛋白、大米的米精蛋白等；醇溶蛋白有玉米醇溶蛋白、小麦及黑麦的醇溶蛋白、大麦醇溶蛋白等；组蛋白属碱性蛋白，溶于水。大多数组蛋白在活性细胞中与核酸结合；鱼精蛋白是低分子量蛋白，含碱性氨基酸，多溶于水。鱼精蛋白在鱼的精子细胞中与核酸结合。

（3）结合蛋白　蛋白部分再结合一个非氨基酸的基团（辅基），如核蛋白、磷蛋白、金属蛋白、脂蛋白（卵磷脂、脑磷脂、胆固醇等）、色蛋白（血红蛋白、细胞色素等）和糖蛋白（半乳糖蛋白等）。

（二）营养功能

1. 蛋白质的营养生理功能

（1）蛋白质是构成体组织、体细胞的主要原料　宠物的肌肉、神经、结缔组织、腺体、精液、皮肤、血液、毛发、角、喙等都以蛋白质为主要成分，起着传导、运输、支持、保护、连接、运动等多种功能。肌肉、肝、脾等组织器官所含蛋白质的数量约占机体活重的13%～18%，其干物质含蛋白质80%以上，它也是乳、蛋、毛皮的主要组成成分。食物蛋白质几乎是唯一的可用于形成宠物体蛋白的氮来源，是脂肪和碳水化合物所不能代替的。

（2）蛋白质是机体内功能物质的主要成分　在动物生命和代谢活动中起催化作用的酶、起调节作用的激素、具有免疫和防御机能的免疫体和抗体，都是以蛋白质为其主体构成的。另外，蛋白质在维持体内的渗透压和水分的正常分布方面也都起着重要作用。所以，蛋白质不仅是结构物质，而且是维持生命活动的功能物质。

（3）蛋白质是体组织再生、修复和更新的必需物质　宠物在新陈代谢过程中，各种组织和器官的蛋白质在不断更新，旧的蛋白质不断分解，新的蛋白质不断合成。这种自我更新是生命的基本特征。另外，损伤组织也需要蛋白质的合成与修补。据同位素测定，全身蛋白质6～7个月更新一半。

（4）蛋白质是遗传物质的基础　宠物的遗传物质DNA与组蛋白结合成为一种复合体——核蛋白。它存在于染色体上，将本身携带的遗传信息，通过自身的复制过程遗传给下一代。DNA在复制过程中，涉及30多种酶和蛋白质的参与协同。

（5）蛋白质可供能和转化为糖、脂　蛋白质的主要营养作用不是氧化供能，但在分解过程中，可氧化产生部分能量。当宠物体内供能的碳水化合物和脂肪不足时，蛋白质也在体内分解，氧化释放能量，维持机体的代谢活动。当食入蛋白质过量或蛋白质品质不佳时，多余的氨基酸经脱氨基作用后，将不含氮的部分氧化供能或转化为体脂肪贮存起来，以备能量不足时动用。实践中应尽量避免蛋白质作为能源物质。当蛋白质摄入过多或日粮氨基酸不平衡时，蛋白质也可能转化为糖、脂或分解产热。

2. 主要氨基酸的营养生理功能

（1）赖氨酸 赖氨酸是宠物体内合成细胞蛋白质和血红蛋白所必需的氨基酸，也是幼龄宠物生长发育所必需的营养物质。

宠物缺乏赖氨酸时，食欲降低，体况消瘦，生长停滞；红细胞中血红蛋白量减少，贫血，甚至引起肝脏病变；皮下脂肪减少，骨的钙化失常。

（2）蛋氨酸 蛋氨酸是机体代谢中一种极为重要的甲基供体。通过甲基转移，参与肾上腺素、胆碱和肌酸的合成；肝脏脂肪代谢中，参与脂蛋白的合成，将脂肪输出肝外，防止产生脂肪肝，降低胆固醇；此外，还具有促进宠物被毛生长的作用。蛋氨酸脱甲基后可转变为胱氨酸和半胱氨酸。

宠物缺乏蛋氨酸时，发育不良，体重减轻，肌肉萎缩，鸟蛋变轻，被毛变质，肝脏、肾脏机能损伤，易产生脂肪肝。

（3）色氨酸 色氨酸参与血浆蛋白的更新，并与血红素、烟酸的合成有关。它能促进维生素 B_2 作用的发挥，并具有神经冲动的传递功能；是幼龄宠物生长发育和成年宠物繁殖、泌乳所必需的氨基酸。

宠物缺少色氨酸时，食欲降低，体重减轻，生长停滞，产生贫血、下痢、视力破坏并患皮炎等。

（4）苏氨酸 苏氨酸参与体蛋白的合成。缺乏时，宠物体重迅速下降。苏氨酸是免疫球蛋白的成分；苏氨酸作为黏膜糖蛋白的组成成分，有助于形成防止细菌与病毒侵入的非特异性防御屏障。

（5）缬氨酸 缬氨酸具有保持神经系统正常机能的作用。缺乏时，宠物生长停滞，运动失调。缬氨酸是免疫球蛋白的成分，能影响宠物的免疫反应。缬氨酸缺乏明显阻碍胸腺和外围淋巴组织的发育，抑制嗜中性与嗜酸性白细胞增殖。

（6）亮氨酸 亮氨酸是合成体组织蛋白与血浆蛋白所必需的氨基酸。亮氨酸是免疫球蛋白的成分，并能促进骨骼肌蛋白质的合成，对除骨骼肌以外的机体组织蛋白质的降解有抑制作用。

（7）异亮氨酸 异亮氨酸与亮氨酸共同参与体蛋白质的合成，缺乏异亮氨酸时，宠物不能利用食物中的氮。

缬氨酸、亮氨酸和异亮氨酸的营养生理作用具有共同之处，即在体内除用于合成蛋白质外，当宠物处于特殊生理时期（如饥饿、泌乳、运动）时，还能氧化供能，它们在体内分解产生 ATP 的效率高于其他氨基酸。这三种必需氨基酸在调节氨基酸与蛋白质代谢方面也起着重要的作用，并影响雌性宠物的泌乳与繁殖。另外，它们还影响宠物的免疫反应与健康。

（8）精氨酸 精氨酸是生长期宠物的必需氨基酸，缺乏时体重迅速下降；在精子蛋白中精氨酸占80%左右，缺乏时，精子生成受到抑制；宠物在免疫应激期间，精氨酸可通过产生一氧化氮，在巨噬细胞与淋巴细胞间的粘连与激活过程中起着极为重要的作用。猫对精氨酸的需要量远大于犬。

喂食含精氨酸不足的食物会导致猫流口水、呕吐、肌肉颤抖、运动失调、痉挛、甚至昏迷。

（9）组氨酸 组氨酸大量存在于细胞蛋白质中，参与机体的能量代谢。是生长期宠物的必需氨基酸。缺乏时，生长停滞。

（10）苯丙氨酸　苯丙氨酸是合成甲状腺素和肾上腺素所必需的氨基酸。缺乏时，甲状腺和肾上腺机能受到破坏。

（11）牛磺酸（牛胆素）　牛磺酸是以游离状态存在于无脊椎动物和哺乳动物的胆汁中。它能促使肠道吸收诸如胆固醇等类脂（脂肪）。牛磺酸是猫科宠物日粮中的重要部分，牛磺酸的缺乏会使猫的神经组织成熟减缓并发生退化，这在眼球视网膜表现得尤为突出，出现"猫的中央视网膜退化症"（如不医治，将引起失明）。牛磺酸对防止猫的"膨胀心肌病"（在心肌衰退的情况下，心脏组织自身膨胀试图满足宠物的血液循环需要）是非常重要的，而且对提高猫的生殖能力有非常明显的作用，雌猫的日粮中缺乏牛磺酸时，产仔中死胎较多而成活的小猫较少，而且最终能存活到断奶期的也不多。

缺乏牛磺酸会导致的机体组织变化包括听力减弱、白血球数减少、肾成长不充分等。

3. 肽的营养

一些研究发现，宠物采食纯合饲粮（蛋白质完全由工业氨基酸代替）或氨基酸平衡的低蛋白饲粮时，不能达到最佳生长性能。经深入研究：宠物对蛋白质的需要不能完全由游离氨基酸来满足，宠物为了达到最佳生产性能，必须需要一定数量的小肽（含2～6个氨基酸）。蛋白质在肠腔内的消化产物除氨基酸处，还包括大量小肽，小肽可以完整进入小肠黏膜细胞，在黏膜细胞中被进一步水解成游离氨基酸，再以氨基酸形式进入血液循环。

小肽的营养优势：与游离氨基酸相比，小肽营养具有二大特点。第一，吸收速度快，耗能低，且可避免游离氨基酸之间的吸收竞争，提高氨基酸利用率，当以小肽形式作为氮源时，整体蛋白质沉积高于相应的氨基酸日粮或完整蛋白质日粮，进而提高宠物生产性能；第二，小肽具有额外的生理或药理活性，研究表明：从乳蛋白体内和体外水解产物中分离出的多种活性肽可参与机体神经和免疫功能的调节，促进细胞的增殖与生长、降低血压等。

此外，小肽可以提高矿物元素的利用率，能阻碍脂肪的吸收，并能促进"脂质代谢"，因此，在保证摄入足够量的肽的基础上，可将饲料其他能量组分减至最低。小肽能刺激消化酶的分泌，促进小肠的蠕动，增加小肠的吸收功能，降低肠道疾病的发病率。

小肽黏膜细胞吸收和水解小肽的机制是传统蛋白质消化吸收理论的发展和重要补充，充分解释了氨基酸不能完全代替蛋白质的原因。

4. 蛋白质不足与过量对宠物的危害

（1）蛋白质不足的后果　蛋白质在宠物营养中具有特殊的营养价值。当食物中的蛋白质不足或蛋白质品质低下时，会影响宠物的健康、生长、发育及繁殖力，导致各种蛋白质缺乏症。其主要表现有：

①消化机能紊乱：食物中蛋白质的缺乏，会影响宠物消化道组织蛋白质的更新和消化液的正常分泌，宠物会出现食欲下降、采食量减少、营养不良及慢性腹泻等现象。

②幼龄宠物生长发育受阻：幼龄宠物正处于皮肤、骨骼和肌肉等组织生长和各种器官发育的旺盛时期，需要蛋白质较多。如果供应不足，则会导致幼龄宠物生长停滞，严重的甚至死亡。

③易患贫血症及其他疾病：宠物缺乏蛋白质，体内就不能形成足够的血红蛋白和血细胞蛋白而患贫血症；并因血液内免疫抗体数量的减少，宠物抗病力减弱，容易感染各种疾

病。犬缺乏蛋白质时胸腹下部常伴发浮肿，易继发感染，甚至死亡。

④影响繁殖机能：雄性性欲降低，精液品质下降，精子密度减少；雌性不发情，性周期失常，卵子数量少且质量差，受胎率低。受孕后胎儿发育不良，以至产生弱胎、死胎或畸形胎儿。

（2）蛋白质过量的危害 食物中蛋白质供给超过宠物的需要，不仅造成养分利用不合理和浪费，也会引起体内代谢紊乱，使心脏、肝脏、消化道、中枢神经系统机能失调，性机能下降，严重时发生酸中毒。过量蛋白质中多余的氨基酸在肝脏中脱氨，形成尿素由肾随尿排出体外，加重肝肾负担，严重时引起肝、肾的病患，夏季还会加剧热应激的反应。过量摄食蛋氨酸可引起宠物生长抑制，降低蛋白质的利用率。因此，只有适宜的日粮蛋白质水平，才能保证宠物的健康，提高饲粮的利用率。

二、蛋白质的消化吸收

蛋白质随着食物进入体内，主要是在消化管分泌的蛋白质消化酶作用下被分解。宠物对食物中蛋白质的消化由胃开始，饲粮中的粗蛋白在胃酸和蛋白酶的作用下，分解为小分子的蛋白胨、蛋白胨和少量游离氨基酸。未被消化的蛋白质与消化分解生成的肽和氨基酸一同进入十二指肠，被胰蛋白酶、羧基肽酶及糜蛋白酶进一步分解为氨基酸和部分小肽（二肽和三肽）。氨基酸和小肽都可被小肠黏膜直接吸收，二肽和三肽在肠黏膜细胞内经二肽酶等作用可继续分解为氨基酸。被肠壁吸收的氨基酸进入血液，随同血液的流动被送到全身组织器官。其中大部分氨基酸被结合成机体蛋白质，少部分氨基酸被脱去氨基后，转化为脂肪或糖类，有的进而彻底分解为水和二氧化碳，并提供能量。含氮的氨基部分以尿素或尿酸的形式排出体外。小肠中未被消化吸收的蛋白质和氨基酸进入大肠后，在腐败菌的作用下，降解为吲哚、粪臭素、酚、甲酚等有毒物质，其中一部分经肝脏解毒后随尿排出，另一部分随粪便排出。部分蛋白质受大肠内微生物的作用分解为氨基酸，然后进一步被合成菌体蛋白，大部分与未被消化的蛋白质一起随粪便排出体外；可再度被降解为氨基酸后由大肠吸收的甚少。粪便中排出的蛋白质，除了宠物食品中未被消化吸收的蛋白质外，还包括肠脱落黏膜、肠道分泌物和残存的消化液等，后部分蛋白质则称为"代谢蛋白质"。

进入肝脏中的氨基酸，除一部分用来合成肝脏蛋白和血浆蛋白外，大部分经过肝脏由体循环输送到各种体组织细胞，连同来源于体组织蛋白质分解产生的氨基酸和由糖类等非蛋白质物质在体内合成的氨基酸（两者称为内源氨基酸）一起进行体内代谢。主要用于合成组织蛋白质，供体组织的更新、生长及形成宠物产品的需要；也可用于合成酶类和某些激素以及转化为核苷酸、胆碱等含氮的物质。没有被利用的氨基酸，在肝脏中脱氨，脱掉的氨基生成氨又转变为尿素，由肾脏以尿的形式排出体外。尿中排出的氮有一部分是体组织蛋白质的代谢产物，通常称为"内源尿氮"。剩余的酮酸部分氧化供能或转化为糖元和脂肪贮存起来。此外，氨基酸在肝脏中还可通过转氨基作用合成新的氨基酸。如图 1－3 所示。

犬和猫的肠管较短，对食物中的蛋白质消化吸收能力很强，而对氨化物几乎不能消化吸收。宠物对氨基酸的吸收率不尽相同，一般来说，对苯丙氨酸、丝氨酸、谷氨酸、丙氨酸、脯氨酸和甘氨酸的吸收率较其他氨基酸高，对 L 型氨基酸的吸收率比 D 型氨基酸

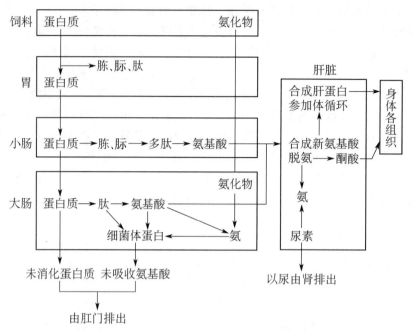

图 1 - 3　蛋白质在宠物体内的消化代谢过程示意

要高。

初生的幼犬，幼猫在出生后 24～36h 内可通过肠黏膜上皮的胞饮作用吸收初乳中的免疫球蛋白来获取抗体得到免疫力。

三、蛋白质的品质与利用

氨基酸是组成蛋白质的基本单位，蛋白质的营养实质上就是氨基酸的营养。食物中蛋白质品质的好坏，主要取决于它所含各种氨基酸的平衡状况，特别是必需氨基酸的含量和比例，而可利用（可消化吸收）氨基酸的含量和比例则能更准确表明蛋白质的品质。

（一）氨基酸的种类

蛋白质品质的高低取决于组成蛋白质的氨基酸的种类及数量。常见的氨基酸有 20 多种，根据氨基酸对宠物的营养作用，通常将氨基酸分为必需氨基酸和非必需氨基酸。

1. 必需氨基酸

必需氨基酸是指宠物体内不能合成或合成数量很少，不能满足宠物营养需要，必须从食物中供给的氨基酸。犬的必需氨基酸有 10 种，即：精氨酸、色氨酸、赖氨酸、组氨酸、蛋氨酸、缬氨酸、异亮氨酸、苯丙氨酸、亮氨酸和苏氨酸。猫除上述 10 种外还有一种非常重要的必需氨基酸，即牛胆素（牛磺酸）。

2. 非必需氨基酸

非必需氨基酸是指在宠物体内能利用含氮物质和酮酸合成，或可由其他氨基酸转化替代，无需饲粮提供即可满足宠物营养需的氨基酸。如丙氨酸、谷氨酸、丝氨酸、羟谷氨酸、脯氨酸、瓜氨酸、天门冬氨酸等。

从饲粮供应角度考虑，氨基酸有必需和非必需之分。但从营养角度考虑，二者都是宠物合成体蛋白所必需的营养，并且它们之间的关系密切。某些必需氨基酸是合成某些特定非必需氨基酸的前体，如果日粮中某些非必需氨基酸不足时，则会动用必需氨基酸来转化替代，研究表明，蛋氨酸脱甲基后，可转变为胱氨酸和半胱氨酸。非必需氨基酸绝大部分仍由日粮提供，不足部分才由体内合成。如果日粮中非必需氨基酸不能满足需要，机体将利用必需氨基酸转化为非必需氨基酸，结果引起必需氨基酸的缺乏。因此，在日粮组成成分中应尽量做到氨基酸种类齐全并且比例适当。

3. 限制性氨基酸

限制性氨基酸是指一定宠物食品或饲粮所含必需氨基酸的量与动物所需的蛋白质必需氨基酸的量相比，比值偏低的氨基酸。由于这些氨基酸的不足，限制了宠物对其他必需和非必需氨基酸的利用。其中比值最低的称第一限制性氨基酸，以后依次为第二、第三、第四……限制性氨基酸。不同的宠物食品对不同的宠物限制性氨基酸的顺序不完全相同。常用禾谷类及其他植物性宠物食品中，赖氨酸为第一限制性氨基酸。

（二）理想蛋白质与饲粮氨基酸平衡

1. 理想蛋白质

理想蛋白质是指这种蛋白质的氨基酸在组成和比例上与宠物某一生理阶段所需蛋白质的氨基酸的组成和比例一致，包括必需氨基酸之间以及必需氨基酸和非必需氨基酸之间的组成和比例。宠物对该种蛋白质的利用率应为100%。通常以赖氨酸作为100，其他氨基酸用相对比例表示。在进行饲粮配制时，可以根据氨基酸与赖氨酸的比例关系算出其他氨基酸的需要量，可较好地保证饲粮平衡，从而有效地提高饲粮氨基酸的利用率。

2. 饲粮氨基酸平衡

蛋白质品质高低实质上是氨基酸的数量和比例是否恰当的问题。饲粮中氨基酸是否平衡直接关系到蛋白质的转化效率和宠物的生长性能。饲粮中各种氨基酸在数量和比例上与宠物需要的比例相一致时，蛋白质的利用率才能达到较高的水平。而在实际饲养中，常用饲粮的蛋白质及必需氨基酸含量和比例与宠物的营养需要相比有时相差甚远。

（1）饲粮氨基酸含量表示法

①氨基酸占饲粮的百分比：是指整个饲粮中各种氨基酸占饲粮风干物质或干物质的百分比。在营养需要和饲养标准中都采用此表示方法，便于配合饲粮。

②氨基酸占粗蛋白的百分比：是指饲粮中各种氨基酸含量占蛋白质的百分比。此种表示方法常用于比较蛋白质品质，便于了解饲粮各种氨基酸与理想蛋白质的差距。

（2）氨基酸的缺乏　是指在低蛋白情况下，可能有一种或几种必需氨基酸含量不能满足宠物的需要。氨基酸缺乏不完全等于蛋白质缺乏。

（3）氨基酸的不平衡　主要是指饲粮氨基酸含量与宠物氨基酸需要量比较，比例不合适。一般情况下较少出现饲粮中氨基酸含量都超过需要量，多数情况是少量或多数氨基酸符合需要的比例，而个别低于需要的比例。不平衡主要是比例问题，缺乏主要是量不足。在实际饲养中，饲粮氨基酸不平衡一般都同时存在氨基酸的缺乏。

（4）氨基酸的互补　是指在饲粮配合中，利用各种食物氨基酸含量和比例不同，通过两种以上食物蛋白质配合，相互间取长补短，弥补相互氨基酸的缺陷，使饲粮氨基酸的平衡更理想。在饲养实践中，这是提高饲粮蛋白质品质和利用率的有效方法。

（5）氨基酸的颉颃　在某些氨基酸过量的情况下，由于肠道和肾小管的吸收以及进入细胞的竞争，会干扰别的氨基酸的代谢，增加机体对这种氨基酸的需要，这就叫氨基酸的颉颃。但颉颃只是在少数氨基酸之间发生。例如，赖氨酸可干扰精氨酸在肾小管的重吸收而增加精氨酸的需要；缬氨酸—亮氨酸—异亮氨酸之间存在颉颃作用；苯丙氨酸与缬氨酸、苯丙氨酸与苏氨酸、亮氨酸与甘氨酸、苏氨酸与色氨酸之间也存在颉颃作用。颉颃作用只有在两种氨基酸的比例相差较大时影响才明显。所以，颉颃也可影响氨基酸的不平衡。

（6）氨基酸中毒　在自然条件下几乎不存在这种情况，只有在使用合成氨基酸大大过量时才会发生氨基酸中毒。例如，在含酪蛋白的正常饲料中加入5%的赖氨酸、蛋氨酸、色氨酸、亮氨酸或谷氨酸，都可导致宠物采食量的下降和严重的生长障碍。中毒作用的产生已证明与颉颃作用类似。

（三）提高食物蛋白质转化效率的方法

1. 配合日粮时原料应多样化

食物种类不同，蛋白质中所含的必需氨基酸的种类、数量也不同。多种食物的搭配，能起到氨基酸的互补作用，改善饲粮中氨基酸的平衡，提高蛋白质的转化效率。

2. 补饲氨基酸添加剂

向饲粮中直接添加所缺少的限制性氨基酸，力求氨基酸的平衡。可在生产中添加赖氨酸、蛋氨酸、色氨酸和苏氨酸等氨基酸。

3. 合理供给蛋白质营养

参照饲养标准，均衡地供给氨基酸平衡的蛋白质营养，则合成的体蛋白和产品蛋白的数量就多，食物蛋白质转化效率就高。采用有效氨基酸（如可消化氨基酸、真可消化氨基酸等）指标平衡日粮，更能准确满足宠物的营养需要，提高饲粮的利用效率。

4. 日粮中蛋白质与能量要有适当比例

正常情况下，被吸收蛋白质的70%～80%被宠物合成体组织，20%～30%分解供能。碳水化合物和脂肪不足时，必然会加大蛋白质的供能部分，减少合成体蛋白的部分，导致蛋白质转化效率的降低。因此，必须合理配合日粮中蛋白质与能量之间的比例，以最大限度地减少蛋白质的供能部分。

5. 控制饲粮中的粗纤维水平

犬、猫的肠道比较短，发酵能力差，饲粮中粗纤维过多，会加快食物通过消化道的速度，降低其消化率，影响蛋白质及其他营养物质的消化，并且粗纤维每增加一个百分点，蛋白质的消化率降低1.0%～1.5%。因此，应严格控制宠物饲粮中粗纤维的水平，一般不超过5%。

6. 掌握好饲粮中的蛋白质水平

饲粮中蛋白质水平也影响蛋白质转化效率。饲粮蛋白质数量适宜、品质好，则蛋白质的转化效率高。若喂量过多，蛋白质的转化效率随过多程度的增加而逐渐下降。结果多余的蛋白质只能做能源，既不经济而且还增加肝肾的负担。

7. 保证与蛋白质代谢有关的维生素A、D、B_{12}及铁、铜、钴等供应

这些维生素和铁、铜、钴等是与蛋白质代谢有密切关系，应保证供应。

8. 饲粮原料的加工

生豆类与生豆饼等原料中含有胰蛋白质酶抑制素，抑制胰蛋白质酶和糜蛋白质酶的活

性，降低蛋白质的消化利用率。可以采取浸泡、蒸煮、常压或高压蒸气处理的方法破坏抑制素。生豆类与生豆饼在128℃下，5min可使约90%的胰蛋白质酶抑制素失活，注意加热时间不宜过长，温度不宜过高，否则含有羰基化合物和含氨基化合物经缩合、聚合而生成类黑色素，即发生美拉德（Maillard）反应，赖氨酸的利用率反而降低。

9. 饲喂技术

用脾脏和肝脏喂猫，每周最好不超过2次；用肺脏喂猫，要切成小块；不要给宠物饲喂动物的结缔组织，宠物难于消化吸收其中的蛋白质。

第四节　碳水化合物营养

生物化学中常用糖类这个词作为碳水化合物的同义语。习惯上所谓糖，通常指水溶性的单糖和低聚糖，不包括多糖。这类营养素在常规营养分析中包括无氮浸出物和粗纤维。碳水化合物是一类重要的营养素，广泛地存在于植物性饲料中，是供给宠物能量最主要的营养物质。

一、碳水化合物的组成与营养功能

（一）碳水化合物的组成

植物性饲料中的碳水化合物又称糖。虽然种类繁多，性质各异，但是，除个别糖的衍生物中含有少量氮、硫等元素外，都由碳、氢、氧三种元素组成，其中除碳原子外，氢、氧原子数之比恰好与水分子相同，即 H∶O = 2∶1，故称其为碳水化合物。按其结构性质分类如图 1 - 4。

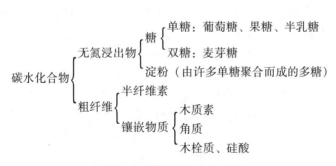

图 1 - 4　碳水化合物的组成

寡聚糖又称为低聚糖或寡糖，是指 2～10 个单糖通过糖苷键连接起来形成直链或支链的一类糖；而将 10 个糖单位以上的称为多聚糖，包括淀粉、纤维素、半纤维素、果胶、半乳聚糖、甘露聚糖、黏多糖等；纤维素、半纤维素及果胶则统称为非淀粉多糖。根据非淀粉多糖的水溶性，将溶于水的称为可溶性非淀粉多糖，如 β - 葡聚糖、阿拉伯木聚糖和果胶；不溶于水的则称为不溶性非淀粉多糖，如纤维素。

碳水化合物中的无氮浸出物主要存在于细胞内容物中。各种原料的无氮浸出物含量差异很大，其中以块根块茎类及禾本科籽实类中含量最多，而纤维素、半纤维素与木质素相结合构成细胞壁，多存在于植物的茎叶、秸秆和秕壳中。纤维素、半纤维素和果胶不能被宠物消化道分泌的酶水解，但能被消化道中微生物酵解，酵解后的产物才能被宠物吸收和利用，而木质素却不能被宠物利用。

宠物虽然从食物中摄取大量的碳水化合物，但宠物体内的碳水化合物仅占体重的1%以下。主要存在形式有：血液中的葡萄糖，肝脏和肌肉中贮存的糖元及乳中的乳糖。肌糖元占肌肉鲜重的0.5%～1%，占总糖元的80%，肝糖元约占肝脏鲜重的2%～8%，占总糖元的15%，其他组织中糖元约占总糖元的5%。另外，碳水化合物还以黏多糖、糖蛋白、糖脂等杂多糖的形式存在于宠物的组织器官中。

（二）碳水化合物的营养功能

1. 碳水化合物是宠物能量的主要来源

宠物的正常生命活动都需要以能量为支撑。维持体温的恒定、机体的运动和各个组织器官的正常活动，如心脏的跳动、血液循环、胃肠蠕动、肺的呼吸、肌肉收缩等需要消耗大量能量。宠物所需能量中，约80%由碳水化合物提供。碳水化合物，特别是葡萄糖是供给宠物代谢活动快速应变所需能的最有效的营养素。葡萄糖是大脑神经系统、肌肉、脂肪组织、胎儿生长发育、乳腺等代谢的唯一能源。体内代谢活动需要的葡萄糖来源，一是从胃肠道吸收，二是体内生糖物质转化。碳水化合物除了直接氧化供能外，也可以转变成糖元和脂肪贮存于肝脏、肌肉和脂肪组织中，但贮存量很少，一般不超过体重的1%。胎儿在妊娠后期能贮积大量糖元和脂肪供出生后作能源利用。

2. 碳水化合物是体组织的构成物质

碳水化合物普遍存在于宠物体的各种组织中。作为细胞的构成成分，参与多种生命过程，在组织生长的调节上起着重要作用。

核糖和脱氧核糖是细胞中遗传物质核酸的成分；黏多糖是保证多种生理功能实现的重要物质，并参与结缔组织基质的形成；透明质酸具有高度黏性，对润滑关节，保护机体在受到强烈振动时不致影响正常功能；硫酸软骨素在软骨中起结构支持作用等；肝素的抗血凝作用对保证正常血液循环、营养物质转运起着重要作用。

糖脂是神经细胞的组成成分，对传导突触刺激冲动，促进溶于水中的物质通过细胞膜有重要作用；糖蛋白是细胞膜的成分，并因其多糖部分的复杂结构而与多种生理功能有关。由唾液酸组成的糖蛋白具有很强的黏性，对消化道起润滑和保护作用；胃肠黏膜中的糖蛋白是促进维生素 B_{12} 吸收的一种固有结合因子。有些糖蛋白水解后形成特定形状，可使所系水分子不易冻冰，提高抗低温能力。另一些糖蛋白由于糖单位的亲水性较强，一定程度上起着增加分泌、增加营养物的溶解度和促进营养物质转运等作用。目前认为糖蛋白有携带短链碳水化合物的作用。这种短链碳水化合物具有信息识别能力，并存在于细胞和膜转运控制系统中。而机体内红细胞的寿命，机体的免疫反应，细胞分裂等都与糖识别链机制有关。

碳水化合物的代谢产物，可与氨基酸结合形成某些非必需氨基酸，例如：α-酮戊二酸与氨基结合可形成谷氨酸。

3. 碳水化合物是形成体脂肪、乳脂肪、乳糖的原料

碳水化合物供能后有多余时，可转变为肝糖元和肌糖元，贮存能量。当肝脏和肌肉中的糖元已贮满，血糖量也达到正常水平还有多余时，可转变为体脂肪。雌性在泌乳期，碳水化合物也是合成乳脂肪和乳糖的原料。试验证明，体脂肪约有50%、乳脂肪约有60%～

70%是以碳水化合物为原料合成的。

4. 粗纤维是日粮中不可缺少的成分

粗纤维经微生物发酵产生的各种挥发性脂肪酸，除用以合成葡萄糖外，还可氧化供能和合成氨基酸。粗纤维还可刺激宠物胃肠蠕动。大量平衡试验表明，过多的粗纤维影响宠物对于蛋白质、矿物质、脂肪和淀粉等营养物质的利用与吸收，还易引起便秘。因此，宠物日粮中粗纤维的水平以不超过5%为宜。

5. 寡聚糖的特殊作用

一些寡糖类碳水化合物刺激肠道有益微生物的增殖，阻断有害菌通过植物凝血素对肠黏膜细胞的黏附，激活机体免疫系统，改善肠道乃至整个机体的健康，促进生长，提高宠物食品利用率。由于合成寡糖具有上述调整胃肠道微生物区系平衡的效应，将其称为化学益生素。

碳水化合物中的寡聚糖已知有1 000种以上，目前在宠物营养中常用的主要有：寡果糖（又称果寡糖或蔗果三糖）、寡甘露糖、异麦芽寡糖、寡乳糖及寡木糖。近年研究表明，寡聚糖可作为有益菌的基质，改变肠道菌相，建立健康的肠道微生物区系。寡聚糖还有消除消化道内病原菌，激活机体免疫系统等作用。日粮中添加寡聚糖可增强机体免疫力，提高成活率、增重及饲料转换率。寡聚糖作为一种稳定、安全、环保性良好的抗生素替代物，在实际饲养中有着广阔的发展前景。

饲养实践中，如果日粮中碳水化合物不足，宠物就要动用体内贮备物质（糖元、体脂肪，甚至体蛋白）来维持机体代谢水平，从而出现体况消瘦，体重减轻，繁殖性能降低等现象。犬如果大量缺乏碳水化合物，会生长迟缓、发育缓慢、容易疲劳。因此，必须重视碳水化合物的供应。

二、碳水化合物的消化吸收

碳水化合物在宠物体内的代谢方式有两种，一是葡萄糖代谢，二是挥发性脂肪酸代谢。在猫、犬等肉食性动物体内，以前者为主。

无氮浸出物被宠物采食进入口腔后，少部分淀粉经唾液淀粉酶的作用水解为麦芽糖；胃本身不含消化碳水化合物的酶类，对淀粉和糖的消化能力较弱，胃内大部分呈酸性环境；进入小肠的无氮浸出物在各种酶类的作用下分解为单糖：淀粉可分解为麦芽糖，进一步分解为葡萄糖；蔗糖可分解为葡萄糖和果糖；乳糖可分解为葡萄糖和半乳糖。其中大部分被小肠壁吸收，经血液输送至肝脏。在肝脏中，其他单糖首先转变为葡萄糖，大部分葡萄糖经体循环输送至身体各组织，参加三羧酸循环，氧化供能；一部分葡萄糖在肝脏合成肝糖元，一部分葡萄糖通过血液输送至肌肉中形成肌糖元；过量的葡萄糖被输送至宠物的脂肪组织及细胞中合成体脂肪作为能源贮备。

猫、犬胃和小肠不含消化纤维素和半纤维素的酶类，因此，宠物采食的纤维素和半纤维素不能在的胃和小肠中酶解，但可在大肠中靠细菌发酵降解为乙酸、丙酸和丁酸等挥发性脂肪酸和一些气体。部分挥发性脂肪酸可被肠壁吸收，经血液输送至肝脏，进而被机体所利用，气体则被排出体外。未被消化吸收的碳水化合物最终以粪便的形式排出体外。

宠物的肠管较短，如猫的肠管只有家兔的一半，盲肠不发达；犬的肠管只有其体长的3～4倍，进食后5～7h即可将胃中的食物全部排出。因此，不能很好地利用饲料中的粗纤维。其过程如图 1-5 所示。

总的来看，宠物对碳水化合物的消化和吸收特点是以淀粉形成葡萄糖为主，主要场所在小肠，靠各种消化酶的作用进行；以粗纤维形成挥发性脂肪酸为辅，在大肠中靠细菌发酵进行。因此，猫、犬能大量利用淀粉、单糖、双糖，利用粗纤维的能力较弱。

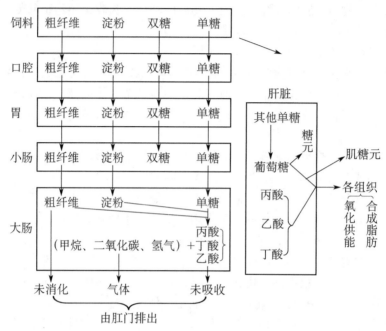

图 1-5　宠物对碳水化合物消化代谢过程示意

含无氮浸出物较高的宠物食物主要有玉米、大麦、小麦、燕麦、马铃薯、高粱、甘薯等。这些食物经蒸煮后可以提高适口性和消化率，但食物中含过高的碳水化合物时，犬的毛色和体形会受到影响。一般成年犬日粮，碳水化合物可占饲粮的 75%；对于幼犬，则每日需要碳水化合物 17.6g/kg 体重。饲喂猫时，应注意食物中不要加入太多的水分使食物变得稀糊状，从而影响进食量。在给成年宠物饲喂牛奶时，经常会出现腹泻、胀肚现象，这是由于成年犬、猫消化道内缺乏消化乳糖的乳糖酶，这时应立即停止饲喂。对于可以消化吸收牛奶中乳糖的猫和犬，在喝完牛奶后，应供给充足、清洁的饮水。

第五节　脂类营养

脂类是一类存在于动植物组织中不溶于水，但溶于乙醚、苯、氯仿等有机溶剂的物质。它是动、植物体的组成成分，也是动、植物体能源贮备的重要来源。脂类种类繁多，品质各异，它能量价值高，在宠物营养中是不可缺少和替代的一类重要的营养物质。常规宠物食品分析中将这类物质统称为粗脂肪。

一、脂类的组成与营养功能

（一）脂类的化学组成

营养分析中把脂类统称为粗脂肪。脂肪由碳、氢、氧三种元素组成，与糖类、蛋白质相比较，碳、氢含量较多，氧的含量较少。其能值约为糖类的两倍多，故食物的能值主要取决于脂肪含量的高低。根据脂肪的结构，可分为真脂肪和类脂肪两大类。真脂肪由脂肪酸与甘油化合而成，故又称为甘油三酯或三酸甘油酯，如一般植物油、动物油；类脂肪由甘油、脂肪酸、磷酸、糖或其他含氮物质结合而成，包括磷脂、蜡质、固醇等。磷脂广泛存在于动、植物细胞中，以动物的脑、心脏和肝脏中含量较多，蜡质无营养价值，主要存在于动物的毛、羽之中，具有沥水性。脂肪易溶于乙醚，在分析实验中常用乙醚提取，故粗脂肪（包括真脂肪和类脂肪）又称为乙醚浸出物。

脂肪可在酸或碱的作用下水解为甘油和脂肪酸，水解产生的游离脂肪酸大多数无臭无味，但低级脂肪酸，特别是4～6个碳原子的脂肪酸，如丁酸和乙酸具有强烈的气味，影响饲粮的适口性。动植物体内脂肪的水解在脂肪酶催化下进行，多种细菌和霉菌均可产生脂肪酶。当宠物食品保管不善时，其所含脂肪易于发生水解而使其品质下降。

脂肪在空气中，经光、热、湿和空气的作用，或者经微生物的作用，易发生氧化反应（即酸败作用），产生恶臭味。酸败的原因有两种：一是脂肪中的不饱和脂肪酸的双键被氧化，生成醛和酸的复杂混合物，光和热会加快氧化过程；二是脂肪在高温、高湿和通风不良的情况下，因微生物的作用而水解，产生了脂肪酸和甘油，脂肪酸可经微生物作用生成酮。脂肪酸败产生的醛、酮和酸等化合物会降低适口性，破坏一些脂溶性维生素、降低蛋白质的可消化性。脂肪的酸败程度可用酸价表示，所谓酸价是指中和1g脂肪中的游离脂肪酸所需的氢氧化钾的毫克数，通常酸价大于6的脂肪即可能对宠物健康造成不良影响。采食脂肪酸败的食物，宠物可表现明显的病理症状，皮肤溃疡、掉毛、渗出性素质症、动脉硬化等，严重将导致死亡。

不饱和脂肪酸的双键在催化剂或酶的作用下与氢发生反应，这时双键消失，不饱和脂肪酸转变为饱和脂肪酸。从而使脂肪的硬度增加，不易酸败，有利于贮存，但也损失必需脂肪酸。

（二）脂类的营养功能

1. 脂类是体组织的重要成分

宠物的各种组织器官，如皮肤、骨骼、肌肉、神经、血液及内脏器官中均含有脂类，主要为磷脂和固醇类等。脑和外周神经组织含有鞘磷脂。蛋白质和脂类按一定比例构成细胞膜和细胞原生质，因此，脂类也是组织细胞增殖、更新及修补的原料。大多数脂类，特别是磷脂、糖脂和胆固醇是细胞膜的重要组成成分。脂类也参与细胞内某些代谢调节物质的合成，棕榈酸是合成肺表面活性物质的必需成分。

2. 脂类是供给宠物体能量和贮备能量的最后形式

脂类是宠物体内重要的能源物质，是含能量最高的营养物质。生理条件下同等重量的脂类氧化分解产生的能量是糖类所产生能量的2.25倍。脂类的分解产物游离脂肪酸和甘油都是供给机体维持生命活动的重要能量来源。日粮脂类作为供能营养素，热增耗最低，消化能或代谢能转变为净能的利用效率比蛋白质和碳水化合物高 5%～10%。宠物摄入过多的有机物质时，可以以体脂肪形式将能量贮备起来。而体内贮积的脂类，能以较小体积贮藏较多的能量，是宠物贮存能量的最好形式。

3. 提供必需脂肪酸

脂肪为动物提供三种必需脂肪酸，即亚油酸、亚麻酸（α-亚麻酸）、花生四烯酸，它们对动物具有重要营养生理作用。当幼龄宠物日粮中缺乏必需脂肪酸时，影响宠物的生长发育，常发生皮炎、脱毛、皮下出血及水肿、尾部坏死，严重的引起消化障碍和中枢神经机能障碍，生长停滞。成年宠物出现繁殖力下降、性欲降低、死胎、泌乳量下降，甚至死亡。

4. 脂类是脂溶性维生素的溶剂

脂溶性维生素 A、维生素 D、维生素 E、维生素 K 及胡萝卜素在宠物体内必须溶于脂肪中才能被消化吸收和利用。因此，日粮中若脂类不足可导致体内脂溶性维生素的缺乏。

5. 脂类对宠物具有保护作用

高等哺乳动物皮肤中的脂类具有抵抗微生物侵袭、保护机体的作用。脂肪不易传热，因此，皮下脂肪能够防止体热的散失，在寒冷季节有利于维持体温的恒定和抵御寒冷。脂类填充在脏器周围，具有固定和保护器官以及缓和外力冲击的作用。脂类是代谢水的重要来源，宠物分泌的乳汁中含有脂肪。

6. 脂肪是宠物产品的成分

宠物的奶、肉、皮毛、精子及后代均含有一定数量的脂肪。

低脂日粮可导致猫、犬脱皮，皮肤和毛发粗糙、也会影响到繁殖性能。饲养实践中，日粮所含脂肪达 5% 就足够了，一般情况下，各种宠物食品的脂肪含量均能满足动物的需要。

（三）必需脂肪酸

1. 概念

凡是体内不能合成，必须由日粮供给，或能通过体内特定先体物形成，对机体正常机能和健康具有重要保护作用的脂肪酸都叫必需脂肪酸（EFA）。按此定义，亚油酸（十八碳二烯酸）、亚麻酸（十八碳三烯酸）、花生四烯酸（二十碳四烯酸）都叫必需脂肪酸（EFA）。其中亚油酸是动物最重要的必需脂肪酸，必须由日粮供给；亚油酸和亚麻酸在植物和动物机体中存在，花生四烯酸仅存在于宠物机体中，亚麻油酸和花生油酸可通过日粮直接供给，也可以通过供给足量的特定脂肪酸（亚油酸）由体内进行分子内部转化而合成。但猫例外，猫无法将植物油中的亚麻油酸转换成花生油酸以供利用，因此，猫必须得从动物性食物中来摄取现成的花生油酸，否则会使皮毛干燥、失去光泽，甚至产生皮肤病及消瘦的现象。所以，宠物（猫除外）营养需要中通常只考虑亚油酸的供给。

2. 必需脂肪酸（EFA）的生理作用

必需脂肪酸是细胞膜、线粒体膜和核膜的主要组成成分。细胞膜结构中必需脂肪酸是一个重要成分，生长宠物需要稳定供给必需脂肪酸才能保证细胞膜结构正常，有利于生长。必需脂肪酸同蛋白质、氨基酸一样，是生长的一个限制因素。

从分子结构上看，花生油酸对连接细胞膜和使膜保持一定韧性具有重要作用。从物理特性上看，足够的亚油酸可使红细胞具有更强的抗血溶能力。

必需脂肪酸参与磷脂的合成和胆固醇的正常代谢，以磷脂形式出现在线粒体和细胞中的胆固醇必须与必需脂肪酸结合，才能在体内转运和正常代谢。缺乏必需脂肪酸，胆固醇将与一些饱和脂肪酸结合，不能在体内正常运转，从而影响机体的代谢过程。

必需脂肪酸是合成前列腺素的原料并与精子生成有关。若日粮中长期缺乏，可导致宠物繁殖机能降低。

必需脂肪酸是体内合成前列腺素的原料。前列腺素是一组与必需脂肪酸有关的化合物，是由亚油酸合成的，它可控制脂肪组织中甘油三酯的水解过程。必需脂肪酸缺乏，影响前列腺素的合成，导致脂肪组织中脂解作用速度加快。

亚油酸的主要来源是植物油。黄玉米、大豆、花生、菜籽、棉籽中含量丰富，亚麻油酸来源于绿叶蔬菜和亚麻籽。动物脂肪，如猪油、鸡油、鸡蛋含有一定量的必需脂肪酸，鱼类的油中不饱和脂肪酸达 20%（主要是亚麻油酸），而向日葵种子油中不饱和脂肪酸高达 65%～70%。

二、脂类的消化吸收

虽然宠物的胃黏膜和胰脏能分泌脂肪酶，但脂肪必须先经乳化为直径小于 0.5μg 后才能水解，猫、犬胃中的酸性环境不利于脂肪的乳化，所以脂肪在胃中不能被消化。小肠是脂肪消化与吸收的主要部位，脂肪在小肠中的胆汁、胰脂酶的作用下水解为甘油和脂肪酸，被肠壁吸收后主要在脂肪组织（皮下和腹腔）中再合成体脂肪。宠物体内贮存的脂肪，除从食物中直接摄取之外，体内过剩的碳水化合物、蛋白质也可转化为体脂而贮存起来。

猫可以采食含脂肪 64% 的饲粮而不会感到腻烦，亦不会引起血管的异常。并且，脂肪在胃内停留的时间延长，使猫有一种饱腹感，能防止过食现象。犬对脂肪的忍耐性不如猫，大多数犬可以忍耐含脂肪 50% 的日粮，但有些犬感到恶心。

饲粮中若缺乏脂肪，会加速蛋白质的消耗，宠物出物消瘦；若脂肪过高，宠物则出现肥胖，造成代谢紊乱，易发生脂肪肝、胰腺炎等营养代谢病。犬表现为行动迟缓、食欲下降，严重者生长停滞。过肥的公犬性欲下降，繁殖率降低；过肥的母犬发情迟缓，或不发情、空怀、难产、产后缺乳。饲养实践中，脂肪供应一般按饲粮干物质的 12%～14%，或者成年犬每昼夜 1.0～1.1g/kg 体重。猫饲粮中脂肪应占干物质的 15%～40%，幼猫最好饲喂含脂肪 22% 的饲粮。

猫长期采食红金枪鱼，或采食含有大量多不饱和脂肪酸为主的饲粮，可造成肩胛骨周围和腹腔里的脂肪变性，严重时在腹部或股部能摸到硬的脂肪块，这称为脂肪组织炎或黄色脂肪病。患猫厌食，精神沉郁，可通过在饲粮中添加维生素 E 的方法预防。犬在妊娠期内，胰岛素功能受到损害，使脂肪不能被充分利用而排出体外，继而出现皮炎、皮屑增多、被毛无光泽、皮肤干燥等症状。可在母犬的饲粮中添加脂肪酶帮助消化或可添加玉米油。

三、宠物饲粮中油脂的应用

宠物饲粮中添加油脂，除供能外，还可提高适口性，延长饲粮在宠物肠道的停留时间，有利于其他营养充分的消化吸收，高温季节可降低宠物的应激反应。添中时应注意：

第一，添加油脂后，饲粮的消化能值不能变化太大；第二，要满足宠物对于蛋白质、氨基酸、矿物质和维生素的需要，以保持饲粮中养分的平衡；第三，应将油脂均匀混拌在宠物饲粮中，并在短期内喂完；第四，不要饲喂氧化变质的脂类，也不要在饲粮中添加多次煎炸过的油脂。

第六节　矿物质营养

矿物质是营养中一大类无机营养素。现已证明自然界中存在的元素有 60 种以上可在动物组织器官中找到，其中已确认有 45 种参与动物体组成。具有营养生理功能的必需元素，除碳、氢、氧和氮四种元素主要以有机化合物形式存在外，目前证明有 27 种。

矿物质元素在机体生命活动过程中起着十分重要的调节作用，尽管占体重比很小，且不供给能量、蛋白质和脂肪，但缺乏时宠物生长受阻，甚至死亡；过量时会影响宠物健康，严重时会发生中毒、疾病或死亡。

一、矿物质的组成与营养功能

（一）必需矿物质元素

宠物所需要的，在体内具有确切的生理功能和代谢作用。日粮供给不足或缺乏可引起生理功能和结构异常，并导致缺乏症的发生，补给相应的元素，缺乏症即可消失的元素都叫必需矿物质元素。

迄今为止，已知的宠物必需的矿物质常量元素（体内含量大于 0.01% 的元素）有钙、磷、钾、钠、氯、镁、硫 7 种。微量矿物质元素（体内含量小于 0.01% 的元素）有铁、铜、钴、锌、锰、硒、碘、钼、氟、铬、镉、硅、矾、镍、锡、砷、铅、锂、硼、溴 20 种。后 10 种在已知必需矿物质元素中需要量很低，实际饲养中基本上不会出现这些元素的缺乏症。

（二）矿物质元素在机体内的含量与动态平衡

不同宠物体内主要必需矿物质元素含量有所差异，但一般相对稳定：含钙 1.10%～2.00%，磷 0.70%～1.00%，钠 0.10%～0.60%，钾 0.10%～0.25%，氯 0.05%～0.20%，硫 0.10%～0.15%，镁 0.03%～0.06%，铁 40～90mg/kg，锌 20～35mg/kg，铜 1.0～5.0mg/kg，锰 0.3～0.5mg/kg。

宠物体内矿物质元素存在形式多种多样，或与蛋白质及氨基酸结合，或游离，或作为离子的组成成分存在。不管以何种形式存在或转运，都始终在血液、肌肉、骨骼、消化道、体表等之间保持动态平衡。

矿物质元素在不同器官中周转代谢的速度也不同，血浆中钙每天可周转代谢几次，而牙齿中的钙几乎没有变化。

（三）矿物质元素的营养生理功能

矿物质元素虽然不是机体能量的来源，但它是体组织器官的组成成分，并在物质代谢中起着重要的调节作用。

1. 矿物质元素是构成体组织的重要成分

钙、磷、镁等是构成骨骼和牙齿的主要成分；磷和硫是组成体蛋白的重要成分；有些矿物质元素存在于毛、肌肉、体液及组织器官中。

2. 矿物质元素在维持体液渗透压恒定和酸碱平衡上起重要作用

宠物的体液中，1/3 是细胞外液，2/3 是细胞内液，细胞内液与细胞外液间的物质交换，必须在等渗情况下才能进行。维持细胞内液渗透压的恒定主要靠钾，而维持细胞外液则主要靠钠和氯。机体内各种酸性离子（如 Cl^-）与碱性离子（如 K^+、Na^+）之间保持适宜的比例，配合重碳酸盐和蛋白质的缓冲作用，即可维持体液的酸碱平衡，从而保证宠物体的组织细胞进行正常的生命活动。

3. 矿物质元素是机体内多种酶的成分或激活剂

磷是辅酶Ⅰ、辅酶Ⅱ和焦磷酸硫胺素酶的成分，铁是细胞色素酶等的成分，铜是细胞色素氧化酶、酪氨酸酶、过氧化物歧化酶等多种酶的成分。氯是胃蛋白酶的激活剂，钙是凝血酶的激活剂等。借此参与调节和催化体内多种生化反应。

4. 矿物质元素是宠物产品乳、肉、蛋的成分

乳干物质中含有 5.8% 的矿物质元素。

5. 矿物质元素是维持神经和肌肉正常功能所必需的物质

钾和钠能促进神经和肌肉的兴奋性，而钙和镁却能抑制神经和肌肉的兴奋性，各种矿物质元素，尤其是钾、钠、钙、镁离子保持适宜的比例，即可维持神经和肌肉的正常功能。

（四）矿物质元素的供给

常用的食物可提供宠物需要的矿物质元素。但由于不同食物所含矿物质元素不同，而不同宠物对矿物质元素需要也不同，因此，不一定都能满足需要。

在实际饲养中，日粮中不能满足需要的部分，一般都用矿物质食物或微量元素添加剂来补足。

由于矿物质元素具有不稳定性和易结合的特点，发生相互作用的可能性比其他养分大。这种相互作用包括协同作用和颉颃作用，实际饲养中最多的应注意相互间的抑制，如磷、镁、锌、铜间相互抑制，钾对锌、钾对锰有抑制作用，钠对铁、钴对铁、铜对铁有抑制作用等，因此，在配合宠物食品时必须保证矿物质元素之间的平衡。

二、常量元素

（一）钙、磷

1. 体内分布

钙和磷是体内含量最多的矿物质元素，平均占体重的 1%～2%，其中 98%～99% 的钙、80% 的磷在骨骼和牙齿中，其余存在于软组织和体液中。

骨中的钙约占骨灰分的 36%，磷约占 17%。正常的钙、磷比约为 2∶1。宠物种类、年龄和营养状况不同，钙、磷比会有所变化。钙、磷主要以两种形式存在于骨中：一种是结晶型化合物，主要成分是羟基磷灰石 $[Ca_{10}(PO_4)_6(OH)_2]$；另一种是非结晶型化合物，主要含磷酸钙 $[Ca_3(PO_4)_2]$、磷酸镁 $[Mg_3(PO_4)_2]$ 和碳酸钙 $[CaCO_3]$。

血液中的钙基本存在于血浆中。多数宠物正常含量是 9～12mg/100ml，产蛋的鸟类一般比这个数值高出 3～4 倍。其中游离钙离子约占 50%，钙结合蛋白约占 45%，螯合形式的钙约占 5%。血中磷含量较高，35～45mg/100ml。主要以 $H_2PO_4^-$ 的形式存在于血细胞内。血浆中磷含量较少。成年宠物仅为 4～9mg/100ml，生长宠物稍高，主要以离子状态存在，少量与蛋白质、脂类、碳水化合物结合存在。

由于血液中钙、磷含量变动范围很小，因此，检查血钙和无机磷含量，是衡量钙、磷营养是否正常的重要指标。

2. 营养作用

（1）钙的营养作用　钙是骨骼和牙齿的构成成分，起支持和保护作用；钙在维持神经和肌肉正常功能中起着抑制神经和肌肉兴奋性的作用，当血钙含量低于正常水平时，神经和肌肉兴奋性增强，引起机体抽搐；钙可促进凝血酶的致活，参与正常血凝过程；钙是多种酶的激活剂或抑制剂，钙能激活肌纤凝蛋白－ATP 酶与卵磷脂酶，能抑制烯醇化酶与二肽酶的活性。

（2）磷的营养作用　机体中磷约 80% 构成骨骼和牙齿；磷以磷酸根的形式参与糖的氧化和酵解以及脂肪酸的氧化和蛋白质的分解等多种物质代谢；在能量代谢中，磷作为 ADP 和 ATP 的成分，在能量贮存与传递过程中起着重要作用；磷还是 DNA、RNA 及辅酶 Ⅰ 和辅酶 Ⅱ 的成分，与蛋白质的生物合成及宠物的遗传有关；磷也是细胞膜和血液中缓冲物质的成分。

3. 钙、磷缺乏症与过量的危害

（1）钙、磷缺乏症　宠物一般体型较小，其主人大多为宠物爱好者，在饲喂方法上，大多数人是根据宠物的喜好来喂养。这样，很容易造成偏食和营养缺乏，进而引发某些疾病，严重的可造成终生残疾。

①幼龄犬、猫的佝偻病：常见于 1～3 月龄的幼龄宠物和生长速度比较快的青年宠物。钙是宠物生长发育必需的常量元素，食物中钙、磷不足，消化不良而造成钙、磷吸收障碍或骨骼脱钙。宠物主人多喜欢给宠物喂食肝脏、肉类食品，这些食品中钙含量低、磷含量高，钙磷比为 1∶20，而营养标准钙磷比应为 1.2～1.4∶1，严重钙磷比例倒置，影响了钙的吸收。又由于饲养不当，营养单调，维生素 D 不足，均可导致此症发生。主要表现为：初期的症状是精神不振，食欲减退，消化不良，逐渐消瘦，生长缓慢，喜食墙面、泥土、地板，甚至喜食自己的粪便，表现为腹泻或便秘等消化障碍。随病情的进展，四肢关节疼痛，关节僵硬，伸屈不灵活，出现跛行或轻瘫，骨骼变形，如弓背、凹腰、四肢变形等，呈现"O"或"X"形腿，肋骨出现念珠，严重时后肢瘫痪。X 射线检查发现：猫的骨端粗大，关节肿大，四肢弯曲，全身骨质疏松，长骨骨髓腔增大，骨骼的骨小梁稀疏、粗糙，易骨折。

②成年犬、猫的骨软病：骨软病是成年宠物软骨完成钙化之后而发生的进行性钙缺乏症。表现为食欲减退，消化不良，精神不振，不愿活动，卧地不起，骨骼软化，骨质疏松、多孔呈海绵状，骨壁变薄，颌骨异常，牙槽骨和牙龈退化，失去繁殖力，容易在骨盆骨、股骨和腰荐部椎骨处发生骨折，血钙降低，四肢抽搐。

③哺乳母犬、猫低血钙症：哺乳母犬猫低血钙症也称为产后抽搐、产后癫痫、产褥疼挛病、产后风。本病主要发生于小型玩赏犬，尤以狮子犬多发，中型犬与大型犬很少发

病。母犬在妊娠期间，大量钙被生长发育的胎儿所吸收；分娩以后，随着幼犬的生长，钙质从乳汁中流失增加母犬营养不良，另外日粮中钙与维生素 D 的缺乏，都会引起运动神经兴奋性增高而发病。临床症状表现为没有先兆，突然发病。病犬表现为不安、兴奋、呻吟、流涎、肌肉震颤、全身肌肉痉挛、站立困难、头向后仰，眼向上翻、角弓反张、张口伸舌、口吐白沫、呼吸急促，可达 150～220 次/min，心跳加快，150～180 次/min，体温升高达 39.5～41.5℃，急性症状，很容易因窒息而死亡。

④食欲不振：缺磷时食欲减退或废绝比较明显，身体消瘦，生长停滞；雌性不发情或屡配不孕，并可导致永久性不育，或产畸胎、死胎，产后泌乳量减少；雄性性机能降低，精子发育不良，活力差。猫缺乏钙时，最初外观几乎没有变化，4～6 周后幼猫变得不爱活动，经常躺卧，不喜欢人们捉弄，更不喜欢嬉戏。

⑤异嗜癖：宠物喜欢啃食泥土、石头等异物，互相舔食被毛或咬耳朵，在缺磷时异嗜癖表现更为明显。

（2）钙、磷过量的危害　宠物对钙、磷有一定的耐受力。过量直接造成中毒的虽不多见，但超过一定限度，就会影响宠物的健康。过量的钙会降低磷及其他矿物质元素的吸收（包括锌、锰、铁），脂肪消化率也会降低。过量的磷会使血钙降低，为了调节血钙，刺激甲状旁腺分泌增多而引起甲状旁腺机能亢进，致使骨中磷大量分解，易造成跛行或长骨骨折。

4. 钙、磷的合理供应

（1）影响钙、磷吸收的因素　宠物需要的钙、磷来自食物，食物中的钙和无机磷可以直接被吸收，而有机磷则需要经过酶水解成为无机磷后才能被吸收。钙、磷的吸收需要在溶解的状态下进行，因此，凡是能促进钙、磷溶解的因素就能促进钙、磷的吸收。钙、磷的来源对犬猫对钙的吸收非常重要。一般有机钙的吸收率要大于无机钙。像葡萄糖酸钙就比碳酸钙能更好地吸收。许多研究结果表明，能否满足犬猫对钙、磷的需要主要受以下几方面因素的影响。

①酸性环境：宠物对钙的吸收是由胃开始的。食物中的钙可与胃液中盐酸化合生成氯化钙，氯化钙极易溶解，所以可被胃壁吸收。小肠中的磷酸钙、碳酸钙等的溶解度受肠道 pH 值影响很大，在碱性、中性溶液中其溶解度很低，难于吸收。酸性溶液中溶解度大大增加，易于吸收。小肠前段为弱酸性环境，是食物中钙和无机磷吸收的主要场所。小肠后段偏碱性，不利于钙、磷的吸收。因此，增强小肠酸性的因素有利于钙、磷的吸收。蛋白质在小肠内水解为氨基酸，乳糖、葡萄糖在肠内发酵生成乳酸，均可增强小肠的酸性，促进钙、磷的吸收。胃液分泌不足，则影响钙、磷的吸收。

②日粮中可利用的钙磷的比例是否适当：犬猫的钙、磷比例在 1.2～1.4∶1 范围内吸收率高。若钙、磷比例失调，小肠内又偏碱性条件下，如果钙过多，将与食物中的磷更多的结合成磷酸钙沉淀；如果磷过多，同样也与更多的钙结合成磷酸钙沉淀；实践证明，如果食物中钙、磷数量的供应充足，但钙磷比例失调，同样会导致腿病。不同宠物对比例不当的钙、磷的耐受力不同，猫饲粮中 0.5∶1 的钙、磷比会导致骨质疏松症，3∶1 的钙、磷比将导致佝偻症。

③维生素 D：维生素 D 对钙、磷代谢的调节，是通过它在肝脏、肾脏羟化后的产物 1，2，5 - 二羟维生素 D_3 起作用的。1，2，5 - 二羟维生素 D_3 具有增强小肠酸性、调节

钙、磷比例、促进钙、磷吸收与沉积的作用。因此，保证宠物对维生素D的需要，可促进钙、磷的吸收。尤其在冬季，户外活动减少，日晒不足时，满足维生素D的供应就显得更为重要。但是，过高的维生素D会使骨骼中钙、磷过量动员，反而可能产生骨骼病变。

④过多的脂肪、草酸、植酸：日粮中脂肪过多，易与钙结合成钙皂，由粪便排出，影响钙的吸收；草酸过多，易与钙结合成草酸钙沉积，不能吸收；植酸过多，易与钙结合成不易溶解的植酸钙，也影响钙的吸收。

此外，维生素A、维生素D、维生素C及适量的氨基酸有利于钙、磷在骨骼中的沉积和骨骼的形成。

（2）钙、磷的来源与供应

①饲喂富含钙、磷的天然食物：如骨头、鱼粉、肉骨粉等。可以让宠物经常啃食一些生或熟骨头，这样既可以补充钙、磷，同时又能清除牙垢，还可以满足宠物，特别是犬喜欢啃食骨头的习性。一般每周2次左右。

②补饲矿物质：可以在宠物饲粮中添加含钙的蛋壳粉、贝壳粉、石灰石粉、石膏粉、含钙、磷的蒸骨粉、磷酸氢钙等。可以在猫的饲粮中加入5%～10%的骨粉；或每100g湿肉加入碳酸钙0.5g；每100ml牛奶加入150mg钙。资料表明，泌乳猫每天饲喂400～600mg的钙才能满足需要。

③多晒太阳：犬的被毛、皮肤、血液中的7-脱氢胆固醇在阳光紫外线的照射下可转变为维生素D_3，有利于钙、磷的吸收。也可在猫和犬的饲粮中直接添加维生素D。

④优良贵重的种用宠物可直接注射维生素D和钙制剂或口服鱼肝油。

（二）钠、钾、氯

1. 体内分布

这三种元素又称为电解质元素。主要存在于体液和软组织中。钠主要分布在细胞外，大量存在于体液中，少量存在于骨中。钾主要分布在肌肉和神经细胞内。氯在细胞内外均有（表1-3）。

表1-3　体内钠、钾、氯的分布　　　　　　　　　　　　　　　（％）

元素	总含量（占体重）	可交换（占总量）	细胞外（占总量）	细胞内（占总量）
钠	0.13	76	60	16
钾	0.17	91	3	88
氯	0.11	99	76	23

2. 营养作用

（1）钠的营养作用　钠的93%存在于血清中。钠和氯的主要作用是维持细胞外液渗透压和调节酸碱平衡，并参与水的代谢。钠大量存在于肌肉中，能使肌肉兴奋性加强，因此，对心脏的活动也起调节作用。钠和氯不仅有营养作用，还能刺激唾液的分泌及活化消化酶。

（2）氯的营养作用　氯在细胞内外都有，氯元素在血液中占酸离子的2/3，在维持酸碱平衡上具有重要作用。氯又是胃液盐酸的原料，盐酸能激活胃蛋白酶，并能保持胃液呈酸性，起到杀菌作用。

（3）钾的营养作用　钾在维持细胞内液渗透压的稳定和调节酸碱平衡上起着重要作

用；钾与肌肉的收缩有密切关系；钾参与蛋白质和糖的代谢，并具有促进神经和肌肉兴奋的作用。

3. 钠、钾、氯的缺乏症和过量的危害

（1）缺乏症　宠物体内不具有贮存钠的能力，所以，钠比较容易缺乏，其次是氯，钾一般不会缺乏。植物性原料，尤其是细嫩植物中含钾丰富。食盐是供给宠物钠和氯的最好来源。食盐具有调节食物口味、改善适口性、刺激唾液分泌、活化消化酶等作用。宠物缺乏钠和氯时，犬表现为食欲不振，疲劳无力，饮水减少，皮肤干燥，被毛脱落，生长减慢或失重，并有掘土毁窝、喝尿、舔赃物等异嗜癖，同时饲粮蛋白质利用率下降。

（2）过量的危害　新鲜肉中含盐很少，但家庭的残汤剩饭中食盐过多，若饮水量少，易引起宠物食盐中毒。表现极度口渴、拉稀、步态不稳、抽搐等症状，严重时可导致死亡。老龄犬会因食盐超量而使心脏遭受损害，在心脏周围和机体内的体液中积滞。犬饲粮中干物质盐的最大含量为1%。犬饲粮中钾过量会影响钠、镁的吸收，甚至引起"缺镁痉挛症"。

4. 电解质平衡与宠物营养

体内正负离子平衡是保证宠物发挥正常性能的重要因素。这些离子可来自体内代谢产生，但主要来自日粮。因此，日粮离子平衡与宠物的各种性能密切相关。大量试验研究表明，日粮离子状况既影响能量、氨基酸、维生素及其他矿物质元素的代谢，也影响饲料营养价值、宠物生长和抵抗应激环境的能力。

宠物体内的无机离子含量约占宠物干物质量的3%～4%，而这少量的无机离子对宠物的生命活动却起着非常重要的作用。主要表现是维持机体内的渗透压，调节体内酸碱平衡（正负离子平衡），维持细胞的通透性，构成酶的必需组成成分和控制组织中的水分代谢，保证营养物质运输。许多研究表明，宠物摄入体内的主要正离子有 Na^+、K^+、Ca^{2+}、Mg^{2+}、NH_4^+，主要负离子有 Cl^-、HPO_4^{2-}、$H_2PO_4^-$、SO_4^{2-}。这些离子在动物体内相互影响，共同发挥生理作用。机体内一些正离子（Na^+、K^+等）也有相互补偿作用。日粮中 K^+ 水平高时对 Na^+ 需要有轻微的补偿作用，增加日粮中 Na^+ 的水平会严重影响 K^+ 的需要。而且每一种离子都不可能单独发挥作用，必须同其他离子保持一定的比例，共同发挥作用。某种离子缺乏或过量对宠物机体都有影响。

日粮中的 Na^+ 和 K^+ 须与 Cl^-、SO_4^{2-} 保持平衡，Cl^- 和 SO_4^{2-} 导致日粮中酸度增加可用 Na^+ 和 K^+ 来平衡，Na^+ 含量超过可代谢正离子时，对机体的有害作用可用 Cl^-、K^+ 或其他负离子来缓解。

健康的宠物一般不会发生电解质失衡现象，只有发生疾病、厌食、呕吐、腹泻、肠道阻塞时，电解质的平衡才会遭到破坏而紊乱。这时应口服或静脉注射含有电解质的溶液，如生理盐水、复方氯化钠溶液、复方氯化钾溶液等。

（三）镁

1. 体内分布

宠物体内约含镁0.05%，其中60%～70%存在于骨骼中，占骨灰分的0.5%～0.7%。骨骼中的镁1/3以磷酸盐的形式存在，2/3吸附在矿物质元素结构表面。软组织中镁约占体内镁总含量的30%～40%，主要存在于细胞内亚细胞结构中，线粒体内镁浓度特别高，细胞质中绝大多数镁以复合形式存在，其中30%左右与腺核苷酸结合。肝细胞质中复合形式的镁达90%以上。细胞外液中镁含量甚少，约占体内镁总量的1%，血液中的镁75%在红细胞内。

2. 营养作用

约有70%的镁参与骨骼和牙齿组成；作为酶的活化因子或直接参与酶的组成，如磷酸酶、氧化酶、激酶、肽酶、精氨酸酶等，从而影响三种有机物的代谢；镁参与遗传物质DNA、RNA和蛋白质的合成；具有抑制调节神经、肌肉兴奋性，保证心脏、神经、肌肉的正常功能的作用。

3. 镁的缺乏症和过量的危害

（1）缺乏症　宠物饲粮中营养搭配不合理，就有可能导致镁缺乏。主要表现：生长受阻，过度兴奋，痉挛厌食，肌肉抽搐，甚至昏迷死亡。缺镁时影响宠物心脏、血管等软组织中钙的沉积，使钙的水平提高约40倍，因此应该注意日粮中钙、磷、镁的平衡。血液学检查表明，血液中镁降低，宠物也可能出现肾脏中钙的沉积，肝脏中氧化磷酸化强度下降，外周血管扩张和血压、体温下降等症状。犬缺镁出现肌肉萎缩，严重时发生痉挛，小犬的站立姿势就像站在光滑的地板上，无法站立起来。

（2）过量的危害　镁在猫狗日粮，特别是猫粮中的添加量较大，若猫尿的平均pH值不低于6.4，当日粮中镁含量上升时，就很可能发生镁中毒。主要表现：昏睡，运动失调，腹泻，采食量下降，生长缓慢甚至死亡。猫摄入过量的镁，会以磷酸铵镁的形式由尿液排出，但尿中过多的磷酸铵镁结晶沉积可阻塞尿道，造成膀胱积尿，公猫比母猫多发。

镁普遍存在于各种宠物原料中，如糠麸、饼粕、蔬菜、谷实类、块根、块茎等。

（四）硫

1. 体内分布

硫分布于机体的各个细胞。主要以有机形式存在于蛋氨酸、胱氨酸及半胱氨酸等含硫氨基酸中。维生素中的硫胺素、生物素都含硫。体内其他的含硫物质有含硫黏多糖、硫酸软骨素、硫酸黏液素及谷胱甘肽等。在宠物的毛、羽中含硫量高达4%左右。所有体蛋白质中都有含硫氨基酸。此外，机体内还含有少量的无机硫，以硫酸盐的形式存在于血液中。

2. 营养作用

硫是蛋白质化学组成中的重要元素。硫以含硫氨基酸形式参与被毛、羽毛、蹄爪等角蛋白的合成；硫是硫胺素、生物素和胰岛素的成分，参与碳水化合物的代谢；硫作为黏多糖的成分参与胶原蛋白及结缔组织的代谢等。

3. 硫的缺乏症和过量的危害

（1）缺乏症　硫的缺乏通常在宠物缺乏蛋白质时才会发生。宠物缺硫表现消瘦，蹄、爪、毛、羽毛生长缓慢。

（2）过量的危害　自然条件下硫过量现象少见。用无机硫作添加剂，用量超过0.3%～0.5%时，可能使宠物产生厌食、失重、便秘、腹泻、抑郁等症状，严重者可导致死亡。

三、微量元素

（一）铁

1. 体内分布

各种宠物体内含铁约 $30\sim70mg/kg$，平均 $40mg/kg$。随宠物种类、年龄、性别、健康状况、营养水平等的不同，变化较大。成年宠物种类间体内含铁量差异不明显。体内的铁约有 $60\%\sim70\%$ 存在于血红素中，20% 左右的铁和蛋白质结合形成铁蛋白，存在于肝脏、脾脏、骨髓及其他组织中。$0.1\%\sim0.4\%$ 分布在细胞色素中，约 1% 存在于转运载体化合物和酶系统中。

2. 营养作用

铁的主要营养作用可归纳为以下三个方面。

（1）参与载体组成，转运和贮存营养素 血红蛋白是体内运载氧和二氧化碳最主要的载体。肌红蛋白是肌肉在缺氧条件下做功的供氧源。转运铁蛋白是铁在血液中循环的转运载体。结合球蛋白及血红素结合蛋白是把红血球溶解时放出的血红素转运到肝中继续代谢的载体。铁蛋白、血铁黄素和转铁蛋白等是体内的主要贮铁库。

（2）参与体内物质代谢 二价和三价铁离子是激活碳水化合物代谢的各种酶不可缺少的活化因子。铁直接参与细胞色素氧化酶、过氧化物酶、过氧化氢酶、黄嘌呤氧化酶等的组成，催化各种生化反应。铁也是体内很多重要氧化还原反应过程中的电子传递体。

（3）生理防卫机能 转铁蛋白除运载铁以外，还有预防机体感染疾病的作用。乳或白细胞中的乳铁蛋白在肠道内能把游离铁离子结合成复合物，防止大肠杆菌利用，有利于乳酸杆菌的利用，这对预防新生宠物腹泻具有重要意义。

3. 铁的缺乏症和过量的危害

（1）缺乏症 通常食物中的含铁量超过宠物需要量，且机体内红细胞破坏分解释放的铁 90% 可被机体再利用，故成年宠物不易缺铁。常用肉饲喂宠物，不易缺铁。宠物缺铁的主要症状是贫血。表现食欲降低，生长缓慢，轻度腹泻，昏睡，皮肤和可视黏膜苍白，呼吸频率增加，体质虚弱，抗病力减弱，呼吸困难。血液检查，血红蛋白比正常值低。低于正常值 25% 时仅表现贫血；低于正常值 $50\%\sim60\%$ 则可能表现出生理功能障碍。犬缺乏铁时影响其毛色，直接损伤淋巴细胞的生成，影响机体内含铁球蛋白类的免疫性能，宠物易得病。

（2）过量的危害 铁摄入过量一般不表现病理反应，因为宠物对过量铁的耐受力很强。日粮干物质中含铁量达 $1\,000mg/kg$ 时，才能导致慢性中毒。表现消化机能紊乱，引起腹泻，胃肠炎，生长缓慢，重者导致死亡。猫每天需要铁 $5mg$。

（二）铜

1. 体内分布

体内平均含铜 $2\sim3mg/kg$。其中以肝脏、脑、心脏、眼的色素部分以及被毛中的含铜量最高；其次为胰脏、脾脏、肌肉、皮肤和骨骼。幼龄宠物体组织中的铜含量高于成年宠物。肝脏中铜的贮备约占体内铜总量的一半。

2. 营养作用

（1）作为酶的组成部分，直接参与体内代谢 这些酶包括细胞色素氧化酶、尿酸氧化酶、氨基酸氧化酶、酪氨酸酶、赖氨酸氧化酶、苄胺氧化酶、二胺氧化酶、过氧化物歧化酶、铜蓝蛋白等。这些酶主要是催化弹性蛋白肽链中赖氨酸残基转变为醛基，使弹性纤维变成不溶性，以维持组织的韧性及弹性。

（2）维持铁的正常代谢，有利于血红蛋白合成和红细胞成熟　铜能促进铁从网状内皮系统和肝细胞中释放出来进入血液，以合成血红素；铜是红细胞的成分，可加速卟啉的合成，促进红细胞的成熟。

（3）参与骨形成并促进钙、磷在软骨基质上的沉积　铜对骨细胞、胶原蛋白和弹性蛋白的形成都是不可缺少的。

（4）铜在维持中枢神经系统功能上起着重要作用　铜可促进垂体释放生长激素、促甲状腺激素、促黄体激素和促肾上腺皮质素等。

（5）铜能促进被毛中双硫基的形成及双硫基的交叉结合，从而影响被毛的生长　作为酪氨酸酶的成分参与被毛中黑色素的形成过程。

（6）参与血清免疫球蛋白的构成并通过由它组成的酶类构成机体防御体系　增强机体的免疫功能，特别是对幼龄宠物具有促生长作用。

3. 铜的缺乏症和过量的危害

（1）缺乏症　宠物一般不易缺铜。缺铜时，肝脏中铜的浓度及血液中血红素水平下降，其原因是在缺铜后不利于铁的利用，影响铁从网状内皮系统和肝细胞中释放出来，因此，缺铜引起的贫血与缺铁贫血相似。缺铜可引起含铜酪氨酸酶活性降低，导致宠物被毛退色，黑色毛变为灰白色，犬的毛色不良；缺铜能损害宠物脑干和脊髓，缺铜使血管弹性硬蛋白合成受阻，弹性降低从而导致宠物血管破裂死亡；缺铜宠物易骨折或骨畸形；缺铜易损伤宠物机体免疫系统，致使宠物免疫力下降，繁殖力降低。牛奶中铜、铁的含量较少，以牛奶为食物的正在生长发育的幼猫，如果铜、铁不予额外补充，易发生贫血。

（2）过量的危害　铜过量后，大量铜转移至血液中，使红细胞溶解，发生血红蛋白尿和黄疸，并使组织坏死，导致宠物迅速死亡。因伯灵顿犬牙交错有特殊的缺陷，常因过量食用铜会对肝产生毒性，产生的病变会引起肝炎、肝硬化，而且表现出遗传性。因此，对此品种的犬，禁用含铜高的食物，避免使用含铜的矿物质添加剂。

（三）硒

1. 体内分布

体内含硒约 $0.05 \sim 0.2mg/kg$。肌肉中总硒含量最多，肾脏、肝脏中硒浓度最高，体内硒一般与蛋白结合存在。

2. 营养作用

硒最重要的营养作用是参与谷胱甘肽过氧化物酶的组成，对体内氢或脂过氧化物有较强的还原作用，从而避免对红细胞、血红蛋白、精子原生质膜等的氧化破坏，保护细胞膜结构完整和功能正常。肝脏中这种酶的活性最高，骨骼肌中最低；硒对胰腺组成和功能有重要影响；有保证肠道脂酶活性、促进乳糜微粒正常形成，从而促进脂类及其脂溶性物质消化吸收的作用；硒促进蛋白质、DNA 与 RNA 的合成并对宠物的生长有刺激作用；硒与骨、肉的生长发育和宠物的繁殖密切相关；硒能促进免疫球蛋白的合成，增强白细胞的杀菌能力；硒在机体内有颉颃和降低汞、镉、砷等元素毒性的作用，并可减轻维生素 D 中毒引起的病变，硒还有活化含硫氨基酸和抗癌的作用。

3. 硒的缺乏症和过量的危害

（1）缺乏症　缺硒主要表现肝坏死。缺硒组织中硒浓度下降，血中谷胱甘肽过氧化物酶和鸟氨酸－氨基酰转移酶活性下降。临床上犬可单独出现肝坏死，也可与肌肉营养不良、桑椹心或白肌病同时出现。严重缺硒会引起胰腺萎缩，胰腺分泌的消化液明显减少；硒缺乏明显影响繁殖性能，精子数减少，活力差。缺硒还加重缺碘症状，并降低机体免疫力。

实际饲养中缺硒具有明显的地区性。一般是缺硒的土壤地质环境引起人畜缺硒。我国从东北到西南的狭长地带内均发现不同程度的缺硒。其中黑龙江省的克山县和四川凉山缺硒比较严重。可在饲粮中拌入稀释后的亚硒酸钠，应注意严格控制给量，并要搅拌均匀。

（2）过量的危害　硒的毒性较强，各种动物长期摄入 5～10mg/kg 硒可产生慢性中毒。其表现是消瘦、贫血、关节强直、蹄壳变形并脱落、脱毛，心脏和肝脏机能损害，行走不便，采食量减少，常因饥渴而死，还能影响繁殖性能等。摄入 500～1 000mg/kg 硒可出现急性或亚急性中毒，其表现是眼睛失明、感觉迟钝、肺部充血、痉挛或瘫痪，常因窒息而死。呼出的气体带有蒜味。

（四）锌

1. 体内分布

体内锌的分布，骨骼肌中约占体内总锌的 50%～60%，骨骼中约占 30%，皮、毛中的锌含量随宠物种类不同而有所变化。其他组织器官含锌较少，按单位干物质浓度计算，眼角膜最高，其次是毛、骨、雄性生殖器官、心脏和肾脏等。

2. 营养作用

锌作为必须微量元素主要有以下营养作用：

（1）是体内多种酶的成分或激活剂　已知体内 200 种以上的酶含锌，如 DNA 聚合酶、RNA 聚合酶、胸腺嘧啶核苷酸酶、碱性磷酸酶等。在不同的酶中，锌起着催化分解、合成反应，稳定酶蛋白四级结构，调节酶活性等多种生化作用。锌参与肝脏和视网膜内维生素 A 还原酶的组成，与视力与关；是碳酸肝酶的成分，与宠物呼吸有关。

（2）参与维持上皮细胞和被毛的正常形态、生长和健康　其生化基础与锌参与胱氨酸和黏多糖代谢有关。

（3）维持激素的正常作用并与精子的生成有关　锌与胰岛素或胰岛素原形成可溶性聚合物有利于胰岛素发挥生理生化作用。Zn^{2+} 对胰岛素分子有保护作用，并参与碳水化合物代谢；锌对其他激素的形成、贮存、分泌具有作用。

（4）维持生物膜的正常结构和功能　防止生物膜遭受氧化损害和结构变形，锌对膜中正常受体的机能有保护作用。

（5）锌在蛋白质和核酸的生物合成中起重要作用　锌还参与骨骼和角质的生长并能增强机体免疫和抗感染力，促进创伤的愈合。

3. 锌的缺乏症和过量的危害

（1）缺乏症　宠物缺锌，生长发育受阻，采食量下降，食欲差，皮肤和被毛损害。猫表现为消瘦，呕吐，结膜炎，角膜炎，毛发褪色，全身虚弱，生长发育迟缓；犬缺乏锌时，不仅生长缓慢，精子活力下降，而且伴发皮肤发炎，被毛发育不良，甚至导致糖尿病。缺锌宠物雄性生殖器官发育不良，雌性繁殖性能降低，不易受孕或流产；缺锌导致骨骼发育不良，长骨变短增厚，宠物外伤愈合缓慢，机体免疫力下降，免疫器官明显减轻。

皮肤不完全角质化症是很多宠物缺锌的典型表现。

锌的来源广泛，细嫩植物、酵母、鱼粉、麸皮、油饼类及动物性食物中含锌丰富。

（2）过量的危害　锌的摄入过量，一般不会对宠物造成危害，因为各种宠物对锌的耐受力都较强。过量时锌会抑制铁、铜的吸收，导致贫血。

（五）碘

1. 体内分布

碘分布全身组织细胞，约 $70\% \sim 80\%$ 存在于甲状腺中，是单个微量元素在单一组织器官中浓度最高的元素。血中碘以甲状腺素形式存在，主要与蛋白质结合，少量游离存在于血浆中。

2. 营养作用

碘作为必需微量元素最主要的功能是参与甲状腺素组成，调节代谢和维持体内热平衡，对繁殖、生长、发育、红细胞生成和血液循环等起调控作用。体内一些特殊蛋白质（如皮毛角质蛋白）的代谢和胡萝卜素转变成维生素 A 都离不开甲状腺素。

3. 碘的缺乏症和过量的危害

（1）缺乏症　碘是甲状腺素的主要成分。长期缺碘，甲状腺细胞代偿性实质增生而肿大，生长受阻，骨架小，出现"侏儒症"，繁殖力下降。猫缺碘表现为：生长缓慢，被毛稀疏，皮肤增厚变硬，头部水肿变大，行动迟缓，表情呆板，性机能下降，不易受孕，有的难产，产弱仔，死仔或无毛仔，胎儿有腭裂。犬严重缺碘时，甲状腺机能降低，使正常生长发育的仔犬患呆小症，成年犬患黏性水肿，病犬表现为被毛短而稀疏，皮肤硬厚，脱皮，迟钝与困倦。妊娠宠物缺碘可导致胎儿死亡和重吸收，产死胎或新生胎儿无毛、体弱、重量轻、生长慢和成活率低。血中甲状腺素浓度下降，细胞氧化能力下降，基础代谢降低。

缺碘可导致甲状腺肿，但甲状腺肿不全是缺碘。十字花科植物中的含硫化合物和其他来源的高氯酸盐、硫脲或硫脲嘧啶等都能造成类似缺碘一样的后果。

沿海地区植物的含碘量较高，海洋植物含碘丰富，某些海藻含碘量高达 0.6%，海盐中含碘也丰富，缺碘宠物可在饲粮中补饲碘化食盐。

（2）过量的危害　成年猫每天可以饲喂 5mg 的碘，不会出现过量反应。不同宠物对碘过量的耐受力不同。猫长期摄入过量碘，甲状腺机能亢进，表现为兴奋，好动不好静，厌食，但短时间活动之后，易疲劳、气喘，体温略微升高，伸懒腰。

（六）锰

1. 体内分布

锰分布于所有体组织中，以肝脏、骨骼、胰腺及脑下垂体中的浓度较高。肝脏中锰的含量比较稳定。肌肉和血液中锰含量较低。骨中锰占总体锰量的 25%，主要沉积在骨的无机质中，有机质中含量少。

2. 营养作用

锰是精氨酸酶和脯氨酸肽酶的成分，又是肠肽酶、羧化酶、ATP 酶等的激活剂，参与蛋白质、碳水化合物、脂肪和核酸代谢；锰参与骨骼基质中硫酸软骨素的生成并影响骨骼中磷酸酶的活性；锰可催化性激素的前体胆固醇的合成，与宠物繁殖有关；锰还与造血机能密切相关，并维持大脑的正常功能。

3. 锰的缺乏症和过量的危害

（1）缺乏症 宠物缺锰时，采食量下降；生长发育受阻；骨骼畸形，关节肿大，骨质疏松。雌性宠物缺锰主要表现不发情或性周期失常，不易受孕，妊娠初期流产或产弱胎、死胎、畸胎。缺锰公犬性欲丧失，睾丸退化，精子缺乏或不良。锰缺乏或过量都会抑制抗体的产生。

植物性原料中含锰较多，尤其糠麸类、青绿蔬菜类中含锰丰富。

（2）过量的危害 宠物对锰有一定的耐受力，锰中毒现象非常少见。锰过量，损害宠物胃肠道，生长受阻，贫血，并致使钙、磷利用率降低，导致"佝偻病"、"骨软症"。还可引起猫的繁殖力下降和血红蛋白的形成，导致部分白斑病。

（七）钴

1. 体内分布

体内钴分布比较均匀，不存在明显的组织器官集中分布，以肾脏、肝脏、脾及胰腺中的含量最多。

2. 营养作用

在诸多的营养素中钴是一个比较特殊的必需微量元素。宠物不需要无机态的钴，只需要自身体内不能合成的有机钴维生素 B_{12}。因此，体内钴的营养作用，实际上是维生素 B_{12} 的作用。维生素 B_{12} 促进血红素的形成，在蛋白质、蛋氨酸和叶酸等代谢中起重要作用；钴是磷酸葡萄糖变位酶和精氨酸酶等的激活剂，与蛋白质和碳水化合物代谢有关。

3. 钴的缺乏症和过量的危害

（1）缺乏症 钴缺乏可导致维生素 B_{12} 合成受阻，主要表现食欲不振，生长停滞，体弱消瘦，黏膜苍白等贫血症状；机体中抗体减少，降低了细胞免疫反应。犬缺钴表现为神经障碍，运动失调和生长停滞。

一般情况下宠物不易缺钴，缺钴地区，可给宠物补饲硫酸钴、碳酸钴和氯化钴。

（2）过量的危害 各种宠物对钴的耐受力较强，日粮中钴的含量超过需要量的300倍才会产生中毒反应。

四、应激状态对主要微量元素需要量的影响

微量元素铁、铜、钴、锰、锌和碘等，均是影响宠物免疫机能和抗应激能力的重要因素。由于应激因素如高温、疾病等不良影响，宠物食欲下降，微量元素摄入量相对减少，而此时机体的代谢却要增强，即从不同方面加大了对微量元素的需要量，必须额外补充。

第七节　维生素营养

维生素是一类动物代谢所必需而需要量极少的低分子有机化合物，体内一般不能合

成，必须由饲粮提供，或者提供其先体物。狗自身能合成维生素 C，猫自身能合成维生素 K、维生素 D、维生素 C、维生素 B_{12} 等，但除了维生素 K、维生素 C 的自身合成量能够满足机体的最佳生长需要外，其他几种维生素都需要额外添加。

维生素不是形成机体各组织器官的原料，也不是能源物质，主要以辅酶和催化剂的形式广泛参与体内代谢和各种化学反应，从而保证机体组织器官的细胞结构和功能正常，以维持动物的健康和各种生产活动。目前已确定的维生素有 14 种，按其溶解性可分为脂溶性维生素（A、D、E、K）和水溶性维生素（B 族和维生素 C）两大类。

一、脂溶性维生素

脂溶性维生素都能溶于脂肪及脂肪溶剂如乙醚、氯仿等，而不溶于水。脂溶性维生素包括维生素 A、维生素 D、维生素 E 和维生素 K。它们可以从脂溶性的食物中提取，只含有碳、氢、氧三种元素；在消化道内随脂肪一同被吸收，有利于脂肪吸收的条件，如充足的胆汁和形成良好的脂肪微粒，也利于脂溶性维生素的吸收；在体内能以扩散的被动方式穿过肌肉细胞膜，并可以在体内经胆囊从粪中排出。脂溶性维生素有相当数量贮存在宠物机体的机体组织中，摄入过量的脂溶性维生素可引起中毒，给代谢和生长带来障碍，尤其是维生素 A 和维生素 D_3，维生素 E 和维生素 K 中毒现象很少见。脂溶性维生素的缺乏症一般可与它们的功能相联系。除维生素 K 可由消化道微生物合成足够的量外，维生素 D 可由光照转化形成并满足或部分满足需要，其他脂溶性维生素都必须由日粮提供。

（一）维生素 A（抗干眼症维生素、视黄醇）

1. 理化特性

纯净的维生素 A 为黄色片状结晶体，是含有 β - 白芷酮环的不饱和一元醇。它由视黄醇、视黄醛和视黄酸三种衍生物，每种都有顺、反两种构型，其中以反式视黄醇效价最高。维生素 A 只存在于动物体内，植物体内不含维生素 A，而含有维生素 A 原（先体）——胡萝卜素。胡萝卜素也存在多种类似物，其中以 β - 胡萝卜素活性最强。玉米黄素和叶黄素无维生素 A 活性。在动物肠壁中，一分子 β - 胡萝卜素经酶作用生成两分子视黄醇。猫和貂缺乏这种能力，各种宠物转化 β - 胡萝卜素为维生素 A 的能力也不同（表 1-4）。维生素 A 可在肝脏中大量贮存，维生素 A 和胡萝卜素在阳光照射下或在空气中加热蒸煮时，或与微量元素及脂肪接触条件下，极易被氧化破坏而失去生理作用；在无氧黑暗处是稳定的，在零度以下的暗容器内可无限期的保存。一个国际单位（IU）的维生素 A 相当于 $0.3\mu g$ 的视黄醇、$0.55\mu g$ 维生素 A 棕榈酸盐和 $0.6\mu g$ β - 胡萝卜素。

表 1-4　犬、猫及人将 β - 胡萝卜素转化为维生素 A 的效价

动物	每 1mg β - 胡萝卜素转化为维生素 A 的量（mg）（IU）	（相当于维生素 A 的量从胡萝卜素估计）（%）
标准	1 = 1 667	100
犬	1 = 833	50
猫	不能利用胡萝卜素	—
人	1 = 556	33.3

2. 营养作用及缺乏症

维生素 A 的营养作用与机体上皮组织、视觉、繁殖、神经等功能有关。

（1）维持宠物在弱光下的视力 维生素 A 对猫的视力特别重要，是视觉细胞内感光物质——视紫红质的成分，而视紫红质可感受外界光的强弱程度，对弱光比较敏感，所以具有维持暗视觉的功能。缺乏维生素 A，在弱光下，视力减退，患"夜盲症"或完全失明。

（2）维持上皮组织的健康 维生素 A 与黏液分泌上皮的黏多糖合成有关，它是维持一切上皮组织健全所必需的物质。缺乏维生素 A，上皮组织干燥和过度角质化，易受细菌侵袭而感染多种疾病，如发生感冒、肺炎、肾炎和膀胱炎等。泪腺上皮组织角质化，发生"干眼病"，严重时角膜、结膜化脓溃疡，甚至失明；呼吸道或消化道上皮组织角质化，生长宠物易引起肺炎或下痢；泌尿系统上皮组织角质化，易产生肾结石和尿道结石。

（3）促进幼龄宠物的生长 维生素 A 能调节碳水化合物、脂肪、蛋白质及矿物质代谢。缺乏时，影响体蛋白合成及骨组织的发育，造成幼龄宠物精神不振，食欲减退，生长发育受阻。长期缺乏时肌肉脏器萎缩，严重时死亡。

（4）维持骨骼的正常发育 维生素 A 与成骨细胞活性有关，影响骨骼的合成。缺乏时，破坏软骨骨化过程；骨骼造型不全，骨质脆弱且过分增厚，压迫中枢神经，犬可因听神经受损而导致耳聋，出现运动失调，痉挛、麻痹等神经症状。

（5）参与性激素的形成 维生素 A 缺乏时，宠物的繁殖力下降。雄性性欲差，睾丸及附睾退化，精液品质下降，严重时出现睾丸硬化。雌性发情不正常，不易受孕。妊娠雌性流产、难产、产生弱胎、死胎或瞎眼仔畜。

（6）具有抗癌作用 维生素 A 对某些癌症有一定的治疗作用。如给动物口服或局部注射维生素 A 类物质，发现乳腺、肺、膀胱等组织上皮细胞癌前病变发生逆转。

（7）增强机体免疫力和抗感染能力 维生素 A 对传染病的抗感染能力是通过保持细胞膜的强度，使病毒不能穿透细胞，避免病毒进入细胞并利用细胞的繁殖机制来复制自己。

维生素 A 的需要量通常以国际单位计算。1 国际单位（IU）维生素 A = 0.3μg 维生素 A = 0.334μg 维生素 A 盐 = 0.6μg β - 胡萝卜素。

成年猫和生长猫需提供 1 500～2 100 IU/d 的维生素 A，妊娠和哺乳期的母猫应适量增加喂量，这是因为妊娠期将消耗大量的维生素 A，致使肝中维生素贮存量减少一半，哺乳时又将减少一半。此外，猫呼吸道感染也大量消耗肝脏中的维生素 A，因此也要增加喂量。

猫不能将植物中的 β - 胡萝卜素在肠黏膜细胞里或肝中转化成维生素 A，只能从动物性食物中获取。动物肝脏、鱼肝油、鲜奶中维生素含量丰富。喂饲猫时，可将动物肝脏煮熟，剁成肝末晾干低温保存，每次在猫食中加入少许，可增加营养并提高适口性。

3. 过量的危害

维生素 A 过量贮存在肝脏和脂肪组织中，不从肾脏排出，易引起中毒。病猫可表现为骨畸形、骨质疏松、颈椎骨脱离和颈软骨增生，骨骺生长缓慢、器官退化、生长缓慢、失重、皮肤损害以及先天畸形。犬表现为骨质疏松，四肢跛行，齿龈炎，牙齿脱落，皮肤干燥，脱毛。对于宠物，维生素 A 的中毒剂量是需要量的 4～10 倍以上。

（二）维生素 D（抗佝偻症维生素）

1. 理化特性

维生素 D 属固醇类衍生物，包括维生素 D_2（麦角钙化醇）和维生素 D_3（胆钙化醇）

两种活性形式。其天然来源：

植物体中麦角固醇 $\xrightarrow{\text{紫外线}}$ 维生素 D_2

人、动物体中 7 - 脱氢胆固醇 $\xrightarrow{\text{紫外线}}$ 维生素 D_3

猫没有此功能。

纯维生素 D 为无色晶体，性质稳定，耐热，不易被酸、碱、氧化剂所破坏。但是，紫外线过度照射、酸败的脂肪及一些矿物质元素（如碳酸钙等无机盐）可使维生素 D 氧化失效。

植物性饲料中维生素 D_2 的含量主要取决于光照程度，动物性饲料（鱼粉和乳汁除外）则取决于 7 - 脱氢胆固醇的活性物质 25 - 羟胆钙化醇的含量。动物的肝和禽蛋含有较多的维生素 D_3，特别是某些鱼类的肝中含量很丰富。

2. 营养作用及缺乏症

在多数哺乳动物的日粮中，维生素 D 被认为是一种有前提条件的必需养分，因为它可以在紫外线照射下，在皮肤中由 7 - 脱氢胆固醇来合成。皮肤经光照产生的维生素 D_2 或维生素 D_3 和小肠吸收的维生素 D_2 或维生素 D_3 都进入血液，在肝脏、肾脏中经羟化，维生素 D_3 转变为 1，2，5 - 二羟维生素 D_3 后，才能发挥其作用。1，2，5 - 二羟维生素 D_3 具有增强小肠酸性，调节钙磷比例，促进钙磷吸收的作用，它还可以直接作用于成骨细胞，促进钙磷在骨骼和牙齿中的沉积，有利于骨骼钙化。1，2，5 - 二羟维生素 D_3 还可刺激单核细胞增殖，使其获得巨噬活性，成为成熟巨噬细胞，维生素 D 影响巨噬细胞的免疫功能。

当饲喂的日粮中不含维生素 D 时，猫和狗有出现缺乏此种维生素的临床症状。表现为钙磷代谢失调，主要由于肠道钙磷吸收减少，因而向骨骼沉积的能力也降低。在幼龄宠物可引起成骨作用发生障碍，出现"佝偻症"，常见行动困难，不能站立，生长缓慢。成年宠物，尤其是妊娠雌性和泌乳雌性患"骨软症"，骨质疏松，骨干脆弱，易骨折，弓形腿。

研究结果表明，即使将狗背上的毛剃去使其受到更多紫外线的照射，但犬和猫体内合成的维生素 D 仍不足，其原因在于 7 - 脱氢胆固醇还原酶的活性强。因此猫和狗的日粮中应提供充足的维生素 D 以保证其营养需要。动物性食物如鱼肝油、肝粉、血粉、酵母中含有丰富的维生素 D，对有特殊需要的宠物可注射骨化醇。

维生素 D 的需要量通常以国际单位计算。1 国际单位（IU）维生素 D = 0.025μg 维生素 D_3。

3. 过量的危害

维生素 D 过量也可导致宠物中毒，但对于大多数宠物，连续饲喂超过需要量 4～10 倍以上的维生素 D_3 60 天后才能出现中毒症状。其特征是血钙过多，动脉中钙盐广泛沉积，各种组织和器官如动脉管壁、心脏、肾小管等都发生钙质沉着，出现钙化灶，骨损伤，血钙过高。短期饲喂，大多数宠物可耐受 100 倍的剂量。维生素 D_3 的毒性比维生素 D_2 的毒性大 10～20 倍。

（三）维生素 E（抗不育症维生素、生育酚）

1. 理化特性

维生素 E 是一组化学结构近似的酚类化合物，具有维生素 E 活性的酚类有 8 种，其中以 α、β、γ、δ 四种较为重要，以 α - 生育酚抗不育作用的活性最高，δ - 生育酚抗不育作用的活性最低。

维生素 E 在体内不能合成，但能在脂肪等组织中大量贮存。维生素 E 为淡黄色油状物，对热和酸稳定，但对碱不稳定，极易被氧化。它与维生素 A 或不饱和脂肪酸等易被氧化的物质同时存在时，可保护维生素 A 及不饱和脂肪酸不受氧化，因此维生素 E 可作为这些物质的抗氧化剂。维生素 E 的抗氧化能力恰与其抗不育的活性相反，δ-生育酚抗氧化性最强，α-生育酚最弱。生育酚与脂肪酸结合成酯无抗氧化作用，但仍有抗不育作用。

植物能够合成维生素 E。所有谷物饲料都含有丰富的维生素 E，特别是种子的胚芽中。青绿饲料维生素 E 含量较禾谷类籽实高出 10 倍以上。小麦胚油、豆油、花生油也含有丰富的维生素 E。而油饼类和动物性饲料中含量较少。

2. 营养作用及缺乏症

（1）抗氧化作用　维生素 E 可保护膜脂中不饱和脂肪酸链及维生素 A 不被氧化。膜脂主要受自由基攻击而发生过氧化作用。自由基的连锁反应使自由基不断增加，过氧化反应不断加快，使脂肪酸链断裂而破坏了膜结构。维生素 E 能抑制这种过氧化作用。

膜脂过氧化可导致膜蛋白结构的变化，这也可能是维生素 E 缺乏时引起膜功能改变及症状多样性的一个因素。

（2）参与细胞 DNA 合成的调节。

（3）维持正常的繁殖机能　维生素 E 可促进性腺发育，调节性机能。促进精子的生成，提高其活力。增强卵巢机能。维生素 E 缺乏时，雄性睾丸变性萎缩，精细胞的形成受阻，甚至不产生精子，造成不育症；雌性性周期失常，不受孕。妊娠雌性分娩时产程过长，产后无奶或胎儿发育不良，胎儿早期被吸收或死胎。

（4）保证肌肉的正常生长发育　缺乏时肌肉中能量代谢受阻，肌肉营养不良，致使幼龄宠物患"白肌病"。特别是猫对维生素 E 的缺乏非常敏感，低含量的维生素 E 可能导致其肌肉营养不良。

（5）维持毛细血管结构的完整和中枢神经系统的机能健全。

（6）增强机体免疫力和抵抗力　研究确认，维生素 E 可促进抗体的形成和淋巴细胞的增殖，提高细胞免疫反应，降低血液中免疫抑制剂皮质醇的含量，提高机体的抗病能力，它具有抗感染、抗肿瘤与抗应激等作用。

（7）参与体内物质代谢　维生素 E 是细胞色素还原酶的辅助因子，参与机体内生物氧化；它还参与维生素 C 和泛酸的合成；参与含硫氨基酸和维生素 B_{12} 的代谢等。

（8）可以降低镉、汞、砷、银等重金属及有毒元素的毒性。

（9）通过使含硒的氧化型谷胱甘肽过氧化物酶变成还原型的谷胱甘肽过氧化物酶以及减少其他氧化物的生成而节约硒，减轻因缺硒而带来的影响。

维生素 E 的缺乏症是多样化的，涉及多种组织和器官。其症状很多都与硒的缺乏相似，而且也与日粮硒、不饱和脂肪酸和含硫氨基酸的水平有关。犬缺乏维生素 E，骨骼肌营养不良，出现白肌病，急性表现为心肌变性而突然死亡，亚急性表现为骨骼肌变性，运动障碍，严重时不能站立。种公犬睾丸生殖上皮变性，精液品质下降，精子细胞生成受阻，不育；母犬不妊娠，即使受胎，胎儿易被吸收，胚胎可能中途死亡，或产弱仔。猫缺乏维生素 E 时，厌食，精神沉郁，由于肌肉萎缩及营养退化，患猫经常蹲坐。由于过氧化物的蓄积，机体内的脂肪变为黄色、棕色或橘黄色，质地硬，称为脂肪组织炎或黄色脂肪病。长期饲喂金枪鱼可诱发此病。

宠物对维生素 E 的需要量通常以国际单位和重量单位（mg/kg）表示。1mg DL－α－生育酚乙酸酯相当于 1 国际单位（IU）维生素 E，1mg α－生育酚相当于 1.49 国际单位（IU）维生素 E。

猫和犬的日粮中含有大量不饱和脂肪酸，因此，维生素 E 的需要量较大。专家建议维生素 E 在 30 IU/kg 添加量的基础上，每添加 1g 鱼油要相应添加 10 IU/kg 维生素 E。这种需要与日粮中硒的水平和其他抗氧化剂的含量有关。在许多谷物胚芽中含有大量的维生素 E，因而粉碎后准备制成宠物猫狗日粮的谷物必须妥善保存，如加入抗氧化剂乙氧基喹啉，以保护其中的维生素 E 和防止霉菌的生长，因为氧化后的维生素 E 失去作为维生素和抗氧化剂的功效。

3. 过量的危害

维生素 E 相对于维生素 A 和维生素 D 是无毒的。大多数宠物能耐受 100 倍于需要量的剂量。

（四）维生素 K（抗出血症维生素）

1. 理化特性

维生素 K 是一类萘醌类衍生物，天然存在的维生素 K 活性物质有维生素 K_1（叶绿醌）和维生素 K_2（甲基萘醌），人工合成的有维生素 K_3（甲萘醌）。维生素 K_1 为黄色油状物，由植物合成；维生素 K_2 为黄色晶体，由微生物和动物合成，维生素 K_3 可溶于水。维生素 K 耐热，但对强酸、碱、光和辐射不稳定。

各种维生素 K 的生物学活性是不同的，但维生素 K_1 和维生素 K_2 相当。合成的甲萘醌系列产品生物活性相差较大，这取决于产品的稳定性和日粮中磺胺喹沙啉的含量。磺胺喹沙啉是维生素 K 的颉颃物。甲萘醌及其衍生物抵消磺胺喹沙啉颉颃作用的能力不如叶绿醌强。

2. 营养作用及缺乏症

维生素 K 的主要作用是参与凝血活动。它可催化肝脏中凝血酶原和凝血活素的合成。凝血酶原通过凝血活素的作用转变为具有活性的凝血酶，而将血液可溶性纤维蛋白原转变为不溶性的纤维蛋白，致使血液凝固；维生素 K 与钙结合蛋白的形成有关，并参与蛋白质和多肽的代谢；维生素 K 还具有利尿、强化肝脏解毒功能及降低血压等作用。

缺乏维生素 K，凝血时间延长，可发生皮下、肌肉及胃肠道出血。猫、犬机体内可合成维生素 K，因此通常情况下不出现缺乏。但当患肠道疾病、肝胆疾病、长期服用抗生素或磺胺类药物时，易引起维生素 K 的缺乏，此时，可在饲粮中添加适量的维生素 K 或饲喂含维生素 K 丰富的食物，如青绿饲料或动物性饲料。

3. 过量的危害

维生素 K_1 和维生素 K_2 相对于维生素 A 和维生素 D 来说是无毒的。但大剂量维生素 K_3 可引起溶血。

二、水溶性维生素

水溶性维生素包括 B 族维生素、肌醇、胆碱和维生素 C。水溶性维生素可从水溶性的食物中提取，除含碳、氢、氧等元素外，多数都含有氮，有的还含有硫或钴。B 族维生素主要作为辅酶，催化碳水化合物、脂肪和蛋白质代谢中的各种反应。多数情况下，缺乏症无特异性，而且难与其生化功能相联系，食欲下降和生长受阻是共同的缺乏症状。

B 族维生素的多数通过被动的扩散方式吸收，但在日粮供应不足时也可以主动的方式吸收。除维生素 B_{12} 外，水溶性维生素几乎不在体内贮存，主要经尿排出（包括代谢产物）。维生素 B_{12} 的吸收也较特殊。

所有水溶性维生素都为代谢所必需。犬、猫的肠道较短，微生物合成有限，吸收利用的可能性较小，一般需日粮提供。

宠物能在体内合成一定数量的维生素 C。在高温、运输、疾病等应激情况下，宠物对维生素 C 需要量增大。

水溶性维生素的营养状况一般通过以下几个方面的检测来描述：第一，血液和尿中维生素浓度；第二，维生素的功能酶的代谢产物含量；第三，以维生素为辅酶的特异性酶的活性。

（一）维生素 B_1（硫胺素）

1. 理化特性

维生素 B_1 的分子结构中含硫和氨基所以又称为硫胺素。维生素 B_1 能溶于70%的乙醇和水，对热稳定，干热至100℃也不分解。但在水中加热至100℃能缓慢的分解，如加热时间不很长，则分解也很少。在酸性溶液中能延缓维生素 B_1 的分解，在碱性溶液中则极不稳定，容易分解。

酵母是硫胺素最丰富的来源。谷物含量也较多，胚胎和种皮是硫胺素主要存在的地方。瘦肉、肝脏、肾脏和蛋等动物产品是硫胺素的丰富来源。饲料在干燥气候下加工贮存损失少，湿热加工（烹饪）大量损失。

宠物对硫胺素的需要受日粮成分、遗传因素、代谢特点以及疾病的影响。日粮碳水化合物含量增加，宠物对维生素 B_1 的需要也增加。脂肪和蛋白质有节约硫胺素的作用。日粮含有抗硫胺素因子，如许多生鱼含的硫胺素酶，棉籽和咖啡酸中的3，5－二甲基水杨酸和含抗硫胺素因子的羊齿草以及饲料受念珠状镰刀菌侵袭和宠物受疾病感染等情况下，都增加对硫胺素的需要。

2. 营养作用及缺乏症

硫胺素以羧化辅酶的成分参与 α－酮酸（丙酮酸、α－酮戊二酸）的氧化脱羧反应而进入糖代谢和三羧酸循环；维持神经组织和心脏正常功能；维持胃肠正常消化机能；为神经介质和细胞膜组分，影响神经系统能量代谢和脂肪酸合成。

在正常情况下，神经组织所需的能量主要靠糖氧化供给。缺乏硫胺素时，丙酮酸不能氧化，造成神经组织中丙酮酸和乳酸的堆积，同时能量供应也减少，以致影响神经组织及心肌的代谢和机能。

硫胺素能抑制胆碱酯酶的活性，减少乙酰胆碱的水解，而乙酰胆碱有增加胃肠蠕动和腺体分泌的作用，有助于消化。维生素 B_1 缺乏时，则胆碱酯酶的活性增强，乙酰胆碱迅速被水解，使其量比正常低，所以常有消化不良，食欲不振等症状。因此，硫胺素在临床上常用来作为辅助药物治疗神经炎、心肌炎、食欲不振、消化不良等疾病。

酵母是硫胺素最丰富的来源。谷物食物含量也较多，胚芽和种皮是硫胺素存在的主要部位。瘦肉、肝、糙米、肾和蛋等动物性食品中含量也较为丰富。猫需要硫胺素0.4mg/d。

硫胺素一般不易引起宠物中毒，因为硫胺素的中毒剂量是需要量的数百倍，甚至上千倍。

（二）维生素 B$_2$（核黄素）

1. 理化特性

核黄素是由一个二甲基异咯嗪和一个核醇结合而成，由于核黄素呈橘黄色，以及分子组成中有核醇，故又称为核黄素。核黄素微溶于水，耐热，在酸性溶液中稳定，蓝色或紫外光以及其他可见光、碱和重金属可使其迅速破坏。

2. 营养作用及缺乏症

已知许多氧化还原酶类的辅基中含有核黄素，这种酶统称为黄酶类，如氨基酸氧化酶、琥珀酸脱氢酶等。黄酶的辅基有两种，即黄素腺嘌呤二核苷酸（FAD）及黄素单核苷酸（FMN，又称磷酸核黄素）。维生素 B$_2$ 为合成 FAD 及 FMN 的原料，它们在氧化还原反应中起传递氢的作用。维生素 B$_2$ 的营养作用正是通过辅酶来参与调节碳水化合物的代谢、蛋白质的代谢、脂肪的代谢等。维生素 B$_2$ 还与色氨酸、铁的代谢及维生素 C 的合成有关；与视觉有关，具有强化肝脏的功能，为生长和组织修复所必需。

核黄素缺乏时，幼龄宠物食欲减退，生长停滞，被毛粗乱，眼角分泌物增多，常伴有腹泻，成年宠物繁殖性能下降。猫还表现为缺氧，脱毛，后发展为白内障，脂肪肝，小红细胞增多，严重时死亡。犬表现为失重，后腿肌肉萎缩，结膜炎，角膜混浊，有时可见口腔黏膜出血，口角唇边溃烂，流涎等症状。发病早期及时注射维生素 B$_2$，症状可消除。

维生素 B$_2$ 在机体内合成量很少，也不能贮存，只能由植物、酵母菌、真菌等其他微生物合成。一般的青绿饲料、动物肝脏、酵母、瘦肉、蛋、奶类、乳清粉中含量较为丰富。谷物及其副产物中核黄素含量较少。

维生素 B$_2$ 的中毒剂量是其需要量的数十倍到数百倍。

（三）维生素 B$_3$（泛酸或遍多酸）

1. 理化特性

泛酸广泛存在于动、植物体中，故又称为泛酸或遍多酸。维生素 B$_3$ 是 β - 丙氨酸的衍生物，为黄色黏稠的油状物。对氧化剂与还原剂均稳定，在有水时加热也稳定，但在干热及在酸性或碱性介质中加热则易被破坏。

2. 营养作用及缺乏症

饲粮中的泛酸大多是以辅酶 A 的形式存在的，少部分是游离的。只有游离形式的泛酸以及它的盐和酸能在小肠吸收。泛酸是两个重要辅酶即辅酶 A（CoA）和酰基载体蛋白（ACP）的组成成分。参与碳水化合物、脂肪、氨基酸的代谢。促进脂肪代谢和类固醇的合成，是生长宠物所必需的。

宠物一般不会发生泛酸的缺乏。缺乏泛酸时，表现生长发育受阻，消瘦，胃肠功能紊乱，腹泻，运动失调，脂肪肝，繁殖机能下降等症状。

宠物对泛酸的需要为 2～20mg/kg 饲粮。

（四）烟酸（尼克酸、维生素 PP）

1. 理化特性

烟酸是吡啶的衍生物，它易转变成尼克酰胺，烟酸和尼克酰胺都是白色的针状结晶，溶于水，性质稳定，不易被酸、碱、热及氧化剂所破坏。

2. 营养作用及缺乏症

烟酸在体内可转变为烟酰胺，烟酰胺可合成烟酰胺腺嘌呤二核苷酸（NAD$^+$）又名辅酶 I（Co I）及烟酰胺腺嘌呤二核苷酸磷酸（NADP$^+$）又名辅酶 II（Co II），参与碳水化合物、脂肪和蛋白质的代谢，尤其在体内供能代谢的反应中起重要作用。辅酶 I 和辅酶 II 也参与视紫红质的合成。还可促进铁吸收和血细胞的生成；维持皮肤的正常功能和消化腺分泌等。烟酸和烟酰胺合成不足会影响生物氧化反应，使新陈代谢发生障碍，即出现癞皮病、角膜炎、神经和消化系统障碍症状。

猫缺乏烟酸表现为腹泻，消瘦，糙皮病，口腔溃疡，流涎，呼出气体有恶臭，严重发展为呼吸道感染。幼猫出生 3 周死亡。犬缺乏泛酸患黑舌病，表现为皮炎，食欲减退，溃疡，腹泻或便秘，粪便恶臭。

烟酸广泛分布于各种食物中，特别是青草、动物性产品、酒糟、发酵液以及油饼类饲粮中含量丰富。生的动物性产品中含有大量的烟酸，但为防止寄生虫病的发生，喂前最好煮 13～30min。宠物体内多余的色氨酸可转化为尼克酸，但猫体内不能进行这种转化，必须从食物中获得足够的烟酸。

宠物对烟酸的需要量一般为含 10～50mg/kg 饲粮，若每日每千克体重摄入烟酸超过 350mg 则可能引起中毒。

（五）维生素 B$_6$

1. 理化特性

维生素 B$_6$ 包括吡哆醇、吡哆醛和吡哆胺三种吡啶衍生物。吡哆醇能转化成吡哆醛和吡哆胺，反应不可逆，吡哆醛和吡哆胺可以相互转化，在酸性溶液中稳定，而在碱性溶液中却易被破坏。在空气中较稳定，极易被光所破坏。

2. 营养作用及缺乏症

维生素 B$_6$ 以转氨酶和脱羧酶等多种形式参与氨基酸、蛋白质、脂肪和碳水化合物代谢；促进抗体合成；促进血红蛋白中原卟啉的合成。

幼龄宠物缺乏维生素 B$_6$，食欲下降，消瘦，生长发育受阻，皮肤发炎，脱毛，眼睛周围有褐色分泌物、流泪，视力减退，甚至失明，心肌变性。成年宠物则表现被毛粗乱，食欲差，小红细胞贫血，腹泻，惊厥，阵发性抽搐或痉挛，运动失调，急性肾脏疾患，昏迷。

维生素 B$_6$ 在自然界广泛存在，酵母、肝脏、鸡肉、乳清、谷物及其副产品和蔬菜都是维生素 B$_6$ 的丰富来源。由于来源广而丰富，所以通常不易产生明显的缺乏症。人和宠物日粮中蛋白质水平的升高，色氨酸、蛋氨酸或其他氨基酸过多也增加维生素 B$_6$ 的需要。

宠物对维生素 B$_6$ 的需要量一般为 1～5mg/kg 饲粮。用犬和大鼠试验，维生素 B$_6$ 的中毒剂量是需要量的 1 000 倍以上。

（六）生物素（维生素 H）

1. 理化特性

生物素是尿素和噻吩相结合的骈环，并带有戊酸侧链。它有多种异构体，但只有 D - 生物素才有活性。合成的生物素是白色针状结晶，在常规条件下很稳定，酸败的脂肪和胆碱能使它失去活性，紫外线照射可使生物素缓慢破坏。

自然界存在的生物素，有游离和结合的两种形式。结合形式的生物素常与赖氨酸或蛋白质结合，被结合的生物素不能被一些动物所利用。

2. 营养作用及缺乏症

生物素在体内主要是以辅酶的形式广泛参与碳水化合物、脂肪和蛋白质的代谢。生物素是体内许多羧化酶的辅酶。例如，丙酮酸转变为草酰乙酸，乙酰辅酶 A 转变为丙二酸单酰辅酶 A，丙酰辅酶 A 转变为甲基丙二酸单酰辅酶 A 等反应都需生物素作辅酶。生物素与溶菌酶活化和皮脂腺功能有关。

生物素广泛存在于动、植物界，所以宠物一般情况下不会缺乏生物素。但在下列情况下可导致生物素的缺乏：饲料加工和贮存过程中生物素的破坏；肠道和呼吸道的感染及服用抗生素药（磺胺类）；饲喂含生物素低的饲料；日粮中不饱和脂肪酸的增加；维生素 B_6、维生素 B_{12}、硫胺素、核黄素、叶酸、维生素 C 以及肌醇水平的偏低和使用大量生物素利用率低的饲料（大麦、小麦、高粱等）。生蛋清中含生物素颉颃物，长期饲喂会引起宠物生物素的缺乏。

缺乏生物素，宠物表现为生长不良、皮炎及毛或羽毛脱落等症状。猫表现为厌食，眼睛和鼻子的干性分泌物、唾液分泌增多，严重可能出现血痢和显著消瘦。犬表现为皮屑状皮炎，进而精神沉郁，食欲不振，贫血，呕吐。

（七）叶酸

1. 理化特性

叶酸也称蝶酰谷氨酸，广泛存在于植物界，因在绿叶中含量丰富，故称为叶酸。叶酸为黄色结晶粉末，无臭无味，在碱性和中性条件下对热稳定，在水溶液中易被光破坏。

2. 营养作用及缺乏症

叶酸能促进血细胞的形成，抗贫血，与维生素 B_{12} 有协同作用，可以加氢变成四氢叶酸，它是体内一碳基团转移酶系统的辅酶，参与蛋白质和核酸的代谢，促进红细胞、白细胞和抗体的形成与成熟。

一般情况下宠物不会缺乏叶酸。但长期使用抗生素或磺胺类药物的猫和犬可能会缺乏叶酸。宠物缺乏叶酸时，引起大红细胞性贫血，白细胞减少，还表现为生长缓慢，皮炎，繁殖机能和饲料利用率下降。

叶酸广泛存在于动植物食物中。绿色植物、肉类、谷物、大豆及肝脏等食物中含量都很丰富。宠物肠道也能合成叶酸，可满足部分的需要。

宠物对叶酸的需要一般为 0.2～1mg/kg 饲粮。鱼可达 5mg/kg 饲粮（鳟鱼和鲑鱼）。

（八）维生素 B_{12}（钴胺素）

1. 理化特性

维生素 B_{12} 分子中含有氨基和三价的钴，故称为钴胺素，是唯一含有金属元素的维生素。维生素 B_{12} 有多种活性形式，有氰钴胺素、羟钴胺素、硝钴胺素、甲钴胺素、5′－脱氧腺苷钴胺素等。

羟钴胺素、硝钴胺素、甲钴胺素、5′－脱氧腺苷钴胺素分别是以羟基、硝基、甲基、5′－脱氧腺苷（第 5′碳与钴连结）代替氰钴胺素的氰基。羟钴胺素比较稳定，临床上是药用维生素 B_{12} 的常见形式。5′－脱氧腺苷钴胺素则是维生素 B_{12} 在体内的主要形式，它以辅酶的形式参加多种重要的代谢反应，因此又称它为辅酶 B_{12}。甲钴胺素是维生素 B_{12} 携带甲基的形式。

维生素 B_{12} 为暗红色结晶，易吸湿，在弱酸性水溶液中相当稳定。在 pH 值为 4.5～5.0 的溶液中长期放置，并不改变其活性；在 pH 值为 3.0 以下及 9.0 以上的溶液中则极易分解；在 pH 值为 4.0～7.0 的溶液中高压灭菌只有很少的损失。可被日光、醛类、抗坏血酸、二价铁盐、氧化剂或还原剂等破坏。

2. 营养作用及缺乏症

维生素 B_{12} 在体内主要以二脱氧腺苷钴胺素和甲钴胺素两种辅酶的形式参与多种代谢活动，如嘌呤和嘧啶的合成、甲基的转移、由氨基酸合成蛋白质以及碳水化合物和脂肪的代谢，其中最重要的是参与核酸和蛋白质的合成。与缺乏症密切相关的两个主要功能是维持神经系统的完整和促进红细胞的形成。

一般情况下宠物不会缺乏维生素 B_{12}。缺乏维生素 B_{12}，则易引起恶性贫血。其他组织的代谢也发生障碍，如厌食，胃肠道上皮细胞改变，神经系统的损害等。维生素 B_{12} 缺乏时，宠物最明显的症状就是生长停滞，被毛粗糙，皮炎，肌肉软弱，后肢运动失调，继而表现为步态的不协调和不稳定。雌性的受胎率、繁殖率降低和产后泌乳量下降。由于辅酶 B_{12} 是甲基丙二酸单酰辅酶 A 变位酶的辅酶，维生素 B_{12} 缺乏时，则尿中甲基丙二酸显著增加，因此测定尿中甲基丙二酸可作为体内维生素 B_{12} 贮存的敏感的指标。

维生素 B_{12} 只存在于动物性产品和微生物中。

维生素 B_{12} 的中毒剂量至少是超过需要量的数百倍。

（九）胆碱

1. 理化特性

胆碱是类脂肪的成分。分子中除含有 3 个不稳定的甲基外，还有羟基，具有明显的碱性。胆碱对热稳定，但在强酸条件下不稳定，吸湿性强，胆碱可在肝脏中合成。

2. 营养作用及缺乏症

胆碱与其他 B 族维生素不同，它在体内不是以辅酶的形式，而是作为结构物质发挥其作用的。胆碱是细胞的组成成分，它是细胞卵磷脂、神经磷脂和某些原生质的成分，同样也是软骨组织磷脂的成分。因此，它是构成和维持细胞的结构，保证软骨基质成熟必不可少的物质，并能防止骨短粗病的发生；胆碱参与肝脏脂肪代谢，可促使肝脏脂肪以卵磷脂形式输送或者提高脂肪酸本身在肝脏内的氧化作用，防止脂肪肝的产生；胆碱在机体内作为甲基的供体参与甲基转移；胆碱还是乙酰胆碱的成分，参与神经冲动的传导。

宠物一般不易缺乏胆碱。但饲粮中动物性食物不足，缺少叶酸、维生素 B_{12} 及锰或烟酸过多时，常导致胆碱的缺乏。缺乏胆碱时，宠物表现为精神不振，食欲丧失，生长发育缓慢，贫血，衰竭无力，关节肿胀，运动失调，消化不良等。脂肪代谢障碍，易发生肝脏脂肪浸润而形成脂肪肝，产生低白蛋白血症。

胆碱广泛存在于各种饲料中。以绿色植物、豆饼、花生饼、谷实类、酵母及蛋黄中含量最丰富。凡是含脂肪的饲料都可提供胆碱。机体也可利用蛋氨酸等含硫氨基酸和甜菜碱的甲基合成胆碱。

宠物对胆碱的需要量一般为 500～2 000mg/kg 饲粮。过量供给会发生中毒，其症状是：流涎、颤抖、痉挛、发绀、惊厥和呼吸麻痹，增重与饲料转化率均降低。

（十）维生素 C（抗坏血酸）

1. 理化特性

维生素 C 是己糖的衍生物。它有 L 型和 D 型两种异构体，仅 L 型对宠物有生理功效。维生素 C 分子中第二位及第三位上的两个相邻的烯醇式羟基易解离出氢离子，故具有酸性。维生素 C 为白色或微黄色粉状结晶，有酸味，除能溶于水外，微溶于丙酮或乙醇。维生素 C 在弱酸中稳定，在碱中易破坏，在碱性溶液中加热极易被破坏，而在弱酸性及中性环境中加热损失则较少。维生素 C 具有强还原性，极易被氧化剂所破坏，特别在中性或碱性环境中，或当有微量重金属离子（如 Fe^{2+}、Cu^{2+} 等）存在时，更易被氧化分解。维生素 C 氧化即成为脱氢抗坏血酸，脱氢抗坏血酸加氢仍可还原为维生素 C，故脱氢抗坏血酸仍具有维生素 C 的生物学活性。但在碱性及中性环境中易自发地水化成为 2，3－二酮古乐糖酸，此反应不可逆，并且 2，3－二酮古乐糖酸还可进一步氧化分解。故通常维生素 C 被氧化（特别是在碱性及中性环境中）就失去生物学活性。

2. 营养作用及缺乏症

维生素 C 参与细胞间质的生成，维生素 C 是合成胶原和黏多糖等细胞间质时所必需的物质；具有解毒和抗氧化作用，某些毒物如铅、砷、苯以及某些细菌毒素进入体内，给予大量维生素 C 往往可缓解其毒性。重金属离子能和体内含活性巯基（—SH）的酶类结合，破坏了酶的活性，因而使机体中毒。维生素 C 是强还原剂，能使体内氧化型谷胱甘肽（G—S—S—G）转变为还原型谷胱甘肽（G—SH），还原型谷胱甘肽可与重金属离子结合而排出体外，故维生素 C 能保护酶的活性巯基，具有解毒作用；还可阻止体内致癌物质亚硝基胺的形成，从而预防癌症；参与体内氧化还原反应，维生素 C 可脱氢成为脱氢抗坏血酸，此反应是可逆的，它在体内可能参加生物氧化反应；可使三价铁还原为易吸收的二价铁，促进铁的吸收，故临床上治疗营养性贫血时常用维生素 C 作辅助药物；参加体内其他代谢反应，在叶酸转变为四氢叶酸的过程中、酪氨酸代谢过程及肾上腺皮质激素合成过程中都需要维生素 C 存在；促进抗体的形成和白细胞的噬菌能力，促进伤口愈合，增强机体免疫功能和抗应激能力。

当维生素 C 缺乏时，患"坏血病"。此时毛细血管的细胞间质减少变为脆弱，通透性增大，易引起皮下、肌肉、胃肠道黏膜出血，软骨、骨、牙齿、肌肉及其他组织的细胞间质减少，使骨、牙齿容易折断或脱落、创口溃疡不易愈合。宠物食欲下降，生长受阻，体重减轻，皮下及关节弥漫性出血，被毛无光，贫血，抗病力和抗应激力下降。犬缺乏时，呈现阵发性剧烈疼痛，随即恢复正常。可以定量补饲维生素 C，症状可得到缓解或消失。

维生素 C 来源广泛，青绿饲料、新鲜水果中含量丰富。一般宠物都能自行合成维生素 C。如出生一周的仔犬，可利用葡萄糖合成维生素 C。因此，一般不需补饲，但宠物在高温、寒冷、惊吓、患病等应激状态下，合成维生素 C 的能力下降，消耗增加，须额外补充。断奶的幼犬、仔猫饲粮中也应补充维生素 C。

宠物对维生素 C 的需要量没有规定。维生素 C 的毒性很低，一般宠物可耐受需要量的数百倍，甚至上千倍的剂量。

三、应激对宠物维生素需要量的影响

应激是指宠物在遇到各种刺激，如激烈运动、高温、高湿、寒冷、炎热、疼痛、疫苗接种、惊吓、运输、有害气体的侵袭及饲养管理不当等情况时，机体所产生的一系列生理活动亢进现象。凡能引起机体产生应激的刺激，均称为应激源（简称激源）。宠物产生应激后，在生产上主要表现为生长发育减慢，食欲降低，对疾病的抵抗力下降，自身免疫机能降低，发病率上升等。抗应激剂是指具有缓解、防止应激引起应激综合症的饲料添加剂。

有些维生素如维生素 A、维生素 B_2、维生素 C、维生素 E 等都具有缓解应激反应的功能。正常情况下，宠物能够合成维生素 C 供机体利用。热应激时，宠物为了维持体温的恒定，利用维生素 C 合成类固醇激素——皮质酮，增加机体的免疫功能。维生素 E 作为一种天然的抗氧化剂，在抗热应激中也有一定的作用，但维生素 C 的抗热应激作用并不是无限的，当环境温度超过 34℃时，维生素 C 就没有抗应激的作用了。

第八节　水营养

水虽然不是能量的来源，但在宠物营养上有着极为重要的作用。水是宠物体内生理生化过程的基本介质，也是机体不可缺少的组成部分。只有及时充分地供给宠物清洁卫生的水，才能维持宠物正常的生理活动，保证宠物机体健康。

宠物体内含水量在 50%～80%。宠物绝食期间，消耗体内几乎全部脂肪、半数蛋白质或失去 40% 的体重时，仍能生存。但是，宠物体内水分丧失 10% 就会引起代谢紊乱，失水 20% 时死亡。

在自然界中，水构成了所有植物和动物机体组成的主要成分。水与碳水化合物、蛋白质等营养成分一样，也是犬和猫必不可少的营养物质之一。成年犬机体成分中 60%～75% 都是由水组成的，初生宠物机体成分中的水分含量可达 80% 左右。宠物体内不存在化学上的纯水，机体内水分和溶解于水中的各种溶质，泛称为体液。机体含有的全部液体可划分为细胞内液和细胞外液两个部分，它们被细胞膜隔开。分布于细胞内的液体称为细胞内液，占体内总水量的 67%～75%，是细胞代谢活动的介质。分布于细胞外的所有体液包括血浆、细胞间液、淋巴液等称为细胞外液，占体内总水量的 25%～30%。了解水的营养生理作用，保证宠物水的充分供给，对宠物健康具有重要的意义。

一、水的性质

水是一种因其结构不对称而具有偶极离子特性的极性分子。水在宠物营养生理过程中，表现出的很多性质都与此密切相关。

宠物体内不含化学上的纯水。细胞外和细胞内体液中的水，作为无机和有机物的溶

剂，称自由水。在胶体体系中与蛋白质结合的水，或者存在于细胞内的水合离子和与纤维分子之间封闭起来的水，称结合水。与宠物营养生理有关的水的性质如下。

（1）水有较高的表面张力　水与宠物体内蛋白质胶体结合，使胶体具有一定稳定性。

（2）水的比热大　1g水从14.5℃上升到15.5℃需要4.184J（1cal）的热量，高于同量的固体和其他液体的比热。

（3）水的蒸发热高　每1g水在37℃时完全蒸发，可吸收2 260kJ的热量。

（4）水结冰后的比重比水小　因1g冰比1g水的体积大。冬天，江河、湖泊结冰后，冰总是漂浮在水的表面，保护了水中生物不致冻死。但是，如宠物细胞和组织中的水遇到强冷过程或解冻不慎，则有细胞破裂和宠物死亡的危险。

二、水的营养功能

（一）水的营养功能

宠物体内水的营养作用很复杂，生命过程中许多特殊的生理作用都有赖于水的存在。

1. 水是构成宠物体的组成成分

宠物体含水量为其体重的50%～80%。机体内的大部分水与蛋白质结合形成胶体，使组织细胞具有一定的形态、硬度和弹性，以维持机体的正常形态。水还构成血液、组织液、消化液、关节润滑液等。

2. 水是一种理想的溶剂

因水有很高的电解常数，很多化合物容易在水中电解。宠物体内水的代谢与电解质的代谢紧密结合。水在胃肠道中作为转运食糜的媒介，作为血液、组织液、细胞及分泌物、排泄物等的载体，体内各种营养物质的消化、吸收、转运及代谢产物的排出等都必须溶于水后才能进行。

3. 水几乎参与机体内所有的生化反应

水的解离较弱，属于惰性物质。但是由于宠物体内酶的作用，一切生物的氧化和酶促反应都有水参加。水使体细胞代谢发生复杂的化学反应成为可能。水是生物体内生化反应的原料，又是生化反应的产物。在体内的消化、吸收、分解、合成、氧化还原以及细胞呼吸过程都有水的参与。作为血液的主要成分，水成为重要的运输媒介，携带氧和营养到机体组织，运走二氧化碳和代谢产物。有机体内所有聚合和解聚合作用都伴有水的结合或释放。

4. 水可以调节体温

水比热大、蒸发热高，可迅速传递和蒸发热能，利于调节动物体温。水可将犬的余热通过肺脏的呼吸和体表散发出去。呼吸运动通过水汽散发热量对犬尤为重要，因为犬缺乏汗腺，在炎热的夏季，犬张口喘气就是通过急促的呼吸来增强散热。水以不同的方式进行温度调节，血液从工作着的器官组织带走热，从而防止危险性的体温升高。血液通过众多静脉将热量转移给皮肤，通过传导、对流、辐射将热散失到环境中。也可通过皮肤、呼吸蒸发掉水分。水的导热性好，有助于深部组织热量的散失，防止由于肌肉长时间剧烈运动引起的温度升高。

5. 水能调节体内渗透压，维持组织器官的正常形态

水是调节宠物体内渗透压的重要因素，体内缺水将影响组织器官的正常形态和功能。

6. 水有润滑作用

宠物体关节囊内、体腔内和各器官间的组织液中的水，可以减少关节和器官间的摩擦力，起到润滑作用。水可湿润食物而易于犬采食吞咽，并提高其食欲。一般犬每采食 1kg 干饲粮，需饮水和食物水 3L 左右。

7. 水具有维持体液平衡的作用

水能稀释细胞内容物和体液，使物质能在细胞内、体液内和消化道内保持相对的自由运动，保持体内矿物质的离子平衡，保持物质在体内的正常代谢。水还通过粪便、尿液、汗液等形式排出消化道不能消化的废物和代谢产物。

（二）缺水的后果

1. 宠物短期缺水，生产力下降

幼龄宠物生长受阻，增重缓慢，成年宠物产乳量急剧下降，产蛋量迅速减少，蛋重减轻，蛋壳变薄。

2. 宠物长期饮水不足，会损害健康

宠物体内水分减少 1%～2% 时，开始有口渴感，食欲减退，尿量减少；水分减少 8% 时，出现严重口渴感，食欲丧失，消化机能减弱，并因黏膜干燥降低了对疾病的抵抗力和机体免疫力。

3. 严重缺水会危及宠物的生命

长期水饥饿的宠物，各组织器官缺水，血液浓稠，营养物质的代谢发生障碍，但组织中的脂肪和蛋白质分解加强，体温升高，常因组织内积蓄有毒的代谢产物而死亡。实际上，宠物得不到水分比得不到食物更难维持生命，尤其是高温季节。

三、水的代谢

（一）水的来源

宠物获取水的主要来源有饮水、食物水及代谢水。

1. 饮水

饮水是宠物获得水的重要来源。宠物饮水的多少与动物种类、生理状态、生产水平、食物成分、环境温度等有关。饮水量随采食量增加而成直线上升，犬在一般情况下可不饮水。通过饮水进行水的摄入是完全可以控制的：口舌内的感受器在机体感觉到渴时发出信号给脑渴中枢；当脱水导致细胞外液渗透压升高时，渗透压感受器反馈给渴中枢；严重的脱水导致细胞外液丢失，可增加循环中的血管紧张来刺激渴中枢。

2. 食物水

食物在消化过程中被降解，水和其他终端产物一起被释放出来。水的数量依赖于食物类型，如犬干料含水率不足 14%，半湿和罐装食物含水率较高，罐装食物可达 80% 以上。

3. 代谢水

代谢水，又称氧化水，是指动物体细胞中营养物质氧化分解或合成过程中产生的水。氢和氧结合成水，释放出的水的数量完全取决于食物种类和氧化程度。氧化每 100g 碳水化合物、脂肪、蛋白质，分别产生 0.55ml、1.07ml 和 0.4ml 的水，总之，每 100kcal 能量代谢可产生大约 10～16g 的代谢水，因而，每天消耗 2 000kcal 代谢能的犬可从机体代谢中产生 200～320g 水。每一分子葡萄糖参与糖元合成可产生 1 分子水。甘油和脂肪酸合成 1 分子脂肪时,可产生 3 分子水。n 分子氨基酸合成蛋白质时,产生 n－1 分子水。代谢水一般占总摄水量的 5%～10%。不同营养成分及不同食物代谢所产生代谢水的程度不同 (表 1－5)。

水分需要量随着环境条件、动物精神状态和食物中水含量的变化而变化。犬能够很好地根据食物中水含量改变对水的摄入。

对于有汗腺的动物和蛋白质代谢产物主要是尿素排泄物的动物,随着三大营养物质的摄入和代谢,产热量增加,水的需要量大,体内代谢水明显不能满足失水的需要。对于蛋白质代谢产物主要以尿酸或胺形式为排泄物的动物,需要的水很少,代谢水已基本能够满足需要。

表 1－5　三大营养成分的代谢水 (引自许振英,1987)

营养成分	氧化后代谢水 (g)	含热量 (kJ/100g)	代谢水 (g/kJ)
100g 淀粉	60	1 673.6	0.036
100g 蛋白质	42	1 673.6	0.025
100g 脂肪	100	3 765.6	0.027

(二) 水的排出

水通过几种途径从机体丢失。对于正常犬来说,主要包括呼吸、粪、尿、排汗等途径,患病动物可能通过出血、呕吐、腹泻大量丢失水分,泌乳是显著丢失水分的另一种方式。

1. 肺脏和皮肤的蒸发

在热环境下,借助肺的扩张及广泛密布的毛细血管,从热空气中吸取氧气是可能的。同时水分也扩散蒸发到肺腔中,进而散失到空气中,这种呼吸性失水是必然的。在炎热的气候下,蒸发是一种重要的温度调节机制,体热也被用来使水分汽化,这也就是犬喘息且伸长舌头的原因。肺脏以水蒸气形式呼出的水量随环境温度的提高和动物活动量的增加而增加。在特殊情况下,犬也可通过脚爪蒸发掉少量热量并带走少量水分。

皮肤表面失水主要有两种方式:一是血管和皮肤的体液中的水分可扩散到皮肤表面蒸发,这种通过皮肤及呼吸失水称为不显汗或不感觉的失水。二是通过排汗失水,也称显汗失水。具有汗腺的动物失水较多,这种方式的散热效率相当于呼吸散热的 4 倍。

2. 粪、尿失水

粪便中的排水量随动物种类不同及饲粮性质不同而不同。一般来说,从粪中丢失的水量与分泌到消化道中的大量液体相比是很少的。犬、猫等动物的粪较干,由粪便排出的水较少。肠对水分能够有效地重吸收,只有当肠吸收功能受到严重干扰及腹泻排稀便时,才从这种途径丢失大量的水分。

宠物由尿排出的水量受总摄入水量的影响,摄入越多,排出越多。排尿量也受环境温度的影响,环境温度越高,动物活动量越大,由尿排出的水量越少。通常情况下,随尿排出的水量可占总排水量的一半左右。动物的最低排尿量取决于机体必须排出的溶质的量及肾脏浓缩尿液的能力。

3. 其他方式失水

哺乳宠物在泌乳期时泌乳也成为失水的重要途径。对于猫来说,在高温情况下,一部分水会通过唾液而减少，这是因为唾液被用来湿润被毛和通过水分蒸发来降温。鸟类产蛋时，蛋中70%左右是水分，因而充分满足动物饮水，可保证其生产的需要。

（三）水的平衡调节

宠物体内的水分布于全身各组织器官及体液中，细胞内液约占2/3，细胞外液约占1/3，两者不停地进行着水和物质交换，维持体液的一种动态平衡。宠物体液和消化道内的水量一般是相对恒定的。

不同宠物体内水分周转代谢的速度也不同。这种速度还受环境温度、湿度及采食饲粮的影响。如果盐分摄入过多，则饮水量必然增加，水的周转代谢也会加快。

水的排出主要通过肾脏调节排尿量来完成。当动物失水过多时，血浆渗透压上升，刺激下丘脑渗透压感受器，促使加压素分泌增加，进而促使水分在肾小管内重吸收，尿量减少。反之，在大量饮水后，血浆渗透压下降，加压素分泌减少，水分重吸收减弱，尿量增加。

醛固酮的分泌受肾素－血管紧张－醛固酮系统以及血钾、血钠离子浓度对肾上腺皮质作用的调节。肾上腺皮质分泌的醛固酮激素在增加钠离子吸收的同时，会增加水的重吸收。

和人类相比，猫可能获得较大的尿渗透浓度，可更有效地保留水分。

动物体内水的调节是一个复杂的生理过程，由多种调节机制共同来维持体内水量，保持正常水平。

四、需水量及水的品质

犬代谢过程中，不断由粪、尿、呼吸、体表和各种分泌途径排出大量水分。若饮水不足，引起机体缺水时，就可使机体的新陈代谢遭受破坏，食物的消化、吸收发生障碍，营养物质和代谢废物的运输与排除发生困难，血液变浓，体温升高，机体各器官功能活动减弱，宠物的兴奋性明显减低。宠物因机体缺水导致死亡的速度要比因饥饿引起死亡的速度快得多。动物机体可以失去全部储留的糖元和脂肪，一半的体蛋白，体重的40%而仍能生存。失去体重1%～2%的水，动物表现为干渴，食欲减退，当失水5%时会使犬感到不适，失水10%会造成代谢紊乱、生理失常，失水20%可引起死亡。在正常情况下，成年犬每天每千克体重需要100ml水。幼犬每天每千克体重需要150ml水。高温季节、运动以后或饲喂较干的食物时，应增加饮水量，实际饲养中可全天供应清洁卫生的水，任其自由饮用。

水的品质影响动物的饮水量及健康，因而应重视饮用水的品质（表1－6）。

表1－6　家畜饮用水质量标准（引自 NRC，1998）

指标		推荐的最大值（mg/L）	
		TFWQG（1987）*	NRC（1974）
常量离子	钙	1 000	
	硝酸盐－氮及亚硝酸盐－氮	100	440
	亚硝酸盐－氮	10	33
	硫酸盐	1 000	

指标	推荐的最大值（mg/L）	
	TFWQG（1987）*	NRC（1974）
铝	5.0	
砷	0.5	0.2
铍	0.1	
硼	5.0	
镉	0.02	0.05
铬	1.0	1.0
钴	1.0	1.0
铜	5.0	0.5
氯化物	2.0	2.0
铅	0.1	0.1
汞	0.003	0.01
钼	0.5	
镍	1.0	1.0
硒	0.05	
铀	0.2	
钒	0.1	0.1
锌	50.0	25.0

注：指标列为"重金属离子及微量元素离子"。

第九节　各类营养物质的相互关系

各类营养物质在生物体内各自发挥着重要的作用。这种作用并不是孤立存在的，各营养物质间存在着复杂的相互关系，既有相互颉颃、协同作用，又有相互转变、相互替代作用。由于动物新陈代谢的复杂性和整体性，所以通过调节各营养物质的数量、比率可达到更加高效经济地利用原料，并且能够保持各营养物质间的平衡。了解各营养物质间的相互关系具有重要的意义，不仅能够保证宠物的健康生长的需要，而且可避免营养不平衡对动物的伤害。

一、能量与其他营养物质的关系

能量是动物生命活动的基础。宠物食物来源中碳水化合物、脂肪、蛋白质是其主要能量来源，占有绝对比重。这些有机营养物质的代谢均伴随着能量代谢。

（一）能量与蛋白质的关系

食物中的能量与蛋白质应保持适宜的比例，比例不当会影响营养物质的利用效率并导致营养障碍。例如，哺乳期宠物，饲喂高能量低蛋白或低能量高蛋白的食物都能产生母犬体重下降，产奶量下降等影响。很多动物自身具有能够根据食物的能量水平而调节采食量的能力，饲喂高能饲粮可能会使其采食量减少，尽管满足了能量的需要，但却减少了蛋白质及其他营养物质的摄入，或者动物为了达到饱腹感过多地采食，造成能量过剩，对于宠物来说，这种自我调节的能力稍差，必须较好地控制其采食量。大量实践表明，饲喂高能量低蛋白饲粮会使动物机体出现负氮平衡，能量利用率下降。反之，饲喂低能量高蛋白饲粮，由于代谢蛋白质的热增耗较高，能量利用率也会下降。倘若蛋白质供给量不足，未能满足机体最低生理需要量，单纯提高能量供给将会使改善氮平衡的效果受到限制，只有在蛋白质满足机体最低需要量的前提下，增加能量才能有效地发挥节约蛋白质的作用。同时，也只有在能量超过机体最低需要量时，增加蛋白质供给方能获得较好的效果。因而，必须保持饲粮中能量和蛋白质比例在一个合理的范围内，既能提高能量的利用率，又能避免蛋白质的浪费。

不仅蛋白质水平对能量利用率有影响，饲粮中氨基酸的种类及水平对能量利用率也有明显影响。如果饲粮中苏氨酸、亮氨酸、缬氨酸缺乏时，会引起能量代谢水平下降。当氨基酸量超过动物需要量时，未参加体蛋白合成的氨基酸会被氧化而释放出能量，氨则以尿素的形式排出体外，导致能量损失。一般来说，动物氨基酸的需要量随着能量浓度的提高而增加，因而保持能量和氨基酸适宜的比例非常重要。

（二）能量与碳水化合物的关系

饲粮的碳水化合物中粗纤维含量高会影响有机物的消化率，降低饲粮消化能值。犬对粗纤维的消化率很低，一般来说，饲粮中有机物的消化率与粗纤维含量呈负相关。尽管犬不能很好利用粗纤维，但其食物中粗纤维含量仍需保持一定的水平，通过促进胃肠的蠕动，可提高饲粮的消化率并防止便秘。因而，适宜的粗纤维水平对动物很重要。

（三）能量与脂肪的关系

一般情况下，脂肪作为能源的利用率高于其他有机物。添加脂肪可增加动物的有效能摄入量，提高能量转化效率。食物中增加脂肪，可增加代谢能的采食量，尤其在高温环境下有利于提高动物的能量摄入。在饲粮中添加一定水平的油脂替代等能值的碳水化合物和蛋白质，能提高饲粮代谢能，使消化过程中能量消耗减少，热增耗降低，使饲粮净能增加，当植物油和动物脂肪同进添加时效果更加明显的效应称为脂肪的额外能量效应或脂肪的增效作用。这种效应可能是由于饱和脂肪和不饱和脂肪间存在协同作用，不饱和脂肪酸键能高于饱和脂肪酸，促进饱和脂肪酸分解代谢。这种效应还受蛋白质氨基酸含量、脂肪与碳水化合物间的相互作用等因素的影响。

（四）能量与矿物质的关系

有些矿物质在能量代谢中起重要作用。机体代谢过程中释放的能量以高能磷酸键形式存在于 ATP 及磷酸肌酸中。镁是焦磷酸酶、ATP 酶等的活化剂，并能促使 ATP 的高能键断裂而释放能量。饲粮中大量的脂肪酸可与钙形成不溶钙皂，影响钙吸收，乳糖则能增加吸收细胞的通透性，促进钙吸收。

（五）能量与维生素的关系

脂肪是脂溶性维生素的溶剂，脂溶性维生素 A、D、E、K 及胡萝卜素，在动物体内必须溶于脂肪后才能被消化吸收和利用。日粮中脂肪不足可导致脂溶性维生素缺乏。

B 族维生素作为辅酶的组成成分参与体内碳水化合物、蛋白质、脂肪的代谢。硫胺素与能量代谢最为密切。硫胺素不足时，能量代谢效率下降，当饲粮能量水平增加时，硫胺素需要量提高。

胆碱参与卵磷脂和神经磷脂的形成，卵磷脂是构成动物细胞膜的主要成分，胆碱在肝脏脂肪的代谢中起重要作用，能防止脂肪肝的形成。

维生素 E 作为一种抗氧化剂，有利于保持细胞膜稳定性，它的需要量随着饲粮中多不饱和脂肪酸氧化剂、维生素 A、类胡萝卜素和微量元素的增加而增加，随着脂溶性抗氧化剂、含硫氨基酸和硒水平的增加而减少。

二、蛋白质、氨基酸及其他营养物质之间的关系

（一）蛋白质与氨基酸的关系

宠物利用的各种来源的蛋白质间存在互补作用，实质上是蛋白质之间氨基酸的互补作用，是指两种或两种以上的饲料蛋白质通过相互搭配，以弥补各自在氨基酸组成和含量上的营养缺陷，从而使搭配后的蛋白质利用率（或生物学价值）高于搭配中各蛋白质的利用率（或生物学价值）的加权平均数。当宠物机体合成蛋白质所需的各种氨基酸数量及比例合适时，宠物才能有效合成蛋白质。如果饲粮中某种氨基酸缺乏，即使其他必需氨基酸充足，体蛋白合成也不能完全正常进行。在畜牧生产实践中，利用蛋白质的互补作用配制饲粮是广泛用以提高蛋白质营养价值的有效措施。

饲粮中的必需氨基酸需要量与饲粮中粗蛋白水平有密切关系。饲粮中蛋白质含量增加，其必需氨基酸的需要量也随之增加，而且如果饲粮是限制性必需氨基酸平衡后，可使饲粮粗蛋白的需要量适当降低。

（二）氨基酸之间的相互关系

组成蛋白质的 20 多种氨基酸的代谢是相对独立的，彼此之间仍存在一定的联系。组成饲料蛋白质的氨基酸在机体代谢过程中复杂的相互关系包括协同、转化、替代和颉颃。

氨基酸间的颉颃作用是指结构相似的氨基酸，因某些氨基酸在吸收过程中同属一个转移系统，导致相互竞争，即过量的某一氨基酸顶替了饲粮中不足的另一氨基酸在物质代谢中的位置，或使该不足的氨基酸被吸引到过量氨基酸所特有的代谢过程中，从而破坏该不足氨基酸的正常代谢。例如赖氨酸和精氨酸，赖氨酸可干扰精氨酸在肾小管的重吸收，当赖氨酸过量时，机体对精氨酸的需要量也会增加，添加精氨酸可缓解赖氨酸过量的现象。亮氨酸和异亮氨酸由于化学结构相似，存在颉颃作用，亮氨酸过量时，会激活肝脏中异亮氨酸氧化酶和缬氨酸氧化酶，致使异亮氨酸和缬氨酸大量氧化分解而不足。在吸收过程中同属于一个转移系统的鸟氨酸、精氨酸、赖氨酸和胱氨酸间，由于彼此竞争而在吸收上互相抑制。苯丙氨酸与缬氨酸、苯丙氨酸与苏氨酸，异亮氨酸和缬氨酸，异亮氨酸和苯丙氨酸，苏氨酸与色氨酸之间也存在颉颃作用，而且比例相差愈大，颉颃作用愈明显。为防止某些氨基酸间的颉颃作用，应力求饲粮中各种氨基酸保持平衡。精氨酸和甘氨酸可消除其他氨基酸过量产生的负影响，这可能与它们参加尿酸形成有关，如补加精氨酸和甘氨酸可完全消除由饲喂过量赖氨酸、组氨酸和苯丙氨酸所造成的不良后果。

氨基酸间的协同作用表现为某些氨基酸可能是机体中形成另一种氨基酸的来源。蛋氨酸在体内可转化为胱氨酸，也可转化成半胱氨酸，但胱氨酸和半胱氨酸却不能转化成蛋氨酸。因而对于总含硫氨基酸来说，蛋氨酸只能由其自身来满足，而胱氨酸和半胱氨酸则可以互变或由蛋氨酸来满足。苯丙氨酸可以转化为酪氨酸，反之则不可。因而在考虑必需氨

基酸时，通常将蛋氨酸和胱氨酸、苯丙氨酸和酪氨酸共同计算。实验证明甘氨酸和丝氨酸可相互转化，羟脯氨酸可能起脯氨酸和谷氨酸前体的作用。

（三）蛋白质、氨基酸与碳水化合物、脂肪的关系

蛋白质可在动物体内转变成碳水化合物。除亮氨酸外，其他氨基酸均可经脱氨基作用生成 α - 酮酸，沿着糖异生途径合成糖，反之，糖也可生成 α - 酮酸，经过转氨基作用变成非必需氨基酸。

氨基酸也可在体内转变成脂肪。生酮氨基酸可转变成脂肪，生糖氨基酸可先变成糖，然后转变成脂肪。脂肪中的甘油可转变成丙酮酸和其他一些酮酸，经转氨基作用转变成非必需氨基酸。

对于哺乳动物来说，碳水化合物和脂肪对蛋白质具有节省作用，充分供给碳水化合物或脂肪，可保证动物体对能量的需要，这样可减少或避免蛋白质作为供能物质的分解代谢，有利于氮的存留，以便合成机体蛋白质。

（四）蛋白质、氨基酸与矿物质的关系

矿物元素在体内代谢主要是以与蛋白质及氨基酸相结合的形式存在。

在半胱氨酸和组氨酸存在的情况下，肠道中锌的吸收增加。因而在缺锌的饲粮中添加半胱氨酸和组氨酸可在某种程度上减少缺锌的发病率。蛋氨酸、赖氨酸、色氨酸和苏氨酸对促进锌吸收也有一定作用。精氨酸与锌有颉颃作用。

饲粮中含硫氨酸不足会使硒的需要量增加。在动物体内蛋氨酸转化为半胱氨酸过程中，硒起着关键作用。如果缺硒，会影响体内蛋氨酸向胱氨酸的转化。

高蛋白和某些氨基酸可促进钙、磷的吸收。当赖氨酸水平下降时，钙、磷的吸收也会下降。

硫、磷、铁等作为蛋白质的组成部分可直接参与蛋白质代谢。某些微量元素是蛋白质代谢酶系的辅助因子，为蛋白质代谢所必需。锌参与细胞分裂及蛋白质的合成过程，补锌有助于促进蛋白质的合成。

大豆蛋白可减少铁和其他微量元素（锌、镁）的吸收，因而在含有高水平大豆蛋白时，应增加铁的含量。半胱氨酸可促进铁的吸收。

（五）蛋白质与维生素的关系

饲粮中蛋白质不足时，可影响维生素 A 载体蛋白的形成，使维生素 A 利用率降低。蛋白质的生物学价值也会影响维生素 A 的利用和贮备。相对于植物蛋白来说，添加动物性蛋白质可提高肝脏中维生素 A 的储备，反之，维生素 A 缺乏时，蛋氨酸在组织蛋白质中的沉积量减少。

维生素 D 与所喂蛋白质质量有关。未熟化的大豆蛋白，可使动物对维生素 D 的需要量增加，这是因为生大豆中含有抗维生素 D 的物质。

B 族维生素主要作为辅酶，催化碳水化合物、脂肪和蛋白质代谢中的各种反应。

核黄素是黄素酶的组成成分，参与氨基酸代谢，缺乏时会影响动物体蛋白质的沉积。反之，饲喂低蛋白质饲粮时，会使动物核黄素的需要量增加。

宠物体内的尼克酸可转化为有活性的衍生物—尼克酰胺，尼克酰胺需要量受色氨酸水平影响，色氨酸可以转化为尼克酸，但转化率低。

叶酸在自然中通常以与谷氨酸结合的形式存在，具有生物活性的辅酶是四氢叶酸衍生物，在一碳单位的转移中是必不可少的，通过一碳单位的转移而参与嘌呤、嘧啶、胆碱的合成和某些氨基酸的代谢。

蛋氨酸在提供甲基时，可部分补偿胆碱和维生素 B_{12} 的不足。同样，胆碱在体内参与许多甲基移换反应，是甲基供体，当胆碱不足时会使蛋氨酸提供甲基，从而降低其蛋白质的合成。维生素 B_{12} 对蛋氨酸和核酸代谢有重要作用，参与蛋白质的合成，还可提高植物性蛋白质的利用率。

维生素 B_6 以磷酸吡哆醛形式组成多种酶的辅酶，参与蛋白质、氨基酸的代谢。当维生素 B_6 不足时，会引起各种氨基转移酶活性降低，影响氨基酸合成蛋白质。反之，高蛋白饲粮将加重维生素 B_6 的缺乏。

三、矿物质与维生素的关系

（一）矿物质间的相互关系

矿物质元素在机体内有其独特的功用，但它们之间存在着普遍的相互作用，这种相互影响可能发生于饲料中、消化道内，也可发生于中间代谢过程中。矿物元素在动物体内的含量分为常量元素和微量元素。各元素间存在的协同和颉颃的关系见图 1-6。

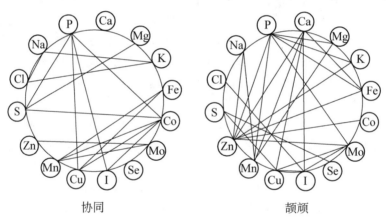

图 1-6 矿物质元素之间的相互关系

1. 常量元素间的关系

饲粮中的钙、磷含量及钙、磷比是影响动物体内矿物质正常代谢的重要因素。钙、磷比例失调会引起骨质营养不良。饲粮中钙含量过高或钙、磷同时增加会影响镁的吸收。镁缺乏则造成钾排出增加。钙和食盐有颉颃作用，钙、磷不足时需食盐较低，饲料中含磷量增加可节省食盐。食盐也能提高锰的需要量。钠、钾、氯是维持体内电解质平衡和渗透压平衡的关键元素，具有协同作用。日粮离子平衡状况影响能量、氨基酸、维生素及其他矿物质元素的代谢。

2. 微量元素间的关系

铁的利用必须有铜的存在，铜可维持铁的正常代谢，有利于血红蛋白合成和红细胞成熟。过量的铜、锰、锌、钴、铬、磷、植酸等可与铁产生结合竞争，抑制铁的吸收。铜过多可导致贫血，是由于铜与铁在肠内竞争吸收位点引起的。锰含量过高可引起体内铁贮备下降，与铜相似，也是与铁竞争吸收位点引起的。同样，饲粮中铁过高会降低铜的吸收。

锌和镉可干扰铜的吸收，饲粮中锌、镉过多时会增加尿铜的排出量，降低动物体内血浆含铜量。高铜饲粮可引起肝损伤，通过加锌可缓解，但高锌又会抑制铁代谢，导致贫血，而铜不足可引起锌过量导致中毒，如果饲粮中铁和铜的含量正常，即使锌的水平达到最小需要量的 8 倍也不会产生负影响。镉是锌的颉颃物，可影响锌的吸收。钴能代替羧基肽酶中的全部锌和碱性磷酸酶中部分锌，因而补充钴能防止锌缺乏所造成的机体损害。

3. 常量元素与微量元素间的关系

钙、磷和锌之间存在颉颃作用，钙、磷含量过高会引起锌不足。钙、磷和锰之间也存在颉颃作用，锰过量会引起动物患佝偻病及牙齿损害，这是因为缺锰不能使糖基转移酶活化而影响黏多糖和蛋白质合成，使钙化缺乏沉积基质。铜的利用与饲料中的钙量有关，含钙越高，对动物体内铜平衡越不利。在肠道大量存在铁、铝、镁时，可与磷形成不溶解的磷盐，降低磷的吸收率。硫和铜会在消化道中形成不易吸收的硫酸铜而影响铜的吸收，硫和钼结合成难溶的硫化钼，增加钼的排出。硫酸盐可减轻硒酸盐的毒性，但对亚硒酸盐或有机硒化合物无效。

（二）维生素间的相互关系

维生素 E 具有抗氧化的作用，在肠道中可保护维生素 A 和胡萝卜素免遭氧化，利于吸收及在肝脏中的贮存。维生素 E 对胡萝卜素转化为维生素 A 具有促进作用。维生素 E 也参与维生素 C 和泛酸的合成及维生素 B_{12} 的代谢。维生素 E 不足会影响体内维生素 C 的合成，叶酸则能促进肠道微生物合成维生素 C。维生素 C 能减轻因维生素 A、维生素 E、硫胺素、核黄素、维生素 B_{12} 及泛酸不足所出现的症状。

缺乏硫胺素会影响体内核黄素的利用，同样缺乏核黄素会使体组织中的硫胺素下降。缺乏核黄素时，色氨酸形成尼克酸过程受阻，导致尼克酸不足症。维生素 B_{12} 能提高叶酸的利用率，促进胆碱的合成。泛酸不足会加重维生素 B_{12} 的缺乏，维生素 B_6 不足也会影响维生素 B_{12} 的吸收。

（三）矿物质与维生素的关系

维生素 D 及其激素代谢物作用于小肠黏膜细胞，形成钙结合蛋白，可促进钙、镁、磷的吸收，能促进磷在肾小管的重吸收，减少磷从尿中排出，提高血液钙和磷的水平，促进骨的钙化。维生素 D 对维持体内的钙、磷平衡起重要作用。

维生素 E 和硒可协同保护动物的活体磷脂免遭过氧化作用的破坏。维生素 E 还能防止在活体细胞膜磷脂内过氧化物的生成。同样，无论维生素 E 存在与否，所生成的那些过氧化物均可被含硒的谷胱甘肽过氧化物酶所破坏。因而，维生素 E 可以看作防止过氧化物生成的第一道防线，而含硒的谷胱甘肽过氧化物酶则起第二道防线的作用，因为这种酶能破坏所生成的任何过氧化物，并且这种破坏是在过氧化物尚未损害细胞时进行的。维生素 E 和硒对机体的代谢及抗氧化能力作用相似，在一定条件下，维生素 E 通过使含硒的氧化型谷胱甘肽过氧化物酶变成还原型的谷胱甘肽过氧化物酶以及减少其他过氧化物的生成而节约硒，减轻缺硒的影响，但硒却不能代替维生素 E，饲粮中维生素 E 不足时易出现缺硒症状。硒及维生素 E 可降低镉、汞、砷、银等重金属和有毒元素的毒性。

维生素 C 能促进肠道铁的吸收，并使传递蛋白中的三价铁还原成二价铁，从而被释放出来再与铁蛋白结合。当饲粮中铜过量时，补饲维生素 C 可消除过量铜造成的影响。

第十节　宠物营养与环境、免疫

一、宠物的采食量

采食是动物获取宠物食品的活动，人类对动物生命活动及生产的调控作用只有通过动物的采食过程才能得以实现。

（一）采食量的概念

采食量通常是指宠物在一定时间内采食宠物食品的总量。根据采食活动性质的不同，采食量有随意采食量、实际采食量和规定采食量之分。

1. 随意采食量

是单个动物或动物群体在自由接触宠物食品的条件下，一定时间内采食宠物食品的重量。它是宠物在自然条件下采食行为的反映，是动物的本能。

2. 实际采食量

是在实际生产中，一定时间内宠物实际采食宠物食品的总量。

3. 规定采食量

是指动物饲养标准或宠物营养需要中所规定的采食量定额。

自由采食时，实际采食量一般与随意采食量相近，生产中实际采食量往往低于随意采食量。一般来说采食量随宠物日龄或体重增加而增加。

宠物采食宠物食品的多少影响宠物的生产水平和宠物食品转化率，适当提高采食量，可增加用于生产的比例，宠物食品转化率提高。有时，需要控制宠物的采食量，其目的在于降低宠物的增重，防止宠物过肥。

（二）影响采食量的因素

1. 宠物因素

宠物的遗传因素、采食习性和特点不同，采食量不同。不同的生理阶段影响宠物的采食量，宠物发情时，一般采食量下降，甚至停止采食，妊娠后期采食量降低，分娩后采食量显著增加。此外宠物的体重健康状况、疲劳程度、感觉系统都会影响宠物的采食量。

2. 饲粮因素

（1）适口性　适口性是一种宠物食品或饲粮的滋味、香味和质地特性的总和，是动物在觅食、定位和采食过程中动物视觉、嗅觉、触觉和味觉等感觉器官对宠物食品或饲粮的综合反应。提高饲粮适口性的措施有：选择适当的原料；防止宠物食品氧化酸败；防止宠物食品霉变；添加风味剂，风味剂常含有甜味剂和香味剂。

（2）能量浓度　宠物采食量的实质是获取能量，饲粮能量浓度是影响采食量的重要因素。试验表明，饲粮能量浓度提高，采食量下降，但下降的幅度较小，因而能量摄入量仍提高。在热应激时，宠物的采食量会下降，可提高能量浓度，以保证在采食量下降的情况下仍能够摄入足够的能量。

（3）饲粮蛋白质和氨基酸水平　对大多数动物，饲粮缺乏蛋白质或蛋白质水平过高都会降低采食量。当宠物处于热应激时，降低蛋白质水平，可以缓减热应激对宠物的影响。正常饲粮情况下，氨基酸对采食量的调控作用很小。但如果饲粮氨基酸严重不平衡，某种氨基酸严重缺乏或过量时，宠物的采食量就会急剧下降。

（4）脂肪　宠物能够耐受很高水平的饲粮脂肪，但随脂肪水平提高，采食量也会下降。

（5）矿物元素和维生素　特定微量元素（如钴、铜、锌、锰）和维生素（如核黄素、维生素 D_3、硫胺素、维生素 B_{12}）过多或缺乏会导致宠物采食量下降。

（6）宠物食品添加剂　饲养试验证明，宠物饲粮中加入少量风味剂可以增加宠物的采食量，减少应激或掩盖某些不良的宠物食品风味。

3. 环境因素

各种造成宠物应激的环境因素如拥挤、运输和环境温度等均会降低宠物的采食量。

4. 饲养管理

只有在饮水得到保证的情况下，自由采食时动物的采食量高于限饲时，少喂勤添可使宠物保持较高的食欲，并减少宠物饲粮浪费。

二、营养与环境

宠物的环境，广义上应包括自然环境（温热环境、土壤、地形地势、大气环境等）和人为的环境因素（畜舍、饲养设施、管理方式等），狭义上则是指包括温度、湿度、气流、热辐射等因素的温热环境。

（一）温热环境与宠物营养

1. 温热环境

（1）温热环境的概念　温热环境包括温度、相对湿度、空气流动、辐射及热传递等因素，他们共同作用于动物，使动物产生冷或热、舒适与否的感觉。温热环境常用综合指标来评定，如有效环境温度（EAT）。EAT 不同于一般环境温度，它是宠物在环境中实际感受的温度，而后者仅仅是用温度计对环境温度的简单测定值。如温度相同而湿度不同，宠物的感受不同。有 EAT 来反映温热环境非常有用，但定量比较困难。

（2）温热环境的划分　根据宠物对温热环境的反应，温热环境划分为温度适中区、热应激区和冷应激区。

温度适中区也称为等热区。在此温度范围内，宠物的体温保持相对恒定，若无其他应激（如疾病）存在，宠物的代谢强度和产热量正常。在等热区，有一个最有益宠物高效生产和健康的有效温度范围，称为最适温热环境。

热应激区指高于上限临界温度的温度区域。在热应激区，宠物运用化学调节，提高代谢强度来增强散热，以维持体温恒定，例如，宠物心跳加快、出汗、热性喘息等。当外界有效环境温度持续升高，多余热量无法散失时，宠物体温开始升高，直至热死。

冷应激区指低于下限临界温度的温度区域。在冷应激区，宠物散发到环境的热量增加，单靠物理性调节难以保持体温恒定，必须利用化学调节来增加产热。如果这种热方式达到最大值时还不能弥补机体的热量损失，宠物体温开始下降，直至冻死。

2. 温热环境对动物营养的影响

（1）温热环境对宠物采食量、消化吸收及代谢的影响　一般而言，环境温度降低，宠物采食量增加，反之则采食量下降。温热环境影响宠物采食量的程度与宠物品种、性别及体重等因素有关。

环境温度升高，可提高宠物的消化能力，代谢能值增加；环境温度下降，降低宠物的消化能力，表观代谢能值降低。在温度适中区，宠物食品能量用于机体维持的比例最少，用于生产的能量最多，能量效率最高。在冷应激区，宠物食品能量用于机体维持的比例增加，用于产品合成的比例减少，最终导致能量利用效率降低。在热应激区时，维持能量需要减少用于生产部分的能量因代谢增强而减少，但能量利用率降低不太明显。

（2）温热环境对营养需要的影响　冷应激和热应激均提高宠物的能量需要。因此，应根据宠物采食量的变化，调节饲粮能量浓度。冷应激时，宠物采食量提高，能量浓度可略有提高。热应激时，宠物采食量下降，应提高饲粮能量浓度。

研究表明，温热环境不影响宠物对蛋白质、赖氨酸及蛋氨酸的需要量，也不影响赖氨酸和蛋氨酸的利用率。冷应激时，宠物采食量提高，饲粮蛋白质水平可以不变；热应激时，宠物采食量下降，若提高饲粮蛋白质水平，会增加热增耗，加重热应激。可按消化氨基酸需要配制饲粮来降低粗蛋白质水平，保证摄入足够的氨基酸。

冷、热应激时，宠物体内代谢加强，某些矿物元素排泄增加，从而增加矿物质需要量。热应激时，饲粮中钾、钠、钙、磷的不平要适当地提高，添加碳酸氢钠可缓减热应激的不良影响。

冷、热应激时维生素的需要量增加，饲粮添加维生素 C 可缓减热应激。热应激时，宠物的需水量增加；冷应激时，宠物饮水量下降。相同温度下，湿度高，需水量减少。

（二）宠物营养与环境保护

宠物在生长、发育、生产的同时，也向环境排放大量的粪、尿。这些粪、尿中含有大量的氮、磷和其他矿物元素。其中，最为关注的是氮和磷的污染。因为氨气排泄污染空气，硝酸盐则会污染地表和地下水从而导致水的超营养化作用，加速水生植物尤其是藻类的过度生长，使水质明显恶化。为此，许多国家均制定了有关生产排污量的法规。

保护环境的营养措施有以下几个方面。

1. 准确预测宠物的营养需要

营养物质供给过量是导致排出比例增加的直接原因。准确预测宠物的营养需要和宠物食品的营养价值，采取多阶段饲养，正确配制饲粮，减少排出量。

2. 利用理想蛋白质技术配制饲粮，降低饲粮蛋白质水平，减少氮的排出量

一般而言，饲粮添加第 1～3 限制性氨基酸，蛋白质降低 2%～4%，氮排泄量可减少20%～30%。

3. 应用生物活性物质提高养分消化和利用率

目前，已成功应用的生物活性物质包括酶制剂（如蛋白酶、淀粉酶、纤维素酶、半纤维素酶、植酸酶等）、有机微量元素化合物、微生态制剂、除臭剂等。

4. 限制某些宠物食品添加剂的使用

应限制使用对环境有污染的一些宠物食品添加剂。

5. 合理调制宠物食品，提高宠物食品利用率

将动物营养与宠物食品加工工艺有效地结合，使宠物食品的饲养效果达到最优化，提高养分利用的效率和减少废弃物的排泄。

三、营养与免疫

疾病是机体代谢紊乱和功能异常的综合表现。一方面，宠物的营养状况影响机体的免疫功能和抗病力。另一方面，宠物的营养需要随宠物临床和亚临床疾病而改变。因此，从营养学的角度研究免疫机能及其调控机理，从免疫学角度研究营养原理和营养需求模式，制定最佳饲养方案，保障宠物健康，具有重大的预防价值和实践意义。

免疫系统是机体执行免疫功能的组织机构，是产生免疫应答的物质基础。它由免疫器官、免疫细胞及免疫分子组成。免疫应答是机体清除异己物质，以保持内环境稳定的重要机制。广义的免疫应答包括非特异性免疫应答（如炎症与吞噬反应）、补体系统参与反应和特异性免疫应答，通过特异性免疫应答，动物机体可建立对抗原物质（如病原微生物）的特异性抵抗力，即免疫力。

（一）免疫对宠物机体营养代谢的影响

在没有免疫应答或反应强度很低的情况下宠物摄入的营养素用于一般的生命维持代谢和生长与生产的经济目的。免疫应答反应是宠物自身的一种保护性机制，在免疫反应过程中免疫细胞的分化与增多、免疫分子以及一些应激蛋白的生成都需要消耗营养；不同强度的免疫反应过程也就伴随着不同程度的营养代谢变化。在免疫应激反应过程中，体内的合成代谢激素（如 GH，IGF-1 等）分泌减少，而分解代谢激素（如糖皮质激素）分泌增加。细胞因子 IL-1 和 TNF-α 分泌的增加也会改变动物行为，表现为宠物嗜睡和厌食，因此，也会降低采食量和改变能量代谢。

1. 蛋白质代谢

研究表明，免疫急性期中整个机体的蛋白质周转速度提高，氮的排出增加，外周蛋白的分解加速，骨骼肌蛋白的沉积降低，但肝急性期蛋白的合成量增加，合成大量应激蛋白，肝脏的相对重量也增加。

2. 糖的脂质代谢

免疫应答的急性期内糖类的利用急剧增加，肝脏的脂肪合成增加。

3. 矿物质代谢

血浆铜的含量上升而锌和铁浓度降低。

4. 对营养需要的影响

免疫反应会降低宠物的生长速度和宠物食品转化效率，改变胴体组成，因而会改变动物对某些养分的需要量。在生产实践中：免疫应激潜伏期动物对氨基酸实际需要量与 NRC 推荐量相当；免疫应激期动物采食量和生长速度均降低，氨基酸的需要量低于 NRC 推荐量；应激后的补偿生长期动物对氨基酸的需要量比 NRC 推荐量高。此外，对日粮养分浓度的控制相当重要，增加日粮养分浓度，可提高应激宠物的性能。

（二）宠物食品营养对免疫系统功能的影响

营养物质是免疫系统发育及其功能发挥的物质基础。营养不良或过量均会影响机体的

免疫力，增加其对疾病的易感性，整体营养不良会使淋巴组织萎缩，细胞免疫机能下降，体液免疫反应改变，补体 C_3 下降。宠物的胚胎期和初生期严重营养不良，将明显影响免疫系统的发育（微量养分缺乏的影响比常量养分更大），降低宠物对疾病的抵抗力，导致生命力的减弱和成活率下降。成年宠物长期营养不良不但会降低免疫机能、抗病力和生产性能，而且会影响宠物胴体品质。合理的营养可将动物机体的免疫力调控在最佳的状态。

1. 蛋白质、氨基酸和能量营养

蛋白质和能量营养不良导致宠物胸腺萎缩、迟发型皮肤超敏反应降低，T 细胞数量减少，IgA 抗体反应功能降低，抗体亲和力下降，补体浓度和活性降低以及吞噬细胞功能下降。

多数研究证明，赖氨酸缺乏并不降低宠物机体的免疫反应；含硫氨基酸在很大程度上影响着宠物的免疫功能及其对感染的抵抗力；苏氨酸是宠物免疫球蛋白分子中的一种主要氨基酸，缺乏苏氨酸会抑制免疫球蛋白和 T、B 细胞及其抗体的产生；谷氨酰胺是宠物血浆中一种丰富的游离氨基酸，它是维持肠相关淋巴组织、分泌型 IgA 的产生和阻止细菌从肠的易位所必需的；缬氨酸缺乏会显著阻碍胸腺和外周淋巴组织的生长，抑制中性和酸性白细胞增生，抑制因急性蛋白质缺乏后胸腺和外周淋巴细胞数的恢复。

此外，日粮抗原导致机体的过敏反应，特别是肠道免疫系统的致敏和损伤，其原因可能在于宠物采食日粮抗原后，一小部分具抗原活性的物质以完整的大分子形式进入血液和淋巴系统，刺激机体产生抗体，并同时激活免疫效应细胞形成巨噬细胞，巨噬细胞可分泌淋巴毒素或直接攻击靶细胞，引起肠道组织损伤。因此，对幼猫和幼犬而言，以大豆为蛋白质补充料时，大豆球蛋白和 β - 伴大豆球蛋白诱导肠道的过敏和损伤，临床表现为吸收不良、腹泻和生长受阻。可以通过选择适宜的蛋白质种类、水平和加工方式来达到降低肠道的免疫损伤。

2. 多不饱和脂肪酸营养

日粮中多不饱和脂肪酸对免疫功能的影响不仅决定于各种多不饱和脂肪酸的剂量而且与其间的比例或平衡有关，过低或过高的多不饱和脂肪酸水平可抑制淋巴细胞增殖，抑制细胞因子的产生，不利于免疫系统功能维持最佳的结构和功能状态。还有研究表明，ω - 3 族多不饱和脂肪酸对细胞因子 IL - 1、IL - 6 和 TNF 的分泌具有抑制作用。

3. 维生素营养

（1）维生素 A 和 β - 胡萝卜素　维生素 A 是维持机体正常免疫功能的重要营养物质，维生素 A 缺乏导致胸腺萎缩和法氏囊发育受阻。高剂量维生素 A 显著降低大肠杆菌导致的死亡率，增强机体体液免疫反应和巨噬细胞的吞噬能力，提高补体及溶菌酶活性。β - 胡萝卜素可以促进辅助性 T 细胞的增殖，NK 细胞上 IL - 2 受体的增加以及诱导细胞毒性 T 淋巴细胞的活力。

（2）维生素 D　维生素 D 可调节 B、T 淋巴细胞活性，提高血清溶菌酶活性，刺激单核细胞的增殖和分化。维生素 D 缺乏，抑制细胞免疫，阻碍巨噬细胞成熟。

（3）维生素 E　试验证明，维生素 E 能增强宠物免疫力，具有免疫佐剂的作用。维生素 E 有利于淋巴细胞特别是辅助性 T 淋巴细胞增殖和 T、B 淋巴细胞协同作用。硒和维生素 E 同时缺乏则胸腺产生轻度的组织病理学变化。

（4）维生素 C　维生素 C 具有抗应激和抗感染的作用，与机体免疫机能密切相关，它影响免疫细胞的吞噬作用，降低血清皮质醇，保护淋巴细胞膜，维持免疫系统完整性，提高免疫力。宠物在正常条件下，体内合成的维生素 C 能够满足动物的需要。但在应激条件下，日粮中添加 $100\sim200mg/kg$ 维生素 C 有利于宠物的健康和生产。

（5）其他维生素　维生素 B_6 对机体免疫力影响较大。饲粮中维生素 B_6 缺乏时，胸腺 T 淋巴细胞成熟受阻，淋巴细胞数量降低。叶酸也是维持免疫系统正常功能的必需物质，严重缺乏则降低胸腺重量和胸腺细胞数量、总淋巴细胞数量。核黄素参与机体内的氧化还原反应。核黄素缺乏时，谷胱甘肽还原酶活性降低，谷胱甘肽形成减少，细胞膜发生脂质过氧化，影响各种免疫细胞的功能。

4. 微量元素营养

（1）锌　锌对于保持淋巴细胞的正常功能有重要作用，并抵抗某些寄生虫的感染。缺锌可以引起胸腺退化、白细胞增多、淋巴细胞减少及肾上腺肥大。大量资料表明，缺锌会减少猪对 T 细胞外凝集素的多重反应，T－依赖性抗原的抗体合成及细胞毒素 T 细胞的产生。

（2）铜　铜可以增强机体的免疫反应及乳腺防御能力，参与补体的功能作用。铜缺乏，T 细胞依赖性抗体的产生受到抑制。

（3）硒　硒能刺激免疫球蛋白及抗体的生成，提高机体体液免疫活性，与细胞免疫有关，被称为免疫促进剂。缺乏硒，淋巴细胞转化功能、吞噬功能降低、杀菌活性以及补体活性降低。补硒能提高细胞免疫功能，但硒过量将抑制其活性。

（4）铁　缺铁影响宠物免疫器官的发育，胸腺、脾脏重量显著降低，细胞免疫受损。

此外，锰、锂也与宠物免疫机能有关。

四、宠物营养的饲养试验

评定宠物食品养分利用率及宠物的营养需要量常用消化实验、平衡实验、饲养实验、比较屠宰实验等方法。饲养实验是动物营养研究中应用最广泛，使用最多的综合实验方法，也称生长实验，是通过饲给宠物已知营养物质含量的饲粮或宠物食品，对其生产性能、外观体况、组织和血液生化指标等进行测定，有时也包括观察缺乏症状出现的程度，确定动物对养分的需要或比较宠物食品或饲粮的优劣。常用的生产性能指标有增重、进食量、产仔数；外观体况指标有精神状况、毛覆盖情况、排便次数、粪便含水量和黏度等。

进行饲养试验时，必须把握唯一差异原则。除考察因素外，其他条件完全一致（血缘、性别、体重、年龄、健康、环境有效温度、空气流速及清洁度、饮水、光照、声响等），特别注意饲粮中可能影响考察因子效果的养分。饲养试验的误差包括系统误差和随机误差。可通过合理的试验设计和饲粮配制、设置重复、采用随机化、局部控制原则降低饲养试验的误差。

复习思考题

1. 如何理解养分的概念？养分对宠物有何意义？
2. 养分在宠物机体内以什么形式吸收？宠物食品在机体内的消化方式有几种？
3. 氨基酸与蛋白质有何关系？必需氨基酸对宠物有何营养意义？
4. 限制性氨基酸与氨基酸有何关系？

5. 简要说明蛋白质在宠物体内的消化、吸收及代谢过程。

6. 宠物食品中的能量是如何在体内转化的?

7. 如何在养分供应方面缓解宠物的应激状态?

8. 如何理解碳水化合物对宠物的营养意义?

9. 简要说明碳水化合物在宠物体内的消化、吸收及代谢过程。

10. 如何理解矿物质元素对宠物的营养意义? 说明主要的矿物质元素的营养作用、缺乏症及影响吸收利用的因素。

11. 如何理解必需氨基酸对宠物营养的意义?

(辽宁医学院　史东辉;黑龙江畜牧兽医职业学院　王东)

第二章　营养需要与饲养标准

宠物营养与食品研究的根本目的，就是要更好地指导饲养实践。动物营养学家总是在定期或不定期地将其研究成果，特别是对合理饲养动物有定量指导意义的成果，总结成一整套系统的资料，由权威机关颁布，这就是饲养标准。

营养需要是指动物达到期望的生产性能时，每天对能量、蛋白质、氨基酸、矿物质和维生素等养分的需要量，其中所需养分的一部分用于维持动物本身的生命特征，表现在基础代谢、自由活动及维持体温三个方面，这一部分的养分需要称为维持需要。动物摄食的养分须先满足维持需要。维持需要占总摄食养分的比例越低，饲养效果越好，良好的饲养管理措施可降低维持需要。饲养标准则是根据科学试验结果，并结合实际饲养经验所规定的每头动物在不同生产水平或不同生理时期，对各种养分的需要量。饲养标准中除了公布营养需要外，还包括动物常用饲料的养分含量表。只有按饲养标准中所规定的量平衡供应各种养分，动物对饲料的利用率才可能提高。在实际应用中，饲养标准是设计饲料配方、制作配合饲料和营养性饲料添加剂及规定动物采食量等的依据。

第一节　营养需要

动物在生存和生产过程中必须不断地从环境中摄取营养物质。在动物饲养中，饲料是生产投入中最主要的组成部分。从经济效益考虑，总是希望以较少的饲料消耗来获得较多的动物产品。弄清各种动物都需要哪些营养物质，不同种类的动物在不同生理状态、不同生产水平及不同饲养环境条件下对各种营养物质的需要量，以及各营养物质之间存在的关系等问题，便是控制动物体与环境之间营养物质的供求关系，最大限度地满足动物在不同的阶段对于营养物质的需求。

一、所需营养物质的种类

动物所需营养物质的种类经过了由简单到复杂，由概略到精确的过程。从 19 世纪 60 年代常规饲料分析的水、粗蛋白质、粗脂肪、粗纤维、粗灰分和无氮浸出物，已扩展到现在除能量以外的 20 多种氨基酸、10 多种维生素（及其类似物）和 10 多种矿物质元素等。

所需营养物质的种类和数量因动物的种类、性别、年龄、生理状态及生产性能的不同而有差别。例如，动物合成蛋白质需要 20 多种氨基酸，在单胃动物，由于不同氨基酸在体内合成上的差异，就存在必需氨基酸和非必需氨基酸之分。表2-1列出了猫和犬在一般情况下所需的营养物质的种类及数量。

表2-1 宠物（猫、犬）所需营养需要

养分	犬		猫（%）	养分	犬		猫（mg）
	生长犬（mg）	成年犬（mg）			生长犬（μg）	成年犬（μg）	
脂肪	2 700	1 000	9	碘	32	12	1
蛋白质	9 600	4 800	28	硒	6.0	2.2	0.1
亚油酸	500	200	1	维生素A	202IU	75IU	10 000IU
钙	320	119	1	维生素D	22IU	8IU	1 000IU
磷	240	89	0.8	维生素E	1.2IU	0.5IU	80IU
钾	240	89	0.3	硫胺素	54	20	5
氯	30	11		核黄素	100	50	5
钠	46	17		泛酸	400	200	10
氯化钠			0.5	烟酸	450	225	45
镁	22	8.2	0.05	胆碱	50 000	25 000	2 000
铁	1.32	0.65	100mg	吡哆醇	60	22	4
铜	0.16	0.06	5mg	生物素			0.05
锰	0.28	0.10	10mg	叶酸	8	4	1.0
锌	1.94	0.72	30mg	维生素B$_{12}$	1.0	0.5	0.02

注：表中犬的营养需要为每天每千克体重的营养物质需要量（美国NRC，1985）；表中猫的营养需要为每千克干饲料中含量

二、营养需要量的研究方法

宠物的生理活动包括维持、生长、妊娠、产蛋、产奶、产毛等多个方面。

任何宠物在任何时候都至少处于一种生理状态即维持状态，常常同时处于两种（如维持和妊娠）或三种（如维持和生长及产毛）生理状态，宠物的营养需要就是满足各项生理活动需要的总和。因此，宠物营养需要量可从生理活动角度分为维持需要和生产需要两部分。生产需要又可分为生长、妊娠、产蛋、产奶、产毛等各项需要。

（一）综合法

综合法是根据"维持需要和生产需要"统一的原理，采用饲养试验、代谢试验及生物学方法笼统地确定某种宠物在特定的阶段、生产水平下对某一养分的总需要量。综合法是研究营养需要量最常用的方法，可直接测定宠物对养分的总需要量，但综合法不能区分出构成总需要量的各项组分，不能将维持和生产需要分开，难于总结变异规律。

（二）析因法

析因法是根据"维持需要和生产需要"分开的原理，分别测定维持需要和生产需要，各项需要之和即为宠物的营养总需要量。可概括为：

$$养分总需要量 = 维持需要 + 生产需要$$

详细剖析：$R = aW^b + cX + dY + eZ + \cdots$

式中：R——某养分的总需要量；W——自然体重；W^b——代谢体重；a——常数，即每千克代谢体重的需要量；X，Y，Z——代表不同产品中某养分的含量；c，

　　　　d, e——分别代表饲料养分转化为产品养分的利用率。

　　按此公式,可以推算任一体重、任一生理阶段、任一生产水平下宠物的养分需要量。

　　析因法比综合法更科学、合理,但所确定的需要量一般低于综合法。析因法原则上适用于推算任何体重和任一生产目的的宠物对各种养分的需要量,但在实际应用中由于某一生理阶段的生产内容受多种因素干扰,且饲料养分转化为产品的利用率难以准确测定,因此大多数情况下仍用综合法确定。又如维生素、矿物质元素在体内代谢比较复杂,利用率难以准确测定,因而也采用综合法确定。

　　总之,在实际应用中,综合法和析因法都可用来确定养分需要量,并且两种方法相互渗透,使确定的需要量更为准确。

第二节　维持营养需要

　　维持营养需要是各种宠物维持生命活动最基本的需要部分。掌握维持需要量及其与体重的关系,就能推算宠物的维持需要量,并进一步剖析供生产需要的组分。

一、概念及意义

(一) 维持营养需要的概念

1. 维持

维持是指健康宠物生存过程中的一种基本状态。处于维持状态的宠物,体重不增不减,不进行生产,体内各种养分处于收支动态平衡。

2. 维持营养需要

维持营养需要是指宠物在维持状态下对能量、蛋白质、矿物质、维生素等各种养分的需要,称维持需要。

　　从生理上讲,处于维持状态的宠物,体内的各项生理活动仍在进行,如体温调节、呼吸、血液循环、神经活动、体组织的更替等,体内的养分处于分解和合成速度相等的平衡状态,维持营养需要就是用来满足这个动态平衡的需要。

　　宠物处于绝对理想的维持状态的情形很少,但处于近似维持状态的情形却很多,如成年空怀母猫和母犬、成年非繁殖季节的观赏鱼和成年笼鸟等。

(二) 维持营养需要的意义

　　维持营养需要的研究是一项基本研究,维持需要是其他营养需要的基础和前提。

　　从产品的角度看,在宠物生产中,维持营养需要属于无效生产的需要,但又是必不可少的需要,是宠物进行生产的前提。宠物摄入的养分只有在满足维持需要的基础上,多余的部分才能用于生产需要。维持需要在总需要中占很大的比例,一般为50%左右。体重越大其相对维持需要就越低。

　　研究维持营养需要及其变异规律,有助于合理平衡维持需要和生产需要。在宠物生产潜力允许的范围内,增加饲料投入,可相对降低维持需要,增加生产需要,从而可提高生产效率。因此,研究维持营养需要,对于预测宠物生产效率、降低生产成本、提高饲料利用率和经济效益，特别是体型很小的宠物具有重要的意义。

二、维持营养需要

（一）能量需要

1. 概念

（1）维持能量需要　是指用于非生产的能量消耗，包括用于基础代谢、随意活动及其在适宜温度范围以外的体温调节的能量消耗。能量是维持营养需要中最重要的部分。

（2）基础代谢　指体况良好的宠物在温度适宜的环境中处于安静和休息状态（非睡眠）、消化道处于吸收后（即饥饿和空腹）状态下的能量代谢。这种代谢只限于维持宠物细胞内必要的生化反应和有关组织器官必要的基本活动，即此时能量用于维持生命的最基本活动（呼吸、血液循环、泌尿、腺体分泌和细胞代谢活动等）。基础代谢的能量消耗最终以热量形式散失。单位时间的基础代谢称为基础代谢率（BMR）。

大量试验证明，宠物每日的基础代谢（BM）与宠物体重（W）的 0.75 次方成正比，即：

$$BM = aW^{0.75}$$

式中：$W^{0.75}$——代谢体重；a——代表每千克代谢体重每日消耗的净能。各种成年宠物的 a 比较一致，为 292.88kJ/kg $W^{0.75}$。

即 $BM = 292.88\ W^{0.75}$。

（3）随意活动　随意活动指宠物维持生存所进行的一切无意识的活动。宠物的随意活动千变万化，消耗的能量难以测定，一般是按基础代谢的一定比例来计算。如笼养观赏鸟可按基础代谢的 20%，其他宠物如猫、犬按 50%～100% 来计算，处于应激状态的宠物可达基础代谢的 100% 以上。

（4）体温调节　环境温度高于或低于临界温度均会使宠物消耗过多的能量来维持体温恒定，从而使能量需要增加。

2. 维持能量需要的测定方法

（1）根据基础代谢来计算

$$维持能量需要 = 基础代谢 + 随意活动消耗$$

因随意活动消耗是按基础代谢的一定比例（20%～50%）计算的，因此，维持能量需要也可表示为：

$$维持能量需要 = 基础代谢 \times （120\%～150\%）$$
$$= 292.88\ W^{0.75} \times （120\%～150\%）$$

（2）根据能量平衡试验或饲养试验确定　用含不同能量的饲粮或用一定饲喂量饲喂宠物，通过称重或屠宰测定体内沉积能量，建立宠物体重或能量沉积量与供给量的效应曲线，推算出体重不变或能量沉积不变的供给量即为维持能量需要。该测定结果包括了基础代谢和用于随意活动及体温调节的能量消耗。随着测定宠物体能量沉积的取样技术发展，能量平衡试验将得到广泛应用。

（二）蛋白质需要

处于维持状态的宠物，仍不断从粪、尿和体表排泄含氮物质。其中，粪中排泄的氮来自消化道黏膜脱落部分和消化液，称为代谢粪氮（MFN）；宠物体内蛋白质始终处于一种分解与合成代谢的动态平衡中，而分解代谢产生的氨基酸不可能全部重新用于蛋白质的合成代谢，氧化分解部分主要从尿中排泄，称为内源尿氮（EUN）；体表损失氮来自宠物毛发、蹄甲、皮肤、羽毛等衰老脱落损失的氮。

因此，宠物处于维持状态时消耗的氮包括三部分：内源尿氮、代谢粪氮和体表损失氮。因体表损失氮消耗的氮极少，可忽略不计。所以，维持蛋白质需要即为内源尿氮与代谢粪氮之和乘以蛋白质转化系数 6.25。

$$维持蛋白质需要 = （内源尿氮 + 代谢粪氮） \times 6.25$$

一个体重为 W 的宠物，每天排出的内源尿氮为 $140 W^{0.75}$（mg），如折合为粗蛋白质则应为：

$$内源蛋白质（g） = \frac{70 W^{0.75} \times 2 \times 6.25}{1\ 000}$$

代谢粪氮与内源尿氮亦存在一定的比例关系。但这种关系因宠物种类而异。单胃宠物的代谢粪氮为其内源尿氮的 40%。

宠物维持时的蛋白质需要量可按以上这些数量关系进行计算。以犬为例应为：

$$（1 + 0.4） \times \frac{70 W^{0.75} \times 2 \times 6.25}{1\ 000}（g/d）$$

可消化粗蛋白质的生物学价值在犬如果按 60% 计，一只体重 10kg 的犬每天维持需要的可消化粗蛋白质为：

$$（1 + 0.4） \times \frac{70 \times 10^{0.75} \times 2 \times 6.25}{1\ 000} \div 60\% = 6.88（g/d）$$

（三）矿物质需要

在宠物维持生命的各种过程中，矿物质的代谢十分活跃。即使在绝食状态，也进行着矿物质代谢，但与其他营养物质不同，矿物质经过代谢后，并没全部消耗。例如，甲状腺素和血红蛋白分解时，分别释放其中的碘和铁，这些元素大部分能被重复吸收和利用。胃液中的氯在肠道中被吸收。但有些物质重复利用是不完全的，如 Ca、Na、Mg、P 等经粪、尿和汗中排出，这部分损失须由饲料予以补充。矿物质中以钙、磷的研究较多，其维持需要量与能量成正比，用消化能表示为钙 0.14～0.16g/MJ，磷 0.27g/MJ。钙、磷的利用率分别按 45% 和 60% 计算，则实际需要为钙 0.31～0.36g/MJ，磷 0.45g/MJ。

（四）维生素需要

目前，脂溶性维生素的需要量与体重成正比。维生素 A 的需要量（以保健为标志）为 100kg 体重 6 600～8 800IU，或胡萝卜素 6～10mg。维生素 D 的需要量为每 100kg 体重每日 90IU。

通常 B 族维生素的需要量随采食量的变化而变化。在某些情况下，其需要量与某些营养物质的进食量有关。例如，与碳水化合物代谢关系特别密切的硫胺素，其需要量随饲粮中碳水化合物和脂肪含量变化而变化。同理，食入蛋白质增加，核黄素的需要量也增加。B 族维生素的需要量也随肠道微生物合成情况的不同而异。

三、影响维持营养需要的因素

维持营养需要是客观存在的，也是宠物生产中的重要指标。但其绝对量与相对量都不是固定不变的，受多种因素的影响，如活动量、气候、应激、健康、生产力水平等。前四种因素皆为外因，可通过良好的管理和设备把其影响程度降到最低；其余因素为内因。内外因素分别以不同的程度影响着维持营养需要。

（一）活动量

维持能量需要包括随意活动消耗的能量。随意活动有各种各样，活动量也千变万化。显然，随意活动量会影响维持能量需要。一般说来，大多数宠物在站立时比睡卧时多消耗9%的能量，而行走和跑步时消耗的能量更多。

（二）气候

环境气候明显影响维持需要。当环境温度低于下限临界温度时，宠物需消耗更多的养分来产热以保持身体暖和及维持恒温。环境温度对维持能量需要的影响程度受湿度和风速的影响。高湿度使宠物在任何环境温度下均感到不适。风速增大可使宠物的体热散失更快，这在夏天有利，但若在冬天，则会加剧低温应激，增加维持营养需要。

很多宠物的饲养环境很好，如猫、犬与人类同室而居，气候的影响就会小的多。北方冬季宠物户外运动时会有影响。

（三）应激

任何应激的刺激都将增加维持营养需要。宠物常见的应激有温度、湿度、断奶、分窝、疾病、疫苗注射、转群、运输、饲料更换及更换主人等，应尽量减少应激的发生，使宠物在比较恒定的环境中完成营养积累。

（四）健康

宠物健康状况不良，将增加维持营养需要，但很难精确估测其影响的程度。一般来讲，宠物疾病或者用药时，对维生素和某些矿物质元素的需要量增加。

（五）体表面积

曾用体表面积来估计维持营养需要。体表面积为体重的2/3次方（$W^{0.67}$）。从实际观点来看，这意味着宠物越小，其每千克体重的代谢率越大。

（六）生产力水平

宠物的生产力水平越高，维持需要占总需要的比例反而越小。

（七）生理状况

所有泌乳宠物的维持需要均高于干乳空怀宠物。其原因主要是宠物甲状腺素分泌增加，引起心跳加快，提高了基础代谢率；其次是乳腺工作紧张。

妊娠母畜的维持需要低于空怀母畜，因为妊娠母畜的活动量减少。

此外，宠物的品种、年龄、性别、性情和个体因素等均对维持营养需要有一定影响。

第三节　生长、繁殖及泌乳的营养需要

一、生长的生理基础

(一) 生长的概念

生长是指宠物整体体积增加的过程。从化学角度可简单理解为钙、磷和蛋白质的沉积，表现为骨骼和肌肉、内脏器官的增长。从代谢的角度，是合成代谢超过分解代谢的结果。宠物的生长从胚胎时期就已开始，直到体成熟为止，这是宠物生命活动的一个自然过程。饲养学所指的生长阶段一般是指从出生到成熟能繁殖为止，包括哺乳阶段和育成阶段。

只有通过生长，宠物才能达到成熟的体况；只有通过合理的生长，宠物繁殖才能达到最大的繁殖性能，宠物泌乳才能获得最大的产奶量。因此，可以说生长是宠物产品生产的准备过程，生长阶段的营养对宠物生产性能的发挥影响最大。

(二) 生长规律

1. 总体生长规律

宠物生长的外在表现为体重变化。体重随宠物的年龄呈一定的规律变化。体重的绝对增长随年龄的增加呈慢—快—慢趋势，即胚胎期生长缓慢，从出生到性成熟阶段为快速生长阶段，性成熟到体成熟生长减慢。但体重的相对生长随年龄的增加而下降，年龄越小，生长强度越大。

2. 局部生长

机体各种组织（骨骼、肌肉、脂肪）的增长也按一定规律进行，三者同时存在，但在不同的年龄阶段各有侧重。骨骼发育最早，也最先停止；肌肉居中，脂肪最晚。

3. 体成分

体成分的变化也有一定规律，水分、蛋白质、灰分含量随年龄、体重的增长而下降，脂肪的含量却迅速增加。在整个生长期中，增重成分前期以水分、蛋白质和灰分增加较多，中期肌肉渐多，后期脂肪最高。

(三) 影响生长的因素

1. 宠物

宠物的种类、品种、品系、性别等都能影响生长速度和生长水平。例如犬的寿命一般为12～15年，2～5岁为壮年，生长速度和生长水平最佳，抵抗疾病的能力较强，一般不发生疾病。7岁以上开始出现衰老现象，饲养不好的犬开始出现老年疾病，如公犬的前列腺肥大或者脓肿。一般室内饲养的犬长寿，公犬比母犬长寿，杂种犬比纯种犬长寿。

2. 营养水平

营养是生长的物质基础，直接影响生长速度和生长水平。营养水平高，饲料全价，生长速度快，体质健壮，抗病力强。营养水平过低，对生长速度、饲料报酬、蛋白质沉积都是不利的，且易患营养代谢病，体质较弱。

3. 环境

温度、湿度、气流、饲养密度也影响生长速度和生长水平。环境温度过高和过低都会降低蛋白质和脂肪的沉积而使生长速度下降，气流不稳、饲养密度过大也会造成生长速度下降。对于观赏鱼，环境的影响还包括：光照、水的溶氧量、水的酸碱度、水的颜色和透明度、老水和嫩水等。

4. 母体效应

母体对仔畜生长的影响，反映在对胚胎发育和哺乳期发育两个阶段。在选择种用宠物时，应尽量选择那些体质健壮、眼睛大而有神、被毛光滑而有光泽，具备本品种特征的大宠物，能生育出优良的后代，并且母性较好（表现在乳汁多、护仔能力强）。

二、生长的营养需要

（一）水

犬的饮水不足，将会影响其体内的代谢过程正常进行，进而影响犬正常的生长发育。犬的需水量与其年龄、体型大小、运动量及当地的气候条件有关，生长发育期的犬，每千克体重每天需水约150ml。猫是一种耐渴的宠物，平时很少看见猫饮水，只要在饲料中添加较多的水分，一般就可满足猫的需水量，幼猫每天每千克体重需水60～80ml。随着猫年龄的增加，每千克体重对水分的需求量逐渐减少，猫对水分的需求还和饲料的组成有关，水与干物质的比例为2.3∶1，饲料全部为宠物性食物时，水与肉类的比为3.3∶1。

（二）能量

宠物长期需要大量的能量，能量对于机体器官工作、肌肉保持紧张和收缩、维持体温恒定等都是必需的。能量主要由饲料中的脂肪、蛋白质及糖类（淀粉、纤维素等）提供，如果能量不能满足生长的需要，则宠物的生长和健康都会受到影响。犬、猫等宠物对能量的需要取决于年龄、性别、体格、体重、被毛状态、肌肉活动等，一般刚断奶的幼犬，每天每千克体重需要能量为1.67MJ。至断奶后6周，每天每千克需要能量1.57MJ。当体重达到成年犬的一半时，每天每千克体重需要能量为0.96MJ。成年犬每天每千克体重需要能量为0.54～0.67MJ。

刚出生猫每天每千克体重需要能量为1.59MJ。5周龄猫每天每千克体重需要能量为1.05MJ。10周龄猫每天每千克体重需要能量为0.81MJ。20周龄猫每天每千克体重需要能量为0.54MJ。30周龄猫每天每千克体重需要能量为0.42MJ。

（三）蛋白质

蛋白质对宠物的生长发育起着重要的作用，蛋白质不仅可以为宠物提供能量，而且是机体组织和激素、抗体形成及各种酶的形成所必需的原料，对构成宠物体蛋白和机体组织损坏的修复，维持酸碱平衡起着重要作用。氨基酸是蛋白质组成的基本单位，可见蛋白质对宠物的营养实际上就是氨基酸的营养。如果日粮中蛋白质不足或者缺乏某些必需氨基酸，就会导致宠物体内氨基酸缺乏，这样，宠物体内蛋白质的合成就会停止，从而影响到宠物正常生长，宠物出现生长缓慢、抵抗力下降、容易生病的现象，并且将会影响到种用价值。蛋白质的供给和饲料中脂肪的含量有很大的关系，若饲粮脂肪含量为20%时，25%蛋白质能满足幼犬生长需要。而脂肪含量在30%时，其蛋白质则需要升至29%。犬是以肉食为主的宠物，对植物性蛋白质的消化和吸收能力差。因此，在犬的饲料中，必须有相当比例的宠物性饲料。幼犬生长每天每千克体重需要蛋白质 10g 左右，其中宠物性蛋白质来源不少于 5g。犬生长和维持的最小营养需要量见表 2-2。

表 2-2　犬生长和维持的十种必需氨基酸最小需要量（每千克体重每天的量；单位：mg）

氨基酸的种类	生长	成年维持
精氨酸	274	21
组氨酸	98	22
异亮氨酸	196	48
亮氨酸	318	84
赖氨酸	280	50
蛋氨酸、胱氨酸	212	30
苯丙氨酸、酪氨酸	390	86
苏氨酸	254	44
色氨酸	82	13
缬氨酸	210	60
非必需氨基酸	3 414	1 266

生长猫的饲粮干物质中蛋白质含量不应低于 33%。如果给猫供给含水分 70% 的湿性饲料，最适合的蛋白质含量为 12%～14%。幼猫每天每千克体重蛋白质的供给量不少于 6g。猫的饲料中一般还要含有 0.1% 的牛磺酸，以防止视网膜的损伤。富含牛磺酸较多的饲料有肉类、鱼类和贝壳类。

（四）脂肪

脂肪是宠物体内所需能量的来源之一，它可增加食物的适口性，还有助于脂溶性维生素的吸收。脂肪进入宠物体内逐渐降解为脂肪酸被机体所吸收。必需脂肪酸中亚油酸和花生四烯酸对猫、狗的皮肤、肾脏功能和生殖繁育非常重要，在猪油和鸡的内脏脂肪中含这两种脂肪酸较多。猫的食物中含有 1% 的亚油酸，就能防止必需脂肪酸的缺乏。一般认为幼猫饲喂脂肪量占饲料干物质的 22% 左右为宜。幼犬每天每千克体重需要脂肪量为 1.1g。

脂肪很容易氧化变质，因此脂肪最好在投饲前临时加到饲料中去，若与其他饲料同时配合时，必须加抗氧化剂。

（五）碳水化合物

碳水化合物属于能量饲料，它所提供的能量虽没有脂肪高，但却是犬、猫等宠物体内能量的廉价来源，碳水化合物含量较多的是植物性饲料，如馒头、米饭、甘薯、玉米等。犬、猫虽然也吃植物性食物，但它们对碳水化合物不是很必需的。所以，在喂这些食物时最好是配上鱼、猪肝、鸡汤、脂肪等，用来提高饲料的适口性和宠物的食欲。因此，在犬、猫的日粮中比例不能太高。幼龄犬每天每千克体重需要碳水化合物 15.8g，其中包括纤维素 1.5g。

（六）矿物质

1. 钙和磷

犬体内的钙和磷占矿物质总量的 65%～70%，主要是形成骨骼，还有调节血钙和血磷的作用，钙、磷的最适合比例为 1.2∶1～1.4∶1，饲料中磷酸根、脂肪酸、铁、镁等含量不当时影响钙的吸收。在日常饲养中让犬啃一些生骨头，是给犬补钙和磷较好的方法，同时还可以去除牙垢、清洁牙齿，也可每天口服碳酸钙 1～2g，或每天口服葡萄糖酸钙 3g。为保证钙、磷的比例，饲喂犬时，每100g 肉可加入 0.5g 碳酸钙。猫体内矿物质总量的 70% 为钙和磷，大约99% 的钙和80% 的磷构成骨和齿，其余都存在于体液和软组织中。幼猫需要的钙磷比例为 1：0.9～1.1 为宜。

2. 氯化钠和镁

食盐的供给量取决于饲料的种类，新鲜的肉类含食盐少，而家庭的残汤剩菜中钠往往会超标，在实际喂养中，既要注意到根据日粮组成成分不同来调整食盐的添加量，还要注意防止食盐中毒现象发生。当食物中食盐含量较高时，需要加大饮水量。日常喂养中犬的食盐含量一定要控制在 1% 以下，猫摄入食盐必须保证每天每只 1 000～1 500mg。猫每天需要镁 80～110mg，食物中大量存在镁，一般不会缺乏。镁过多会影响钙的沉积，但钙磷多也会影响镁的作用。当缺乏镁时，可发生镁缺乏痉挛症。通常饲料中镁的含量就可满足犬的需要，所以，犬一般很少发生镁的缺乏。当使用利尿剂、腹泻以及体内锌、维生素 D 和蛋白质含量过高时，可降低犬对镁的吸收。

3. 铁、铜、钴

犬、猫每天需要铁5mg，铜0.2mg，钴100～200μg。幼龄犬容易出现铁的缺乏症，出现缺铁性贫血。防治幼龄犬贫血可采取早期补料、注射葡萄糖酸铁或在其饮水中加入硫酸亚铁等方法。只以牛奶为食物的幼猫则可能发生缺铁性贫血。过量饲喂铁，可引起犬、猫厌食、体重下降和胃肠炎，甚至引起铁中毒。

4. 碘和锌

碘是组成甲状腺素的必要成分。生长犬、猫缺碘时，表现为生长缓慢、被毛稀疏、头部水肿、行动迟缓、表情呆板、不易怀孕、难产。处于生长发育期的猫每天需要碘 100～400μg。锌缺乏时对味觉和嗅觉有不良影响，降低食欲，还可导致犬生长缓慢、夜盲、繁殖力下降、抵抗力降低、皮肤损伤和伤口愈合缓慢，日粮中滥用或过度补充钙剂能干扰锌的吸收。猫每天对各种矿物质的需要量见表 2-3。

表 2-3 猫每天对各种矿物质的需要量

名称	需要量	说明
钠	20～30mg	最低需要量
氯化钠	1 000～1 500mg	常规需要量
钾	80～200mg	肉和鱼中含量较高
钙	200～400mg	生长和泌乳时需要量加大
镁	80～110mg	饲料中常大量存在，猫一般不缺
磷	150～400mg	钙：磷为 0.9：1.1
铁	5mg	
铜	0.7mg	
碘	100～400μg	肉中缺乏
锰	200μg	
锌	250～300μg	注意补充，防止缺乏
钴	100～200μg	注意补充，防止缺乏
硒	14μg	注意补充，防止缺乏

（七）维生素

1. 维生素 A

犬长期大量服用维生素 A 也会出现中毒现象。生长犬每千克体重维生素 A 的维持需要量为 220IU。猫只能从食物中获得维生素 A，除宠物肝脏、鱼肝油和鲜牛奶外，猫的其他饲料中仅含有少量的维生素 A，如果不注意添加，猫很容易发生急性或慢性的维生素 A 缺乏症。生长期的幼猫，每天应供给维生素 A 1 500～2 100IU。

2. 维生素 B_1

一般日粮可满足维生素 B_1 的需求，只有日粮品种过于单调时才会出现缺乏，另外，长期大量饲喂生鱼和贝类也易出现维生素 B_1 缺乏症。生长犬每千克体重需要维生素 B_1 54μg。猫维生素 B_1 缺乏典型的症状是多发性神经炎，发现得早，治疗得早，12 小时后症状消失。幼猫每天需要维生素 B_1 0.4mg。

3. 维生素 B_2

日粮中酵母、肉类、牛奶、新鲜蔬菜、蛋和豆类富含丰富的维生素 B_2。幼犬每天每千克体重需要维生素 B_2 0.048mg。一般情况下，猫每天需要维生素 B_2 0.15～0.20mg。

4. 维生素 B_6

在青绿植物、瘦肉和肝脏、牛奶中维生素 B_6 含量较多。犬的摄入量为每千克湿性日粮中含维生素 B_6 0.45mg，每千克干日粮中含维生素 B_6 1.5～2.4mg。猫每天需要维生素 B_6 0.2～0.3mg。

5. 烟酸

猫每天需要烟酸 2.6～4.0mg，但猫自身不能合成烟酸，要靠食物中供给。生肉中含有很丰富的 B 族维生素，可以用来治疗和预防 B 族维生素缺乏症，最好是将生肉和生牛奶与其他食物混在一起喂给。

6. 泛酸

对犬长期单喂玉米，有可能缺乏泛酸。一般情况下，猫不会缺乏泛酸，猫每天需要泛酸 0.25～1.0mg。

7. 叶酸

在母猫临产前三周，保持供给母体适量的叶酸盐，可通过胎盘输送给胎儿。在幼猫断奶后，每天喂给 1mg 多谷氨酸盐的食物，能防止妊娠猫及其子代叶酸缺乏症。

8. 维生素 C

犬本身能将葡萄糖合成维生素 C，猫本身也能合成维生素 C，一般犬、猫不会发生维生素 C 缺乏症。

9. 维生素 D

维生素 D 能促进骨骼生长和钙化，维持钙磷代谢平衡，有利于神经组织生长发育。成年犬每千克体重需要维生素 D 11IU，而对生长犬则需要加倍。猫每天需要维生素 D_3 约 2mg，如果过量可引起中毒，表现为骨骼中钙化不均，肺、肾、心脏和血管里有钙化灶。

10. 维生素 E

犬对维生素 E 的需要量与食物中不饱和脂肪酸的多少有关，若食物中的不饱和脂肪酸含量高，则犬对维生素 E 的需要量也相应增多，不饱和脂肪酸的任何酸败都可能破坏维生素 E。生长犬每千克体重需要供给维生素 E 1.2IU。猫每天对维生素 E 的需要量较大，猫每天需要维生素 E 0.4～4.0mg。

三、繁殖的营养需要

繁殖是宠物种族繁衍的重要机能。从母畜繁殖的生理特点来看，可分为配种前、妊娠期和泌乳（哺乳）期三个阶段，每一阶段的生理特点和营养要求均各不相同，前后关系十分密切、相互影响。

（一）配种前雌性的营养需要特点

1. 初产宠物

配种前要求初产宠物身体健康，初情期适时出现，体况良好，体重适宜。

2. 经产宠物

经产宠物多已达到体成熟，很少用于自身生长的营养供应。

（二）妊娠的营养需要特点

妊娠宠物的营养与胚胎发育、幼畜初生重、生活力及出生后的体增重密切相关，根据母体和胎儿的营养生理规律供给合理营养，是提高宠物繁殖成绩的重要保证，它关系到整个繁殖工作的成败。

妊娠期间，宠物的代谢发生变化，意味着宠物的维持需要改变；同时，维持需要随妊娠期的进展而呈明显的阶段性变化。

（1）代谢　妊娠期间宠物的代谢加强，平均增加 11%～14%，妊娠后期更为显著，可达 30%～40%。

（2）体重变化　妊娠可刺激宠物体重增加，包括母体组织、子宫及其内容物和乳腺的增长。

（3）子宫及其内容物的增长　妊娠期间，子宫及其内容物迅速增长。

胎儿增重有阶段性，前期慢，后期快，最后更快，胎重的 2/3 是在妊娠最后 1/4 期内增长的；胎高、胎长的增长，是前期、中期较快。

乳腺的增重速度在妊娠后期较快，但沉积的养分量不多。

（三）妊娠宠物的营养需要

根据子宫及其内容物的养分沉积量和宠物本身的适宜增重量来计算。

妊娠宠物的营养需要 = 维持需要 + 妊娠需要

其中，妊娠需要包括妊娠宠物子宫及其内容物（胎衣、羊水和胎儿）的生长需要和宠物本身营养物质贮积的需要。

1. 能量

母犬在妊娠期间的能量需要量要比维持量略多，前 5 周略高于维持的代谢能需要，接下三周需要量在维持基础上分别增加 10%、20%、30%。后期的代谢能需要每千克体重约为 0.79MJ。

妊娠猫每天每千克体重需要能量为 0.418MJ。

2. 蛋白质

要保证犬、猫在配种、妊娠期间的蛋白质的合理供应，才能保证生产出体质健壮的仔犬和仔猫。妊娠期间母犬和母猫的蛋白质应保证质量，成年犬需要在维持基础上增加20%，妊娠母猫蛋白质的需要量比平时增加15%～20%。妊娠期间必须保证10种必需氨基酸的合理配比。

3. 矿物质

钙、磷、锌、碘、锰、硒等矿物质元素对于繁殖期间的犬、猫来说很重要。一方面会影响雄性犬、猫精液的品质；另一方面还会影响到雌性犬、猫卵子的质量及受孕后胎儿的发育。妊娠犬对矿物质的需要按成年犬的维持需要量计算，在妊娠中后期可适当提高。猫每天需要钙0.2～0.4g，磷0.15～0.4g，碘0.1～0.4mg，锰0.2mg，锌0.25～0.3mg。

4. 维生素

维生素A、维生素E是两种影响宠物繁殖性能重要的维生素，在繁殖期间缺乏会直接或间接影响到胎儿的生长发育和出生后的体质。妊娠犬对维生素的需要按成年犬维持需要量适当增加这两种维生素的供给。猫每天需要维生素A为12 100IU，维生素E为4.0mg。妊娠期母犬的营养需要见表2-4。

表2-4　妊娠和哺乳母犬的营养需要

推荐日粮组成成分（按干物质计算）		与未妊娠状态相比较的食物消耗量（100%）	
蛋白质（%）	20～40	妊娠（周）	
脂肪（%）	10～20	1～3	100
钙（%）	1.1	4～6	100～125
磷（%）	0.9	7～9	125～150
维生素A（IU）	5 000～10 000	哺乳（周）	
维生素D（IU）	500～1 000	1～2	150～200
维生素E（IU）	50	3～4	200～300

（四）种用雄犬猫的营养需要

种公犬的食物中宠物性蛋白质的含量要求高于一般犬，碳水化合物的含量却相对少些，能量的需要量要在维持需要基础上加上20%，蛋白质和氨基酸的需要量则与妊娠母犬相同，配种旺季，在维持基础上可增加50%。钙占干物质的1.1%，磷为0.9%，锰为每天每千克体重0.11mg，维生素A为每天每千克体重110IU，维生素E 50IU，这样才能保证种用公犬体质健壮、产生优良的精子。

种公猫在配种期间要消耗大量体力，食欲也随着减弱，健康状况下降，为了使公猫能保持体质健壮，并产生优良的精子，就要为它提供营养全价的日粮。当然，对于种用的公猫任何时期都不能忽略饲料中的营养，否则，会给它的繁殖力带来不良的影响，所以单靠配种期间的补饲还是不够的。

四、泌乳的营养需要

泌乳是哺乳宠物的重要生理机能，为哺育幼畜、繁衍种族所必需。成年哺乳宠物泌乳活动的代谢强度和所产生的营养应激比其他任何生产活动都高。营养对泌乳至关重要。轻度的营养不良，将导致泌乳量下降，体重减轻，重者将影响胚胎发育和后期的生产性能。

乳汁在乳腺内合成，所需各种原料由血液循环运送到乳腺，有些成分不经过改变而直接作为乳的成分，如维生素、矿物质、乳血清蛋白和免疫球蛋白等。有些成分则经过乳腺的加工转化而成，如酪蛋白、白蛋白、大部分乳脂、乳糖等。

泌乳的营养需要，由泌乳量、乳的成分等因素来决定。同一宠物的泌乳量受遗传因素、产仔数、泌乳阶段、胎次、妊娠期营养水平、分娩时体况、泌乳期营养水平等多种因素影响。各种宠物的乳汁均含有大量水分，干物质主要为蛋白质、脂肪、无氮浸出物，矿物质较少。乳汁含氮化合物约95%为真蛋白，其余5%是非蛋白氮。乳蛋白主要由酪蛋白和乳清蛋白组成。

泌乳犬在第一周的哺乳期内，代谢能需要在维持基础上增加50%，第二周再增加50%，第三周增加到250%以上。此后，逐渐降低。母犬每千克体重需代谢能1.97MJ。哺乳期，每千克代谢体重蛋白质需要量为12.4g。矿物质及维生素的需要量是维持时的2～3倍。

泌乳猫每天每千克体重需要能量为1.04MJ。蛋白质需要为维持需要加泌乳的需要。矿物质的需要，泌乳期间还应适当增加钙、磷等元素的供应量，以免因泌乳引起钙、磷缺乏而导致骨软症的发生。维生素的需要，维生素 A、维生素 B_1、维生素 B_2、烟酸的需要量在犬和猫的泌乳期间需要适量增加，其他维生素可按成年需要量掌握。母犬泌乳的营养需要见表2-4，母猫泌乳期间对维生素的需要见表2-5。

表2-5　猫对各种维生素的需要量

维生素	每日需要量	说明
维生素 A（IU）	1 500～2 100	不能利用胡萝卜素
维生素 D（IU）	50～100	能在皮肤合成
维生素 K	很少	肠道能够合成
维生素 E（mg）	0.4～4.0	调节不饱和脂肪酸成分的作用
维生素 B_1（mg）	0.2～1.0	泌乳或高热时需要量增加
维生素 B_2（mg）	0.15～0.2	泌乳、高热或喂高脂肪饲料时需要量增加
烟酸（mg）	2.6～4.0	机体不能合成，泌乳或高热时需要量增加
维生素 B_6（mg）	0.2～0.3	泌乳或高热时需要量增加
泛酸（mg）	0.25～1.0	
生物素（mg）	0.1	
胆碱（mg）	100	
肌醇（mg）	10	必需的
维生素 B_{12}（mg）	0.003	在钴存在时肠道可合成
叶酸（mg）	0.1	饲料中必须有
维生素 C	少量	能代谢合成

第四节　饲养标准

一、饲养标准的概念及内容

（一）饲养标准的概念

饲养标准是指特定宠物系统的成套营养定额，即经试验研究确定的特定宠物（包括不同种类、性别、年龄、体重、生理状态和生产性能等）的能量和各种营养物质需要量或供给量的定额数值。经有关专家组集中审定后，定期或不定期以专题报告性的文件由权威机关颁布。

营养需要是指宠物为了正常生长、健康和理想的生产成绩，在适宜环境条件下，对各种营养物质数量的要求。这个数量是一个群体平均值，不包括一切可能增加需要量而设定的保险系数。一般不适宜直接在宠物生产中应用，常要根据不同的具体条件，适当考虑一定程度保险系数。其主要原因是实际宠物生产的环境条件一般难达到制定营养需要所规定的条件要求。同一种宠物或同一品种宠物在不同地区或不同国家对特定营养物质需要量没有明显差异，这样就使营养需要量在世界范围内可以相互通用和参考。为了保证相互通用的可靠性和经济有效的饲养宠物，一般都按最低需要量给出。对一些有毒有害的微量营养物质，常给出耐受量和中毒量。

供给量是在实际条件下为满足宠物的需要，对日粮中应供给的各种营养物质的数量的规定。

饲养标准是宠物营养需要研究应用于宠物饲养实践的最有权威的表述，反映了宠物生存和生产对饲料及营养物质的客观要求，高度概括和总结了营养研究和生产实践的最新进展，具有很强的科学性和广泛的指导性。它是宠物生产计划中组织饲料供给、设计饲料配方、生产平衡饲粮，以及对宠物实行标准化饲养的技术指南和科学依据。

随着科学技术不断发展、实验方法不断进步、宠物营养研究不断深入和定量实验研究更加精确，饲养标准或营养需要量也更接近宠物对营养物质的实际需要量。

（二）饲养标准的内容

1. 干物质或风干物质采食量

这是一个综合性指标，用千克（kg）表示。一般干物质占宠物体重的3%～5%。宠物年龄越小，生产性能越高，干物质占体重的百分比越高。干物质越高，一般来说要求日粮的养分浓度也越高。若日粮营养浓度过高，可能因主要养分（如能量）的需要量已经满足，而造成干物质不足；若饲料条件太差，养分浓度较低，可能受干物质影响（即吃不进去），而造成主要营养成分摄入不足。因此，配制宠物日粮时应处理好干物质与养分浓度间的关系。

2. 能量

能量是宠物的第一营养需要，没有能量就没有宠物体的所有功能活动，甚至没有机体的维持，因此充分满足宠物的能量需要具有十分重要的意义。能量的单位是兆焦、焦耳(MJ、J)。

3. 蛋白质及氨基酸

蛋白质的需要，单位是克（g）。配合饲粮时用百分数表示。粗蛋白质实质上是作为氨基酸的载体使用，单胃宠物对日粮中必需氨基酸有着特殊的需要。随着"理想蛋白"概念的提出与应用，平衡供给氨基酸，可在降低宠物日粮粗蛋白质浓度的情况下（即减少蛋白质的浪费），提高宠物的生产性能和经济效益。用总可消化氨基酸、表观可消化氨基酸或真可消化氨基酸表示饲料蛋白质营养价值或宠物的蛋白质需要量是总的发展趋势。

4. 维生素

单胃宠物所需的维生素全部应由饲料提供，并且年龄越小生产性能越高，所需维生素的种类与数量就越多。

5. 矿物质元素

钙、磷及钠是各类宠物饲养标准中的必需营养素，用克（g）表示。给宠物补充各种微量元素已普遍应用于饲养实践，并产生了良好的效果和效益。微量元素是近年宠物营养研究最活跃的内容。因此，宠物所需的微量元素种类还将增加，但实际添加时应十分慎重，严格掌握用法和用量。

二、表达方式与应用

（一）饲养标准的表达方式

不同宠物饲养标准表达方式有所不同，大体上有以下几种表达方式：

1. 按每头宠物每天的需要量表示

这是传统饲养标准表述营养定额所采用的表达方式。需要量明确给出了每头宠物每天对各种营养物质所需要的绝对数量。对宠物生产者估计饲料供给或对宠物进行严格计量限饲很适用。如 NRC（1998）20～50kg 阶段的生长猪，每天每头需要 DE 26.4MJ，钙 11.13g，总磷9.28g，维生素 A 2 412IU。

2. 按单位饲粮中营养物质浓度表示

这是一种用相对单位表示营养需要的方法，该表示法又可分为按风干饲粮基础表示或按全干饲粮基础表示。"标准"中一般给出按特定水分含量表示的风干饲粮基础浓度。如 NRC 的"需要"按90%的干物质浓度给出营养指标定额。按单位浓度表示营养需要，对饲养宠物、饲粮配合、饲料工业生产全价配合饲料都十分方便。不同饲养标准，相对表示营养需要的方法基本相同，能量用"MJ"或"J/kg"表示，粗蛋白、氨基酸、常量元素用百分数表示，维生素用"IU"或"mg"或"$\mu g/kg$"表示。不同营养指标，表示营养需要量的单位不同。能量一般用"MJ"或"J"；粗蛋白质和氨基酸用"g"表示，其中粗蛋白质也可用占饲粮百分数结合采食量（g/d）给出每天的绝对数量；维生素中，A、D、E 用"IU"，B_{12}用"μg"，其他用"mg"表示；矿物元素中，常量元素一般用"g"，微量元素一般用"mg"表示。

3. 其他表达方式

在不同"标准"中可能见到以下表达方式。

（1）按单位能量浓度表示 这种表示法有利于衡量宠物采食的营养物质是否平衡。我国鸡的"标准"采用了这种表示方法，例如6周龄以前的生长禽饲粮，每兆焦 ME 需要 67g CP（即蛋白质的能量比）、蛋氨酸加胱氨酸2.07g。

（2）按体重或代谢体重表示 此表示法在析因法估计营养需要或动态调整营养需要或营养供给中比较常用。按维持加生长或生产制定营养定额的"标准"中也采用这种表达方式。"标准"中表达维持需要常用这种方式，例如产奶母牛维持的粗蛋白质需要是 $4.6g/W^{0.75}$，钙、磷、食盐的维持需要分别是每100kg体重6g、4.5g、3g。

（3）按生产力表示 即宠物生产单位产品（肉、奶、蛋等）所需的营养物质数量，例如奶牛每产 1kg 标准奶需要 CP 58g。母猪带仔 10～12 头，每天需要 DE 66.9MJ。

（二）饲养标准的应用

饲养标准是宠物饲养的准则。实际宠物生产中影响饲养和营养需要的因素很多，而饲养标准为具有广泛的普遍性的指导原则，不可能对所有影响因素都在制订标准过程中加以考虑。如同品种宠物之间的个体差异对需要和饲养的影响；千差万别的饲料适口性和物理特性对需要和采食的影响；不同环境条件的影响；甚至市场、经济形势变化对饲养者的影响，从而影响宠物的需要和饲养等。诸如这些在饲养标准中未考虑的影响因素只能结合具体情况，按饲养标准规定的原则灵活应用。饲养标准规定的数值，并不是在任何情况下都固定不变的，它随着饲养标准制定条件以外的因素而变化。因此，在采用饲养标准中营养定额，拟订饲养日粮、饲粮配方和饲养计划时，对标准要正确理解，灵活应用。既要看到饲养标准的先进性和科学性，又要重视饲养标准的条件性和局限性。不同国家、地区、季节、宠物生产性能、饲料规格及质量、环境温度和经营管理方式等存在差异，所以，在应用饲养标准时，要按实际的生产水平、饲料饲养条件，对饲养标准中的营养定额酌情进行适当的调整。

（三）饲养标准的作用

1. 提高宠物生产效率

饲养标准的科学性和先进性，不仅是保证宠物适宜、快速生长和高产的技术基础，而且也是确保宠物平衡摄入营养物质、避免因摄入营养物质不平衡而增加代谢负担、为宠物生长和生产提供良好体内外环境的重要条件。

实践证明，在饲养标准指导下饲养宠物，生长宠物显著提高生长速度，生产宠物显著提高宠物产品数量。

2. 提高饲料资源利用效率

利用饲养标准指导宠物饲养，不但合理地满足了宠物的营养需要，而且显著节约饲料，减少浪费。

3. 推进宠物生产发展

饲养标准指导宠物饲养者在复杂多变的宠物生产环境中，始终能做到把握好宠物生产的主动权，同时通过适宜控制宠物生产性能，合理利用饲料，达到保证适宜生产效益的目的，也增加了生产者适应生产形势变化的能力，激励饲养者发展宠物生产的积极性。一些经济和科学技术比较发达的国家和地区，饲养宠物数量减少，宠物产品产量反而增加，明显体现了充分利用饲养标准指导和发展宠物生产的作用。

饲养标准除了指导饲养者向宠物合理供给营养，还具有帮助饲养者有组织有计划地供给饲料、科学决策发展规模和科学饲养宠物。

复习思考题

1. 什么是维持需要？如何理解宠物维持需要的意义？
2. 什么是饲养标准？如何理解饲养标准的含义？在宠物饲养中有何意义？
3. 在饲养标准应用时应注意哪些问题？

4. 如何表述宠物的营养需要?

5. 如何理解生长的概念? 生长的规律是什么?

6. 简述影响生长的因素。

7. 宠物妊娠的营养需要有何特点?

8. 饲养标准包含哪些内容?

（辽宁农业职业技术学院　顾洪娟）

第三章　宠物食品原料

第一节　概述

在宠物的一生中，只有喂给营养充足而又平衡的食物，才能保证宠物健康地生长发育。近年来，由于对宠物营养方面的研究发展，研制出了为满足宠物不同的营养需求的营养全面、均衡的宠物食品。

1. 猫狗宠物食品的开发简介

在美国，宠物猫狗食品的开发已经有近50年的发展历程，已发展成为一个相当庞大的工业体系，有3 000多家大大小小的生产商，每年生产大约15 000多种宠物食品。这囊括了宠物不同生长阶段、不同生理状况和不同气候条件下的各种食品和不同目的的添加剂。我国在这方面的研究才刚起步，但发展迅速，主要利用开发人类食品的技术和借鉴外国开发宠物食品的成功经验，开发出适合我国国情的新型宠物食品。

根据宠物食品的含水量的高低，狗粮可分为三类：干型、半湿型和罐装型。干型含水为10%左右，有颗粒状、饼状、粗粉状和膨化类；因其含水少，不易滋生细菌，可长时间保存，但适口性不大理想；干型食品的原料主要成分是淀粉、肉粉、鱼粉、胚芽等。半湿型狗粮含水为25%～30%，小馅饼状、香肠状等，一般用口袋密封并加防腐剂；半湿型狗粮原料多为肉类、乳制品、大豆、油脂类、矿物质等，很适合刚断奶的幼狗，可做成糕点、馅饼、香肠等形状的食品。罐装型狗粮含水量为70%左右，营养全面，适口性好，其原料多为肉联厂的下脚料。

猫粮有三类：干型、生型、半熟型。干型营养全面，有磨牙的功效，味道单调；生型有各种口味，易消化吸收，要注意保质期；半熟型营养平衡，较干型软，适于幼猫和牙齿不好的老猫摄食，注意防止变质。

2. 笼鸟宠物食品的开发简介

家庭饲养的观赏鸟，大多为杂食性和植食性的鸟类，其主饲料多为植物性食物。鸟的消化速度快，对饥饿很敏感，但每餐的食量较少，其饲料多做成粒或粉料。观赏鸟的日用饲料可分为主饲料、辅助饲料、保健饲料、特殊饲料、矿物质饲料和昆虫饲料。主饲料为淀粉类食物，原料主要有稻谷、黍子、粟、玉米、高粱等。辅助饲料一般为含脂饲料，如苏子、麻籽、菜籽、松籽、葵花籽等，适于换羽和营巢之前食用。保健饲料的原料主要为青菜和野菜两类，将其调制为粉末状饲料，有增进食欲、提高活力、利于健康和繁殖的作用。特殊饲料有催情饲料、色素饲料。鸟类在春天发情期，需要更多的蛋白质，特别是动物性营养物质，为此而调制成的饲料就是发情饲料，主要用鸡蛋和小米做原料。催情饲料主要是要增加鸟食中蛋黄的含量比例。色素饲料主要针对换羽季节的鸟，用含胡萝卜素和花生油的食物喂养，使羽毛红亮。矿物质饲料主要由贝壳粉、羽毛粉、蛋壳粉、墨鱼粉、食盐和沙砾配制而成。昆虫饲料是皮虫、面包虫、蝗虫类、蚕蛹等含有很高营养的一类饲料，是观赏鸟不可缺少的。不给鸟喂活虫，就难以把鸟类养好。

3. 观赏鱼宠物食品的开发简介

观赏鱼与其他几类宠物一样，需要均衡而全面的营养。不同的是鱼生活在水中，喜吃饵料，食量较少且食物较为单一，只要主饲料即可满足其需要。饵料可分为天然饵料和人工合成饵料。观赏鱼宠物食品的开发，一方面可养殖鱼喜欢吃的动、植物，直接销售；另一方面可人工合成，生产成微颗粒状的可食品。天然饵料营养全面，易于消化，尤其利于促进性腺的发育。常用的天然饵料有水蚤、水蚯蚓、草履虫、子孑等动物性饵料以及鲜嫩蔬菜、浮萍等植物性饵料。人工合成是主要的方式，微颗粒状的鱼类宠物食品方便、卫生、易保存。

宠物食品原料的来源非常广泛，但各种不同食物的营养价值差异很大。根据食物原料的来源和营养成分的不同可分为以下几类。

（一）动物性食品原料

动物性食品原料是指来源于动物机体的一类食物，它们是构成宠物食品的主要成分。包括各种畜禽肉、内脏、鱼粉、骨粉、奶类、蛋类及其加工副产品等。这类食物的蛋白质含量高，必需氨基酸组成完全，富含 B 族维生素，钙、磷含量也高且比例适宜，是宠物最优良的蛋白质和钙、磷的补充食物。因其适口性好，易消化，能满足宠物狗对高蛋白质、高能量的需求，宠物最喜欢这类食物。动物性食品的缺点是，普通条件下保存容易发生变质，不易长期保存，价格偏高。因此，应充分利用好动物的内脏或屠宰场的下脚料，如脂肪、肝脏、脾脏、肺脏及碎肉等，但同时要注意新鲜清洁卫生，必须经过蒸煮消毒后方可利用，不用腐烂变质的动物性原料食品，以防传染病及其他疾病的发生。

（二）植物性食品原料

植物性食品原料是宠物食物中最多的一大类，种类多，来源广，价格低，易获取。包括农作物的果实及其加工副产品，还有某些植物的块根、茎及瓜类、蔬菜等青绿植物。玉米、小麦等是主要的基础原料，含大量的碳水化合物，能提供能量。这类食物的缺点是，蛋白质含量低，氨基酸不平衡，必需氨基酸缺乏，无机盐和维生素含量也不高。豆类及加工副产品含有较高的植物蛋白，但植物食物中含有较多的纤维素。碳水化合物和适量纤维素可为宠物猫提供能量，增进消化。纤维素可刺激肠壁，促进胃肠蠕动，并可减少腹泻和便秘的发生。但因宠物狗的生理结构特点，对粗纤维不易消化。

（三）食品添加剂

食品添加剂包括微量元素、维生素、必需氨基酸、促生长剂、驱虫剂、抗菌保健剂等一些少量或微量物质。这类物质具有保健、促生长、增食欲、防止食品变质等作用。矿物质类添加剂是以提供无机盐为目的的一类食品原料，如石粉、磷酸钙、食盐、骨粉、贝壳粉等，是保证宠物正常生长发育不可缺少的物质。用于宠物食品工业的维生素类添加剂，除含有纯的维生素化合物活性成分之外，还含有载体、稀释剂、吸附剂等，有时还有抗氧化剂等化合物，以保持维生素的活性及便于在配制食品中混合。天然氨基酸的平衡性很差，所以需要添加氨基酸来平衡或补充某种特定生产目的需要。宠物食品中添加人工合成氨基酸具有节约食品蛋白质、提高食品利用率、改善和提高宠物消化机能以及防止消化系统疾病、减轻动物的应激症的作用。一般认为促生长剂的有益作用是通过影响动物消化道的各种细菌而产生的，实际上它是一种非营养物质，不仅可以改善健康动物的生长性能，有时还对患病动物产生意想不到的效果。促生长剂还可能抑制有毒胺的产生，对某些致病性微生物的增殖也有一定的抑制作用。事实上，像杆菌肽类的抗生素在某一剂量水平上亦可作为促生长剂，在较高剂量时则用作治疗药物。抗蠕虫剂的主要作用是驱除宠物体内的寄生蠕虫，保证宠物健康生长，同时降低环境中虫卵的污染，减少再次感染的机会，对其他健康动物起到预防作用。调味品包括食盐、酱油、味精、大酱渣等一类可以改善食品适口性、改善口味、增强宠物食欲的物质。

（四）营养保健品

营养保健品是加入宠物食品中的特定营养素，能满足宠物的特殊营养需要，并能促进机体功能的一类食品原料。如牛磺酸强化食品、加钙食品、膳食纤维、酶制剂、生物活性剂、亚油酸强化食品等。

第二节　谷物类食品原料

谷物类食品的原料种类繁多，来源广泛，价格低廉，容易获取，是宠物的主要食物来源。植物性食品中虽含有较多的纤维素，对宠物正常生理代谢却有重要意义。

一、营养特点

（1）富含无氮浸出物　占干物质的70%～80%（燕麦除外），而且其中主要是淀粉，占无氮浸出物的82%～92%，因此，其消化能很高。

（2）粗纤维含量低　一般在5%以内，消化率高，只有带颖壳的大麦、燕麦、稻和粟等粗纤维可达10%左右。

（3）粗蛋白质含量低　为8%～11%，且品质不佳，氨基酸组成不平衡，赖氨酸不足，蛋氨酸较少，尤其是玉米中色氨酸含量少而麦类中苏氨酸少是其突出的特点。

（4）脂肪含量少　一般占2%～5%，且以不饱和脂肪酸为主，亚油酸和亚麻酸的比例较高。

（5）在矿物质方面表现为含钙少，含磷多　钙的含量在0.1%以下，而磷达0.31%～0.45%，多半以植酸磷的形式存在，但玉米含钴多，小麦含锰多，大麦含锌多。

（6）含有丰富的维生素 B_1 和维生素 E，但含维生素 B_2、维生素 C 和维生素 D 较少　除黄玉米含维生素 A 原外，其他谷物类食品原料含量则极微。

二、主要的谷物类食品原料

（1）玉米　玉米的能值高，总能可达16.68MJ/kg。玉米含无氮浸出物74%～80%，主要是易消化的淀粉，其消化率达90%以上。普通玉米粗蛋白质为8%～10%，缺少赖氨酸和色氨酸，生物学价值较低。玉米中粗脂肪含量可高达 3.6%，多为不饱和脂肪酸，主要是油酸和亚油酸等，玉米中的亚油酸含量达 2%，为谷实类之首。黄玉米中还含有维生素 A 原，每千克黄玉米中含 1mg 左右的 β - 胡萝卜素及 22mg 叶黄素。玉米含钙仅为 0.02%、磷 0.3%。由于其脂肪含量高，故粉碎后的玉米粉易酸败变质，不易久贮，而且易被霉菌污染，而产生黄曲霉毒素。黄曲霉毒素是一种强致癌物质，对宠物危害极大。

（2）大麦　大麦分有皮大麦和裸大麦，裸大麦又叫青稞。大麦的总能可达 16.09MJ/kg。有皮大麦的粗纤维含量为 5.5% 左右，粗蛋白质 12.6%，总的营养价值低于玉米。烟酸含量较玉米高 2 倍，钙磷含量也较玉米高。脂肪含量低。大麦有皮壳，适口性和利用率较差。

（3）小麦　小麦总能可达 15.72MJ/kg，适口性好，营养物质易于消化吸收，蛋白质含量是玉米的 1.5 倍左右，各种氨基酸含量好于玉米。小麦中钙、磷、铜、锰、锌等矿物质元素含量较玉米高。小麦中含无氮浸出物 67%～75%，主要是淀粉，淀粉中直链淀粉占 27% 左右。小麦含水分 8%～13%，含蛋白质 9%～13%。蛋白质中赖氨酸、色氨酸和苏氨酸都较低，尤其是赖氨酸。含脂肪 0.8%～3%，纤维素 1%～3%。粗灰分约 1.7%，含钙低而磷高。B 族维生素和维生素 E 含量较多，其他维生素较少。胚芽中含丰富的卵磷脂。

（4）燕麦　燕麦又名雀麦、野麦。它的营养价值很高，总能可达 17.01MJ/kg。蛋白质、油脂含量居小麦、水稻、玉米、大麦、荞麦、高粱、谷子等几大谷物之首，燕麦含蛋白质达 15.6%，是小麦粉、大米的 1.6～2.3 倍，赖氨酸含量很高，每百克含 680mg，是小麦粉、大米的 6～10 倍；含油脂 8.8%，其中 80% 为不饱和脂肪酸，且亚油酸含量丰富，占不饱和脂肪酸的 35%～52%，占籽粒重 2%～3%；钙、磷、铁含量也居粮食作物之首；维生素 E 含量高于大米、小麦；可溶性纤维素达 4%～6%，是小麦、稻米的 7 倍。

（5）大米　大米的总能可达 14.76MJ/kg，蛋白质含量一般约为 8%，其中主要成分为谷蛋白。大米的营养价值与其加工精度有直接的关系，以精白米和糙米相比较，精白米中蛋白质降低了 8.4%，脂肪降低了 56%，纤维素降低了 57%，钙降低了 43%，维生素 B_1 降低了 59%，维生素 B_2 降低了 29%，尼克酸降低了 48%。

（6）小米　小米的营养价值很高，总能可达 16.59MJ/kg，含蛋白质 9.2%～14.7%、脂肪 3.0%～4.6% 及多种维生素，一般粮食中不含有的胡萝卜素，小米每 100g 含量达 0.12mg，维生素 B_1 的含量位居所有粮食之首。除食用外，还可酿酒、制饴糖。

粟一般为食谷鸟类的主要食物，饲喂方法是：可整谷穗喂给，也可喂谷粒，或者加工成小米喂给。

（7）稗　稻田中或低湿地的一种杂草，种子外壳光滑呈褐色，营养价值高，是食谷鸟类和鹦鹉类的好食物。

（8）苏子　苏子分紫苏子、白苏子两种。紫苏子褐色，粒小，俗称野苏，鸟不喜欢吃。白苏子较紫苏子大，银灰色，上面布满网状皱纹，鸟特别爱吃。但因其含脂率高，不宜多喂。如金丝雀的日常粒料中，苏子不能超过 10%，即使是冬季也不宜超过 20%。

（9）菜籽　主要是十字花科的蔬菜籽，常用油菜籽的种子。菜籽含脂率也高，鸟虽然爱吃，但也同样不宜多喂，以免导致肥胖症而影响繁殖。

（10）麻籽　为亚麻的种籽，表皮较光滑，色灰褐，上有黄白色花纹，可以根据鸟的大小整粒或破碎喂，因含脂肪多，鸟多吃后易上火，因此，不宜多喂。

第三节　蛋白质类食品原料

蛋白质类食品原料主要包括动物性原料、豆类籽实、饼粕类、微生物蛋白质、工业副产品和其他类蛋白质。

一、营养特点

（1）干物质中粗蛋白质含量高　一般在 40% 以上，各种氨基酸组成完全，营养价值高。

（2）除乳外，其他类食品碳水化合物含量极少，一般不含粗纤维　消化吸收率高。

（3）有些品种的脂肪含量也较高　再加上高蛋白含量，能量价值也较高。

（4）含钙、磷丰富且比例适当　磷为有效磷，富含微量元素。

（5）富含 B 族维生素　特别是含有植物性食品所缺少的维生素 B_{12}。

二、动物性蛋白质食品原料

1. 鱼粉

鱼粉是由经济价值较低的全鱼或鱼加工副产品制成的。鱼粉的种类很多，各类鱼粉因原料和加工条件不同，营养成分含量差异很大。由水产品加工废弃物（鱼骨、鱼头、鱼皮、鱼内脏等）为原料生产的鱼粉称粗鱼粉。粗鱼粉粗蛋白含量较低而灰分含量较高，其营养价值低于用全鱼制造的鱼粉。

我国广泛使用的鱼粉，包括进口鱼粉和国产鱼粉，是指以全鱼为原料制成的不掺杂异物的纯鱼粉。鱼粉的蛋白质含量高，国产鱼粉蛋白质含量大多在 30%～55%，进口鱼粉一般在 60% 以上，日本北洋鱼粉和美国阿拉斯加鱼粉蛋白质含量 70% 左右。鱼粉是高能食品，鱼粉中没有纤维素和木质素等难消化和不消化物质。鱼粉的脂肪含量一般在 1.3%～15.5%，灰分 14.5%～45%，钙为 0.8%～10.7%，磷为 1.2%～3.35%。鱼粉中富含 B 族维生素，尤其是维生素 B_{12}、核黄素、烟酸以及维生素 A、维生素 D；另外，还含有未知生长因子（UGF），这种物质目前还没有提纯，但已肯定可以促进动物生长。

鱼粉的加工方法有土法、干法、湿法等。所谓"土法"生产，是指渔民用晒干粉碎的方法生产。由于此种加工方法受天气制约，鱼粉质量较差。"干法"生产，是将原料进行蒸煮和干燥，除去水分，然后压榨或萃取鱼油，最后经粉碎、筛分即得。用此法生产的鱼粉残留油脂较多，呈深褐色，品质较差。"湿法"生产，是将原料进行蒸煮后，压榨，除去鱼油和大部分水分，干燥，再轧碎，压榨液经离心去油后，浓缩混合于轧碎的榨饼中，一并干燥而得鱼粉。湿法生产较干法生产耗能低，除臭彻底，鱼粉得率高，质量好。

鱼粉价格昂贵，在使用中要严把质量关，以防鱼粉掺杂造假。鱼粉中的食盐也易导致宠物中毒，一般优质鱼粉含盐量为 2% 左右，而劣质鱼粉盐分含量变化不定，有的甚至高达 30%，这样即使使用量较小，也易导致宠物食盐中毒。鱼粉在贮存过程中应注意通风干燥，防止鱼粉霉变、虫蛀及氧化。

2. 肉骨粉和肉粉

此类宠物食品是不能用作人的食品的畜禽下水及各种废弃物或畜禽尸体经高温、高压脱脂干燥而成的产品。含骨量大于10%的称为肉骨粉，其蛋白质含量随骨的比例提高而降低。肉骨粉、肉粉的品质与生产原料有很大关系，营养成分含量变异较大。一般含粗蛋白质为25%～60%，水分5%～10%，粗脂肪3%～10%，钙7%～20%，磷3.6%～9.5%。蛋白质中赖氨酸含量较高，蛋氨酸及色氨酸含量偏低，维生素 B_{12} 含量较高，烟酸等 B 族维生素含量丰富，但缺乏维生素 A、维生素 D。我国对动物的头、蹄、内脏的烹调技术十分著名，所以，肉骨粉与肉粉原料不足，生产的肉骨粉、肉粉与进口产品相比，蛋白质含量低，而钙、磷含量高。

肉骨粉作为宠物食品的组分可替代部分或全部鱼粉。但在操作时需注意：为补充因移去鱼粉后所缺乏的那部分养分，肉骨粉用量可略高于鱼粉，并添加适量调味剂，以防宠物出现厌食现象。另外，肉骨粉、肉粉在贮存时应防止脂肪氧化，防止沙门氏菌和大肠杆菌的污染。因其营养成分变化大，使用之前最好测定其各项指标，劣质品不宜使用。

3. 血粉

血粉是指各种动物的血液经消毒、干燥和粉碎或喷雾干燥而成，一般为红褐色至深褐色，粗蛋白质含量达75%～85%，水分8%～11.5%，粗脂肪0.4%～2%，粗纤维0.5%～2%，粗灰分2%～6%，钙0.1%～1.5%，磷0.1%～0.4%。血粉中氨基酸的组成不平衡，赖氨酸含量很高，而蛋氨酸、色氨酸和异亮氨酸相对不足，使用时应引起重视。血粉加工过程中的高温，使蛋白质变性，因此，血粉的消化率很低。

4. 羽毛粉

羽毛粉是指羽毛经高压、水解、烘干和磨碎而成，蛋白质含量高达75%～85%，粗脂肪、粗纤维、粗灰分含量均在1%～3%。蛋白质中的氨基酸含量很不平衡，利用率较低，使用时应注意添加人工合成氨基酸。

5. 畜、禽肉与鱼类

畜禽及鱼类的肌肉，就其化学组分来说，普遍地含有蛋白质、脂肪及一些无机盐和维生素。肉的组分变化不仅取决于脂肪与瘦肉的相对数量，也因动物种类、年龄、育肥程度及所取部位等不同而呈显著差异。这类食品，经过适当的烹调加工，不但味道鲜美，而且也能为宠物机体提供较多的热能，维持饱腹感，易于消化吸收，尤其是优质蛋白质的重要来源。营养价值如下。

（1）蛋白质 畜禽肉类蛋白质易于消化吸收，营养价值很高。含蛋白质18%～23%，且大多数分布在肌肉组织中。鱼类肌肉中含水量较多，肌纤维细短，间质蛋白质较少，所以肉质细嫩，与畜禽肉相比更易消化吸收。值得注意的是鱼类蛋白质中色氨酸含量较低。

（2）脂肪 动物的脂肪大多聚积于皮下、肠网膜、心肾周围结缔组织及肌间等，脂肪的含量因动物种类、部位、育肥程度等而有所不同。在畜肉中，一般猪、羊肉含脂肪较多，其次是牛肉，兔肉含的脂肪较少。禽类脂肪含量较畜肉低。鱼的脂肪含量一般较少。

（3）碳水化合物 动物体内的碳水化合物以糖元的形式贮存于肌肉和肝脏中，含量与动物自身的营养状况及健康状况有关，动物宰杀后，由于酵解作用的继续，使糖元含量逐渐下降。

（4）矿物质 畜禽肉矿物质含量一般为0.8%～1.2%。含铁和磷较多，铜含量少，钙也较低。肝脏中的铁和铜比肌肉中丰富。鱼类矿物质含量为 1%～2%，被看做是钙的良好来源，而海水鱼又比淡水鱼含钙高。

（5）维生素 动物肌肉组织是复合维生素 B 族的极好来源，尤其是维生素 B_1、维生素 B_2、维生素 B_5、维生素 B_6 和维生素 B_{12}。动物的内脏尤其是肝、肾是多种维生素的很好来源。

禽肉与畜肉相似。禽类中幼鸡肉的尼克酸含量较高，且红肌比白肌的维生素 B_1 和维生素 B_2 丰富。鸡胸肉中的尼克酸也要比一般肉类含量高。

饲喂宠物狗时，肉类不宜切得过细碎或过大。如切成小细块饲喂，则狗咀嚼不细便吞咽，在胃中重叠形成大块，而不易消化。对较大的肉块，狗经过仔细咀嚼后吞咽，易消化，而且通过咀嚼有利于颌和牙齿锻炼。但对只挑肉吃的狗应切碎后与其他食物搅拌均匀饲喂。幼狗长出恒齿前应饲喂绞碎的肉。

鱼类不仅是维生素 B 族和尼克酸等的良好来源，海鱼类的肝脏更是富含维生素 A 和维生素 D。

小鱼、虾、瘦肉等皆可作为食虫鸟的食物。较大的鱼或瘦肉不能直接喂饲，要磨碎才行，而且要干净卫生，这种饲料只能作为辅助饲料喂饲，一般不能作为主食，以免蛋白质在体内过剩或积累而影响鸟儿的健美与活力。

6. 昆虫类

在自然环境中，捕捉一些活的昆虫，如蝗虫，可将捕获的蝗虫晒干或烘干保存。每次喂饲前，应把蝗虫的口器及后肢等去掉，只剩下躯干，这样可避免戳伤玩赏鸟的食道。另外，还应进行人工饲养肉虫，如面包虫等，以满足食虫鸟的饲喂需要。

三、植物性蛋白质食品原料

（一）豆类籽实

豆类籽实的营养特点是蛋白质含量较高，约占干物质的 25%～40%，蛋白质的氨基酸组成也较好，所含精氨酸、赖氨酸、苯丙氨酸、亮氨酸、蛋氨酸等必需氨基酸的含量均高于禾本科籽实。除大豆、花生外，其他豆科籽实的脂肪含量均较低，为 2%～5%。无氮浸出物含量中等，为 22%～56%。粗纤维含量低，为 3.5%～6.5%，所以，易于消化。维生素和矿物质含量与禾本科籽实相似，某些豆类的维生素 B_1、维生素 B_2 稍高于谷物籽实，钙的比例稍高，但磷比较低。

未经加工的豆类籽实中含有多种抗营养因子，最典型的是胰蛋白酶抑制因子、凝集素等。这些有害物质经高温（110℃、3min）加热处理后，即可失去活性，可通过加热处理来提高其消化利用率。大豆经膨化后，所含的抗胰蛋白酶、脲酶等抗营养因子大部分被破坏，适口性及蛋白质的消化率明显改善。

（二）饼粕类

饼粕是油料作物的籽实脱油之后留下的副产品。脱油的方法主要有两种：机械压榨法和溶剂浸提法。用压榨法生产的叫油饼，而用浸提法生产的称油粕。压榨法脱油效率低，油饼内常残留 4% 以上的油脂，可利用能量高，但油脂易酸败和氧化。浸提法脱油效率高，粕中残油量少，有的可在 1% 以下，而蛋白质含量高。

1. 大豆饼粕

大豆饼粕在所有饼粕类蛋白质饲料中质量最好。粗蛋白质含量为 40%～45%，无氮浸出物 27%～33%，粗脂肪 5% 左右，粗纤维 6% 左右，粗灰分 5%～6%，钙 0.2%～0.45%，磷 0.5%～0.8%。富含 B 族维生素。此外，大豆饼粕含赖氨酸 2.5%～2.9%，蛋氨酸 0.50%～0.70%，色氨酸 0.60%～0.70%，苏氨酸 1.70%～1.90%，氨基酸平衡较好。大豆饼粕的适口性很好，各种动物都喜欢采食，消化率也高。

生大豆饼粕中含有抗营养因子，主要有以下几种。

（1）胰蛋白酶抑制因子　抑制胰蛋白酶活性和影响胰蛋白酶分泌，使胰脏肿大、增生。

（2）凝集素　凝集素与肠绒毛结合，影响营养物质的消化吸收。凝集素进入血液与红细胞结合，影响免疫功能。

（3）致甲状腺肿物质　可使宠物甲状腺肿大。

（4）皂角素　能够破坏水表面张力，影响消化液的作用，进入血液后引起红细胞溶解。

上述毒素在榨油过程中给予适当加热，便会受到不同程度的破坏。但如果热处理程度不够，大豆饼粕中就会含有较多的抗营养因子，从而影响其营养价值；若长时间高温作用会降低大豆饼粕的营养价值（赖氨酸的有效性降低），通常以脲酶活性大小衡量豆粕的加热程度。

2. 花生饼粕

花生饼粕所含的蛋白质与大豆蛋白质不同。其蛋白质氨基酸组成不佳，赖氨酸和蛋氨酸含量较低，但精氨酸和组氨酸含量较高，其中精氨酸含量达 5.2%，是所有动植物食品中最高的，花生饼粕中胡萝卜素、维生素 D 含量较低，但尼克酸和泛酸含量特别丰富。

花生饼粕易为黄曲霉菌所寄生，水分含量在 9% 以上、温度 30℃ 即可使黄曲霉菌繁殖，而谷物在相同温度下，含水在 14% 以上，黄曲霉菌才繁殖。一般要求花生饼粕中黄曲霉毒素不超过 50μg/kg，生花生饼粕中也含有抗胰蛋白酶等抗营养因子，适当的加热处理可消除其影响。

3. 棉籽饼粕

棉籽饼粕是棉籽带壳取油后的副产品，因加工条件不同，营养价值相差很大，主要影响因素是棉籽壳是否去掉。脱壳的棉仁饼粕含粗蛋白质 40% 以上，部分脱壳含粗蛋白质 33.8%，未脱壳的棉籽饼粕粗蛋白质含量仅有 21.7%。棉籽饼粕的主要特点是，赖氨酸不足，精氨酸过高。棉籽饼粕中蛋氨酸含量也低，约为 0.4%。棉籽饼粕中含有棉酚，游离棉酚对动物有很大的危害。

4. 菜籽饼粕

菜籽提取油脂后的副产品即为菜籽饼粕。菜籽饼粕的蛋白质含量中等，在 36% 左右。氨基酸的组成特点是蛋氨酸含量较高，在饼粕中仅次于芝麻饼粕，居第二位。赖氨酸含量略低于大豆，精氨酸含量低，是饼粕类食品中含量最低的，因此，菜籽饼粕与其他饼粕配伍较好。无氮浸出物 30% 左右，粗纤维 8%～11%，灰分 7.8%，钙、磷、镁及硒含量远高于大豆饼粕，磷的利用率高，含硒量高达 1mg/kg，是大豆饼粕的 10 倍左右，达到鱼粉含硒量的一半；还含有丰富的铁、锰、铜、锌。菜籽饼粕也是维生素的良好来源，含有比大豆饼粕更高的胆碱、维生素 B_2、尼克酸、叶酸及维生素 B_1 等。

菜籽饼粕具有辛辣味，适口性不好。菜籽饼粕中含有硫葡萄糖甙、芥酸、异硫氢酸盐和恶唑烷酮等有毒成分，在配合日粮中用量一般不超过 10%，幼龄宠物用量更少。

5. 葵花籽饼粕

葵花籽饼粕含能量和蛋白质的量随脱壳程度变化很大，未脱壳的葵花籽饼粕含蛋白质仅 17%，粗纤维 36%。部分脱壳的含蛋白质 28%～36%。将大部分壳脱掉的葵花籽饼粕含蛋白质 45%，粗纤维 12%，蛋氨酸含量高于豆饼，而赖氨酸低于豆饼。葵花籽饼粕的粗纤维含量是制约其在宠物日粮中用量的主要因素。

第四节　脂肪类食品原料

各种植物油及炼制过的动物脂肪均是宠物膳食脂肪的主要原料。植物性脂肪类食品以油料作物为主，如大豆、花生、芝麻等含油丰富。动物性脂肪类食品以畜肉类含脂肪较高，禽类次之，鱼类较少。肉类中猪肉、羊肉含脂肪量较多，牛肉次之。

一般情况下，动物性脂肪含饱和脂肪酸较多，而植物油含不饱和脂肪酸多，并且是动物体必需脂肪酸的良好来源。通常认为，植物油中如大豆油、花生油、芝麻油、玉米油、米糠油等营养价值高，动物脂肪中如奶油、蛋黄油、鱼脂、鱼肝油的营养价值也较高。

宠物油脂类食品原料多来自于动物脂肪，另外一部分来自于植物油，如豆油、玉米油、棕榈油等。脂肪易氧化酸败，从而降低食品的适口性。动物吃了酸败脂肪，将会引起消化代谢紊乱，甚至中毒。所以，在使用时应在脂肪中添加抗氧化剂，并注意检查油脂的酸度、碘值等指标。

脂肪被大量应用于宠物食品中，因为它可以提供大量的能量（39.29MJ/kg），提高适口性，并有高达95%～98%的消化率。宠物猫狗食品中低脂日粮可导致宠物猫狗脱皮，毛发和皮肤变得粗糙。

脂肪的氧化可产生危害健康的问题。大量硫酸盐和硝酸盐形式的铜、锌、铁和其他金属有强烈的促氧化作用。Whipple（1932）将脂肪已氧化的日粮喂狗，导致狗掉毛，皮肤溃疡直至死亡。脂肪发生过氧化反应后，会破坏脂溶性维生素和降低蛋白质的可消化性。食入过氧化食物的宠物可表现明显的病理症状，包括渗出性素质、动脉硬化和掉毛等。

为了防止或减缓宠物食品的氧化和过氧化变质，延长食品的贮藏期和增加其稳定性，常在饲料中添加抗氧化剂（添加量均小于 0.02%），如乙氧基喹啉、二丁基羟基甲苯（BHT）、丁基羟基茴香醚（BHA）、丙丁基对苯二酚（TBHQ）等。

宠物狗对脂肪有很强的忍受能力，因为脂肪适口性好而且能量高，可减少食物的总摄入量，但可使营养平衡失调和造成营养缺乏症，因此，幼狗或青年狗在喂给高脂肪食物时应调节蛋白质、矿物质和维生素的含量，以保持适当的营养平衡，确保基本营养的合理摄入。

第五节 蔬菜水果、块根（茎）瓜类食品原料

蔬菜水果类食品主要为动物提供维生素 C、胡萝卜素、矿物质及各种纤维素。还提供有机酸、芳香物质及色素。蔬菜水果类食品除少数含淀粉及糖分较多外，一般供能较少，基本上不提供脂肪，提供的糖类及蛋白质也较少。

一、蔬菜水果类原料

（一）营养价值

1. 碳水化合物

蔬菜水果中所含的碳水化合物主要有淀粉、纤维素、果糖、葡萄糖、果胶等。蔬菜中糖含量较少，以胡萝卜、番茄、南瓜含双糖和单糖较多，而薯类含淀粉较多；水果中葡萄、西瓜、苹果等含有较多的双糖和单糖；蔬菜水果中所含的纤维素、半纤维素和果胶在动物体内可促进胃肠蠕动，有利于通便，还可吸附饲料和消化道中产生的某些有害物质，使之排出体外，具有其他营养成分不可替代的保健功能。

2. 维生素

蔬菜水果是维生素 C、胡萝卜素和核黄素的重要来源。一般在绿叶蔬菜中含维生素 C 最为丰富，其次是胡萝卜等根茎类蔬菜，而瓜类蔬菜中的含量则较少。蔬菜中的胡萝卜素在各种绿色、黄色及红色蔬菜中含量较多，以菠菜、黄胡萝卜、油菜等含量较高。水果中胡萝卜素的相对含量较低。各种新鲜绿叶蔬菜中，含核黄素较多的蔬菜有空心菜、油菜、菠菜等。

3. 矿物质

蔬菜水果中含有丰富的钙、磷、铁、钾、钠、镁、铜、锰等矿物质。菠菜、空心菜等虽含钙量高，但同时还含有较多的草酸，因而影响钙与铁的吸收。水果中钙、铁的含量一般低于蔬菜。

4. 有机酸

有机酸在水果中有着重要的作用，它与糖形成果实的风味，能刺激宠物体消化腺分泌消化液，增进食欲，有利于饲料的消化。水果中的有机酸以柠檬酸、苹果酸、酒石酸为主，此外，还含有乳酸、延胡索酸等。有机酸的含量因水果种类、品种和成熟度不同而有很大差别。

（二）宠物常用蔬菜水果类食品原料

1. 苦荬菜

苦荬菜又名鹅菜、八月老、洋莴苣，俗称肥猪菜，是一种产量高、营养丰富、适口性好的蔬菜类食品。苦荬菜干物质中含粗蛋白质 17%～26%，粗脂肪约 15.5%，粗纤维约 14.5%。苦荬菜柔嫩多汁，味微苦，具有促进宠物食欲，帮助消化，祛火防病的作用。苦荬菜病虫害少，再生力强，利用时间长，一年可割多次，亩产可达 15 000kg。苦荬菜耐旱力强，对土壤要求不严，各类地质均可种植。

2. 小白菜

小白菜又名白菜、普通白菜、油菜、青菜等。在我国主要栽培于长江以南地区，20世纪70～80年代北方也引种栽培。小白菜营养价值高，鲜菜含水分94.3%，蛋白质1.6%，脂肪0.2%，碳水化合物2.0%，粗纤维0.7%，钙0.14%，磷0.03%；此外还含有丰富的维生素和微量元素，每千克中含有维生素C 700mg，胡萝卜素13mg，镁234mg，铜11mg，铁239mg，小白菜鲜嫩多汁，适口性好，是各种宠物尤其是鸟类的良好食物。小白菜不宜熟喂，以免破坏维生素和发生亚硝酸盐中毒。

3. 甘蓝

甘蓝又名包菜、卷心菜、结球甘蓝、大头菜、莲花菜、洋白菜。甘蓝16世纪初传入我国，目前全国各地均有栽培，是重要的蔬菜和宠物食品原料，近年越来越多地作为优质饲料广泛栽培。甘蓝柔嫩多汁，适口性好，营养丰富，蛋白质含量高，维生素含量丰富，每千克含胡萝卜素0.2mg，维生素C 380mg，另外还含有丰富的氨基酸，尤其是限制性氨基酸含量很高。以赖氨酸为例，大白菜的含量为0.03%，甘蓝为0.14%，比大白菜高4倍多。甘蓝的部位不同，所含营养成分也不相同，见表3-1。

表3-1　甘蓝的营养成分　　　　　　　　　　　　　　（%）

样品	干物质	占鲜重					占干物质				
		粗蛋白质	粗脂肪	粗纤维	无氮浸出物	粗灰分	粗蛋白质	粗脂肪	粗纤维	无氮浸出物	粗灰分
株	9.4	2.2	0.3	1.0	5.0	0.9	23.4	3.2	10.6	53.2	9.6
叶球	7.6	1.4	0.2	0.9	4.4	0.7	18.4	2.6	11.8	57.9	9.3
外叶	15.8	2.6	0.4	2.7	7.1	3.0	16.5	2.5	17.1	44.9	19.0

（三）其他蔬菜水果类食品原料的营养价值

宠物常用蔬菜水果类食品原料的营养价值见表3-2。

表3-2　宠物常用蔬菜水果类食品原料的营养价值表　　　　　　（%）

样　品	苜蓿草粉	胡萝卜	马铃薯	菠菜	大白菜	小白菜	苋菜
干物质	87.0	8.6	19.8	6.5	4.6	4.7	7.6
粗蛋白质	19.1	0.8	2.6	2.1	1.1	1.6	1.8
粗脂肪	2.3	0.1		0.4	0.1	0.3	0.1
粗纤维	22.7	1.2	0.6	2.3	1.1	1.0	1.1
无氮浸出物	35.3	5.7	15.8	0.4	1.8	1.0	3.4
粗灰分	8.3	0.8	0.8	1.3	0.5	0.8	1.2
钙	1.40	0.03	0.01	0.10	0.02	0.07	0.20
磷	0.51	0.03	0.04	0.03	0.03	0.03	0.05
赖氨酸	0.82	0.05	0.12	0.13	0.05	0.08	0.08
蛋氨酸	0.21	0.01	0.02	0.01	0.01	0.01	0.01
胱氨酸	0.22	0.02	0.02	0.02	0.01	0.01	0.01
色氨酸	0.37	0.01	0.04	0.03	0.01	0.02	0.02
苏氨酸	0.74	0.02	0.09	0.09	0.04	0.04	0.05
异亮氨酸	0.68	0.04	0.08	0.09	0.03	0.04	0.08
组氨酸	0.39	0.01	0.05	0.04	0.02	0.02	0.05

样　品	苜蓿草粉	胡萝卜	马铃薯	菠菜	大白菜	小白菜	苋菜
缬氨酸	0.91	0.05	0.12	0.14	0.04	0.07	0.13
亮氨酸	1.2	0.05	0.12	0.18	0.04	0.08	0.14
精氨酸	0.78	0.04	0.13	0.14	0.04	0.07	0.09
苯丙氨酸	0.82	0.03	0.07	0.10	0.03	0.05	0.08
酪氨酸	0.58	0.02	0.07	0.05	0.02	0.04	0.08

样　品	西洋菜	甘蓝	冬瓜	南瓜	橘	苹果	葡萄	香蕉
干物质	5.5	7.1	3.1	10.3	11.9	13.3	7.8	25.8
粗蛋白质	2.9	1.3	0.3	1.3	1.0	0.3	0.7	1.3
粗脂肪	0.5	0.2	0.1	0.1	0.2	0.1	0.2	0.2
粗纤维	1.2	1.0	0.7	0.7	0.4	0.9	0.6	0.6
无氮浸出物	0.3	4.1	1.7	7.6	9.9	11.9	6.1	23.1
粗灰分	0.6	0.5	0.3	0.6	0.4	0.1	0.2	0.6
钙	0.03	0.03	0.02	0.01	0.03	0.01	0.01	0.01
磷	0.03	0.04	0.01	0.04	0.01	0.01	0.01	0.03
赖氨酸	0.15	0.07	0.01	0.04	0.04	0.01	0.01	0.07
蛋氨酸	0.02	0.02	0.00	0.01	0.01	0.00	0.00	0.04
胱氨酸	0.04	0.02	0.00	0.01	0.01	0.01	0.01	0.01
色氨酸		0.02	0.00	0.02	0.00	0.01	0.01	0.01
苏氨酸	0.10	0.06	0.01	0.02	0.03	0.01	0.01	0.06
异亮氨酸	0.09	0.05	0.01	0.03	0.02	0.01	0.01	0.04
组氨酸	0.15	0.04	0.00	0.02	0.01	0.01	0.01	0.09
缬氨酸	0.12	0.05	0.02	0.04	0.03	0.02	0.02	0.07
亮氨酸	0.17	0.07	0.01	0.03	0.04	0.04	0.02	0.08
精氨酸	0.21	0.11	0.01	0.04	0.10	0.01	0.06	0.07
苯丙氨酸	0.12	0.04	0.02	0.02	0.03	0.02	0.02	0.06
酪氨酸	0.08	0.03	0.01	0.03	0.03	0.01	0.01	0.03

二、块根块茎及瓜类原料

块根块茎及瓜类原料包括胡萝卜、甘薯、木薯、饲用甜菜、芜菁甘蓝（灰萝卜）、马铃薯、菊芋块茎及南瓜等。

（一）一般营养特性

此类原料包括胡萝卜、甘薯、马铃薯、南瓜等。它们之间不仅种类不同，而且化学成分各异。但从饲用角度来看有着一些共性的地方。特点是水分含量高，自然状态下，一般含水70%～90%。按干物质计，粗纤维含量较低，一般不超过10%，无氮浸出物含量很高，大约在67.5%～88.1%，且多是易消化的糖分和聚戊糖。这类食品中蛋白质含量低，甘薯、木薯干物质含量分别为4.5%和3.3%。缺少钙、磷，而钾含量丰富，维生素含量差别很大。甘薯及南瓜中均含有胡萝卜素，胡萝卜中胡萝卜素含量达430mg/kg，这是极宝贵的特点。另外，块根与块茎原料中富含钾盐。

（二）常用块根块茎类原料

1. 甘薯

甘薯又名番薯、红苕、地瓜、山芋、红（白）薯等，是我国种植最广、产量最大的薯类作物。甘薯块根多汁，富含淀粉，是很好的能量原料。甘薯适应性强，容易栽培，产量高，营养丰富。不仅是粮食作物，其块根和茎叶还是青绿多汁饲料。另外，薯块可用来制造淀粉、酒精、饴糖、糖浆和酒、醋等，是轻工业的原料作物之一。

甘薯忌冻，贮存在13℃左右的环境下比较安全。当温度高于18℃、相对湿度为80%时，会发芽。黑斑甘薯味苦，含有毒性酮，应禁用。为便于贮存和饲喂，甘薯块常切成片，晾晒制成甘薯干备用，其营养成分见表3-3。

表3-3 甘薯的营养成分 （%）

类别	水分	占 干 物 质				
		粗蛋白质	粗脂肪	粗纤维	无氮浸出物	粗灰分
块根	68.8	5.77	1.92	4.17	84.62	3.53
茎蔓	88.5	12.17	3.48	28.70	43.48	12.17
粉渣	89.5	12.38	0.95	13.33	71.43	1.90

2. 马铃薯

马铃薯又叫土豆、地蛋、洋芋、山药蛋等。其茎叶可作青贮料；块茎干物质中含淀粉80%左右，可用作宠物的能量饲料。按单位面积生产的可消化能和粗蛋白质计要比一般作物乃至玉米还高。在适宜的栽培条件下，其块茎产量很高，亩产量可达2 500～3 000kg。其营养价值也很高，它的消化率对各种动物都比较高。

在马铃薯植株中含有一种配糖体，叫作茄素（龙葵素），是有毒物质。正常成熟的薯块，饲喂时无中毒情况发生。只有在块茎贮藏期间经日光照射，马铃薯变成绿色或者已发芽后，茄素含量增加时，才有可能发生中毒现象。去芽、蒸煮可起到去毒作用。

3. 胡萝卜

胡萝卜又叫红胡萝卜、丁香胡萝卜等。胡萝卜营养价值高，被誉为是最富贵、最廉价的食品。主要营养物质是无氮浸出物，其中含有较多的蔗糖和果糖，所以具有甜味，蛋白质含量也比其他块根多。另外，胡萝卜素含量尤为丰富，为一般原料所不及。一般来说，颜色越深，胡萝卜素含量越高，每千克胡萝卜中含胡萝卜素在100mg以上，少量喂给即可满足宠物对胡萝卜素的需要。胡萝卜适口性好，各种宠物均喜食，消化率也较高，适量地饲喂各种宠物，有助于提高日粮的消化性。胡萝卜素进入宠物体内后即可转化为维生素A供宠物体利用，因此，胡萝卜不仅是幼年宠物和老弱宠物最好的滋养品，更是种用宠物不可缺少的食品原料，其营养成分见表3-4。

表3-4 胡萝卜的营养成分 （%）

类别	水分	占 干 物 质				
		粗蛋白质	粗脂肪	粗纤维	无氮浸出物	粗灰分
根	92.90	24.51	1.27	15.21	47.46	11.55
叶	81.94	21.43	0.50	18.49	38.70	20.87

4. 木薯

木薯又名树薯、树番薯，为热带多年生灌木，可分为苦味种和甜味种两大类，其块根富含淀粉，在鲜木薯中约占25%～30%，粗纤维含量很少，可作为宠物的能量食品原料。叶片中蛋白质含量多，可用作养蚕，或制成干粉，是饲喂宠物的好原料。木薯粉系木薯经粉碎、洗粉、晒（烘）干后的产物。内含粗蛋白质2.51%、粗脂肪1.14%、粗纤维7.43%、灰分3.77%、无氮浸出物72.02%、钙0.39%、磷0.05%。

不论何种木薯，植株的各部位均含有一定量的氢苷配糖体，味苦，易溶于水，对植物本身起保护作用。在常温下，氢苷配糖体经酶作用或加酸水解，便生成葡萄糖、丙酮和氰氢酸。氰氢酸能影响宠物呼吸机制，麻痹中枢神经。因此，在食用前必须进行去毒处理，可将木薯切片后在60℃温水中浸3～5min，待分离出氰氢酸后干燥，90%的氰氢酸已挥发除去。或者把木薯切片后在40℃气温下堆积24h，再晒干，也有相同效果，其营养成分见表3－5。

表3－5 木薯的营养成分 　　　　　　　　　　　　　　　　　　　　（%）

样品	干物质	占鲜重					占干物质				
		粗蛋白质	粗脂肪	粗纤维	无氮浸出物	粗灰分	粗蛋白质	粗脂肪	粗纤维	无氮浸出物	粗灰分
块根	37.31	1.21	0.26	0.92	34.38	0.54	3.24	0.70	2.47	92.15	1.40
木薯头	84.63	6.38	0.27	30.34	38.52	9.12	7.54	0.32	35.85	45.52	10.77
木薯叶	70.96	5.40	2.01	5.93	13.45	2.25	18.60	6.92	20.42	46.32	7.74

5. 南瓜

南瓜又称倭瓜、番瓜、饭瓜、中国南瓜。我国各地均有栽培，是重要蔬菜，也是优质高产的饲料作物。南瓜产量高，营养丰富，便于贮藏和运输，肉质致密，适口性好，富含淀粉质，是宠物很好的食品原料。南瓜不论果实还是藤蔓均含较高的能量，而且还有较多的蛋白质和矿物质，并富含维生素C、胡萝卜素和葡萄糖（表3－6）。

表3－6 南瓜的营养成分 　　　　　　　　　　　　　　　　　　　　（%）

类别	水分	占 干 物 质					钙	磷
		粗蛋白质	粗脂肪	粗纤维	无氮浸出物	粗灰分		
南瓜	90.70	12.90	6.45	11.83	62.37	6.45	0.32	0.11
南瓜藤	82.50	8.57	5.14	32.00	44.00	10.29	0.40	0.23
饲料南瓜	93.50	13.85	1.54	10.77	67.69	6.15		

玩赏鸟饲喂此类食物，要清洗干净，放水中约10min，取出晾干才能饲喂。饲料要鲜嫩与适口，不能持续喂同一种饲料，要逐渐更替。这样，一方面可增进玩赏鸟的食欲，另一方面还可预防因单一饲料引起的营养缺乏症。

此外，在猫粮中有几种原料不能使用，洋葱和葱不能添加，因为它们能溶解猫血液中红血球的组成成分，会造成猫的贫血而死亡；猫爱吃鱼，但若过量吃鱼后，会使猫患黄色脂肪症，肚子上长疙瘩。另外，猫粮中无须加绿叶蔬菜类，因为猫狗可以自身合成满足需要的维生素C。

第六节　食品添加剂

一、概述

（一）食品添加剂的定义、作用及分类

食品添加剂是指为了满足宠物的营养需要或其他特殊要求，向基础料中人工添加的少量或微量物质。一般来说，它主要用于促进宠物生长发育，完善日粮的全价性，提高食品的转化率，防治疾病，减少食品贮存期间营养物质损失和改进产品质量等。

宠物食品添加剂一般分为：①营养性添加剂，包括微量元素、维生素及氨基酸添加剂；②非营养性添加剂，包括生长促进剂、驱虫保健剂等。

（二）食品添加剂的基本条件

食品添加剂的使用不是随意的，必须经过毒性、药理、残留等严格试验评估，并得到有关机构的批准后方可使用。因此，对食品添加剂的一般要求是：

①必须具有确实可靠的经济效益和生产效果；

②不影响宠物的摄食、消化和吸收；

③长期使用对宠物不应产生急性、慢性和不良影响；

④不影响食品的适口性；

⑤杂质中的有害物质不得超过允许限度；

⑥应具有较好的热稳定性和化学稳定性；

⑦价格低廉，使用方便，易于贮运管理；

⑧不污染环境，用量少，效率高。

（三）使用食品添加剂的注意事项

（1）严格遵守国家的有关法律、法规和法令。

（2）选择合适的食品添加剂　使用前要充分了解食品添加剂的作用特点，再根据饲养目的、饲喂对象的不同进行有目的的选择和使用。

（3）切实掌握食品添加剂的使用量、中毒量以及致死量　注意使用期限，防止宠物产生生理障碍和不良后果。

（4）注意在配合食品中使用时一定要混合均匀。

（5）注意配伍禁忌　使用时应注意矿物质、维生素及其相互间的颉颃关系。

（6）注意食品添加剂的保存　应贮存于干燥、低温及避光处。

食品添加剂虽有很多优点，但并不是在任何情况下，对任何宠物、喂任何一种添加剂都可获得好的作用。添加剂的使用，应根据日粮的组成、环境和食品卫生、宠物的健康水平及生产需要，选择适当的添加剂种类和使用剂量。如食品矿物质和维生素不能满足宠物的需要时，应在宠物的日粮中补充适当的骨粉、贝壳粉、相应的维生素等。

使用添加剂必须要有明确的目的，应本着"缺什么补什么"的原则，选择相应的添加剂，同时要注意掌握剂量和使用时间，以保证使用效果，防止副作用。如长期使用一种抗生素添加剂时，一方面容易破坏宠物体内（特别是肠道内）正常菌群分布；另一方面容易

引起抗药菌的产生，从而影响抗生素的抗菌效果。除此之外，要注意添加剂的保存防止失效，同时要注意与食品的混合一定要均匀。

二、营养性添加剂

（一）氨基酸添加剂

天然食品中氨基酸的平衡性很差，故需要添加氨基酸来平衡或补充某种特定生产目的的需要。

1. 蛋氨酸添加剂

蛋氨酸添加剂有 DL - 蛋氨酸、羟基蛋氨酸和羟基蛋氨酸钙，后两者合称为蛋氨酸类似物。目前国内广泛使用的是粉状 DL - 蛋氨酸，有硫化物的特殊气味，味微甜。对热、空气稳定，可脱甲基。商品蛋氨酸含量一般为 99%。蛋氨酸类似物虽没有氨基，但含有转化为蛋氨酸所特有的碳架，所以，具有蛋氨酸的生物活性，其生物活性相当于蛋氨酸的88% 左右。蛋氨酸及其同类产品在宠物食品中的添加量，一般按配方计算后，补差定量供给。D 型与 L 型蛋氨酸的生物利用率相同。

2. 赖氨酸添加剂

常用的赖氨酸添加剂是 L - 赖氨酸盐酸盐，其生物活性只有 L - 赖氨酸的 78.8%。L - 赖氨酸盐酸盐为白色或浅褐色结晶性粉末，无味或稍有异味，由于具有游离氨基而容易发黄变质。该物质性质稳定，但在高湿度下易结块，并稍有着色。此外，还有一种赖氨酸添加剂为 DL - 赖氨酸盐酸盐，其中的 D 型赖氨酸是发酵或化学合成工艺中的半成品，没有经过或没有完全经过转化为 L 型的产品，所以，价格较便宜，使用时应引起注意，因为宠物体只能利用 L - 赖氨酸，而不能利用 D - 赖氨酸。

3. 色氨酸添加剂

色氨酸为无色、白色或淡黄色结晶粉末，无臭或略有异味，难溶于水。在宠物体内色氨酸能够转化为烟酸，所以其需要量与宠物食品中烟酸水平有关，色氨酸还具有抗应激作用。色氨酸添加剂有 L 型和 DL 型两种，L - 色氨酸有 100% 的生物活性，而 DL - 色氨酸的活性只有 L - 色氨酸的 60%～80%。

（二）矿物质添加剂

此类添加剂多为各种微量元素的无机盐类或氧化物。常用的微量元素添加剂有硫酸亚铁、硫酸锌、硫酸铜、硫酸锰、碘化钾、亚硒酸钠和氯化钴等。微量元素添加剂在成品粮中的用量虽少，却是必须添加的成分。在操作时，其他食品中含有的微量元素也应予以考虑。另外，还应注意微量元素的品质，如吸收率、结晶水数量、游离水含量及粒度等。微量元素添加剂的原料基本上采用食品级微量元素盐，一般不采用化工级或试剂级产品，因为化工级产品没有通过微量元素预处理工艺，产品中水分多，粒度大，杂质高；而试剂级产品价格昂贵，不经济。常用矿物质添加剂及活性成分见表 3 - 7。

表 3 - 7　矿物质添加剂的活性成分含量　　　　　　　　　　（%）

元素	化合物	化学式	微量元素含量
铁	七水硫酸亚铁	$FeSO_4 \cdot 7H_2O$	20.1
	一水硫酸亚铁	$FeSO_4 \cdot H_2O$	32.9

续表

元素	化合物	化学式	微量元素含量
	碳酸亚铁	$FeCO_3 \cdot H_2O$	41.7
铜	五水硫酸铜	$CuSO_4 \cdot 5H_2O$	25.5
	一水硫酸铜	$CuSO_4 \cdot H_2O$	35.8
	碳酸铜	$CuCO_3$	51.4
锰	五水硫酸锰	$MnSO_4 \cdot 5H_2O$	22.8
	一水硫酸锰	$MnSO_4 \cdot H_2O$	32.5
	氧化锰	MnO	77.4
	碳酸锰	$MnCO_3$	47.8
锌	七水硫酸锌	$ZnSO_4 \cdot 7H_2O$	22.75
	一水硫酸锌	$ZnSO_4 \cdot H_2O$	36.45
	氧化锌	ZnO	80.3
	碳酸锌	$ZnCO_3$	52.15
	氯化锌	$ZnCl_2$	48.0
硒	亚硒酸钠	$NaSeO_3$	45.6
	硒酸钠	$NaSeO_4$	41.77
碘	碘化钾	KI	76.45
	碘酸钙	$Ca(IO_3)_2$	65.1
钴	七水硫酸钴	$CoSO_4 \cdot 7H_2O$	21.0
	六水氯化钴	$CoCl_2 \cdot 6H_2O$	24.8

* 表中数字是化合物含量为100％时的理论值，这在自然界和商品中是没有的，使用商品微量元素添加剂时，要考虑其所含的杂质、水分等

（三）维生素添加剂

宠物食品工业上所用的维生素添加剂是用化学合成法或微生物发酵法生产的，它们的结构和性质与天然食品中维生素的结构相似，作用也相同。由于在生产过程中，其活性成分经过了物理或化学等方法的处理，其稳定性要比天然维生素好，保存期长，有利于食品的使用和保存。

三、非营养性添加剂

非营养性添加剂在宠物食品中主要起调节代谢、促进生长、驱虫、防病保健等作用。另有部分对食品中养分起保护作用。

（一）食品保存剂

1. 抗氧化剂

在食品加工与贮存过程中，为阻止或延迟食品氧化，提高食品稳定性和延长贮存期，必须在配合食品或某些原料食品中添加抗氧化剂。常用的抗氧化剂有乙氧基喹啉（山道喹）、二丁基羟基甲苯（BHT）、丁基羟基茴香醚等。在食品中添加量一般为0.01％～0.05％。

2. 防霉剂

食品一旦被霉菌污染，就要消耗食品中易被利用的营养物质，使食品的营养价值降低，而且霉菌毒素还会对宠物产生危害。因此，必须在配合食品中添加适量防霉剂。常用

的防霉剂成分为丙酸及其钠（钙）盐和苯甲酸钠等。

（二）生长促进剂

生长促进剂的主要功能是刺激宠物生长，提高食品利用率以及维持机体健康。

1. 抗生素

这类物质促生长的机理是抑制和杀灭宠物肠道中的病原微生物，促进有益微生物的生长，维持宠物消化道中微生物菌群的平衡，同时促进各种营养物质的吸收。用作添加剂的抗生素有泰乐菌素、土霉素钙盐、金霉素、杆菌肽锌、硫酸黏杆菌素、恩拉霉素和北里霉素等。

2. 激素

常用的激素类添加剂有生长激素、性激素（雌二醇、乙烯雌酚等）、甲状腺素等。目前在实践中激素类应用很少。

3. 人工合成的抑菌药物

主要是磺胺类、喹诺酮类、硝基呋喃类和砷制剂等。经常使用的有喹乙醇、呋喃唑酮、对氨基苯砷酸（阿散酸）、磺胺嘧啶（SD）、磺胺二甲氧嘧啶（SM）等，以上药物的作用类似于抗生素，并且同样存在药物残留和耐药性问题，尤其是砷制剂易导致环境污染。

（三）驱虫保健剂

驱虫保健剂的种类很多，一般毒性较大，应在发病时作为治疗药物短期使用，不宜长期在食品中添加。

1. 抗球虫剂

抗球虫剂的种类很多，但通常使用一段时间后效果下降，这是由于球虫能够产生耐药虫株，其耐药性可以遗传，因此，应实行穿梭或轮流用药，以改善药物使用效果。常用的制剂有氨丙啉、迪克珠利、马杜拉霉素等。

2. 抗蠕虫剂

我国批准使用的这类添加剂只有越霉素 A。

（四）着色剂

为了使宠物具有更为鲜艳美观的色泽，有些食品中常添加着色剂。另外，还可以通过着色剂改变食品的颜色，刺激宠物的食欲。通常用作宠物食品添加剂的着色剂有两种，一种是天然色素，主要是类胡萝卜素及叶黄素，另一种是人工合成的色素如胡萝卜素醇。天然色素有松针粉、苜蓿、辣椒、黄玉米、万寿菊、虾蟹壳粉、橘皮、紫菜等，后者有 β - 阿朴 - 8 - 胡萝卜素、柠檬黄、茜草色素等。

人工色素和胡萝卜混合饲喂，可使珍珠鸟的嘴、腿的红色加深，使十姐妹、金丝雀及其他毛色鲜艳的鸟的羽毛更为鲜艳。

（五）调味剂

为了增进宠物的食欲或掩盖某些组分的不良气味，可在食品中加入各种香料或调味剂。常用的调味剂的成分有乳酸乙酯、乳酸丁酯、茴香油等。

调味剂在一定程度上可以改善宠物食品的气味和适口性。宠物食品的适口性毕竟仍是宠物主人对食品好坏判断的一个重要标准。在实际应用中，不同调味剂常以水解液和合成调味剂形式添加。目前，主要采用液体喷雾形式和干粉遍撒的形式将调味剂在宠物食品中添加。将调味剂直接加于配料中通过调制器或挤压膨化的方法已基本淘汰。这些水解液主要是以脂肪蛋白质为基质的酶合成。脂肪和蛋白质的来源主要为鱼类、未炼油的禽类、人类不食用的哺乳动物组织等，酶主要为通过发酵得来的糖酶、脂酶、蛋白酶等。糖酶和蛋白酶主要产生于枯草芽孢杆菌和米曲霉，黑曲霉主要产生脂酶。水解液如果不经脱水，则常与磷酸、抑真菌剂、抗氧化剂一起以液体形式贮存，在食品挤压膨化后以喷雾形式添加。另外一些合成的和自然的调味剂也应用于宠物饲料食品中，这包括氨基酸，特别尤其是赖氨酸，美国 Texas 大学还就赖氨酸作为宠物调味剂申请了专利。

一些特殊的脂肪和不同来源的自然调味剂如姜、蒜及其油以及它们的衍生物也开始有效利用了。但自然调味剂的质量控制比较困难，过量即会引起宠物拒食，还可能由于代谢这些产物而产生不良气味。

（六）抗结块剂与黏结剂

抗结块剂是提高食品质量、产量和耐存性的辅助剂，使食品或添加剂保持流散性而不结块，以利于食品加工过程中物料的均匀混合及输送操作。食盐和尿素最易吸湿结块。一些抗结块剂也具有黏结作用。常用的抗结块剂有硬脂酸钠及其钾、钙盐，硅藻土，滑石，脱水硅酸和硅酸钙等。黏结剂是在食品中起黏合作用的物质。常用的黏结剂有木质素磺酸盐、陶土及藻酸钠等。某些天然的食品原料也具有黏结性，如玉米面、鱼浆、糖蜜等。

第七节　营养保健品

随着宠物饲养者生活水平的提高，人们越来越重视宠物的生活质量。大多数宠物饲养者给宠物喂食犬粮、猫粮，然而，如果经常喂饲，会使宠物的免疫力下降，容易患上癌症、心血管等疾病，而一般的宠物食品只能保证宠物正常必须的营养要素，并不能帮助宠物抵抗各种疾病。因此，越来越多的宠物饲养者开始重视宠物的健康问题，宠物保健品也自然而然进入了宠物家庭。

一、宠物食品的安全性

宠物食品来源广泛，它包括了肉类、禽类、禽类副食品、植物蛋白、谷类、蔬菜类、鱼类及脂肪。考虑到宠物食品中的原料来源及加工贮存的过程，来自动物生产和植物栽培的农业和工业污染物有可能污染宠物食品。因此宠物食品的安全性逐渐引起生产者、管理部门和宠物主人的重视。建立宠物食品的质量保证系统是很有必要的，可借鉴在人类食品上广泛应用的 HACCP（危害关键点控制）系统来保证宠物食品的安全性。随着营养科学和加工技术的进步及食品质量保证体系的完善，不断地研发生产出更能满足人们需要的高品质的宠物食品和保健品，提高宠物的健康水平。

1. 延缓衰老和提高生活质量是营养研究的目的

所有宠物包括犬和猫都被视为家庭的成员，我们饲养的目标是尽可能地确保宠物长寿和获得良好地生活质量。但宠物衰老是不可避免的，营养缺乏和不平衡以及老年疾病困扰着宠物的健康，甚至造成宠物的死亡。不管怎样，我们必须接受宠物年龄增长这个事实，但我们希望通过研究来延缓由于宠物年龄增长而带来的生理变化，从细节去探讨什么食品和营养素能增加生命的周期，提高身体素质及精神状态。

均衡的营养和合理的食物配比可增强宠物机体的抗氧化状态，增强机体的抵抗力和健康水平，其他的因素如遗传、环境和生活方式也起着非常重要的作用。

日粮配方设计中应采取的营养学观点是：使宠物达到最佳的生理和身体状况，尽可能降低疾病的发生，使宠物长期健康有活力。

2. 不同的生长阶段具有不同的营养需求

各个生命阶段的营养需要被认为是截然不同的，特定的生命阶段有特定的营养需要。例如，未满一岁的小犬对钙有特殊的需要。添加过多或不足时，会影响到以后的健康。

幼龄和老龄宠物之间的最大区别在于新陈代谢和生理方面对生命的影响。例如，老龄宠物偏向于沉积脂肪和提高免疫状态。然而，现在相当多的研究表明，如果在早期给予充足的营养能帮助宠物在老龄时具有正常的生理功能。此外，生长后期给予适当日粮能帮助延缓宠物的生理学衰老过程，在宠物食品设计中要充分考虑宠物的整体发展过程，要具有取得最佳健康的营养学理念。随着人类对维生素营养的重视，在宠物营养中维生素的营养也越来越引起人们的关注。

营养素的适宜营养是非常重要的，饲喂全价营养日粮来维持犬猫的健康已成为宠物主人们履行对宠物的喂养义务的一个重要部分，并且全价的日粮能更科学地满足不同阶段的特殊营养需求，保证宠物的健康。

二、保健食品

食疗在人类疾病的治疗中早就应用，但在宠物上的应用，还是近几十年的事。1943年，美国兽医师 Mark Morris 博士为了治疗一只患肾衰竭的导盲犬，研究了一种特殊的食品，最后解决了这只导盲犬的治疗问题。从这以后提出了以控制营养的方式来调整疾病的理论，发展到现在，已形成了对各种疾病进行辅助治疗的系统的保健食品。

保健食品是在充分研究了某些疾病病理的基础上，通过在食物中增加或减少某些成分，改变宠物体内的代谢过程，从而达到防止疾病的发生或促进疾病的康复的作用。例如对已发生过尿石症的宠物，为防止其复发，可以给它饲喂防止尿石症的保健食品，这些食品可以降低镁、磷的摄取量，减少矿物质在尿中的浓度；减少蛋白质并提高盐分的摄取量，从而增加尿量而促进磷酸盐的溶解；改变尿液的 pH 值，形成酸性尿，促进磷酸盐的溶解。因此，使用该食品能很好地预防尿石症的发生，对已发生了的，也可以用该食品进行治疗。

保健食品是宠物食品的一个种类，具有一般宠物食品的共性，能调节宠物体的机能，适用于特定宠物食用，但不以治疗疾病为目的的一类食品。

保健食品都有出自保健目的，不能速效的，但长时间服用可使宠物受益的特征。

保健食品与一般食品、药品的不同之处在于：保健食品含有一定量的功效成分，能调节宠物体的机能，具有特定的功效，适用于特定宠物群体。一般食品不具备特定功能，无特定的宠物群体食用范围。保健食品不能直接用于治疗疾病，它是宠物体机理调节剂、营养补充剂。而药品是直接用于治疗疾病。保健食品的开发生产和服用与药品不同，尤其是以中草药为原料的保健食品。保健食品不可能具有像药品一样的治病的速效性，但要求它必须无毒。

复习思考题

1. 谷类原料有何营养特点？在应用时要注意哪些问题？
2. 豆类原料有何营养特点？在应用时要注意哪些问题？
3. 鱼类原料有何营养特点？在应用时要注意哪些问题？
4. 肉类原料有何营养特点？在应用时要注意哪些问题？
5. 蔬菜、瓜果原料有何营养特点？
6. 什么是饲料添加剂？如何理解添加剂对宠物饲养的意义？

（黑龙江生物科技职业学院　邵洪侠）

第四章 宠物食品的原料配制

宠物的科学喂养是建立在合理利用各类食粮以符合营养需要基础之上的，既要发挥营养物质的作用与生产潜力，又要符合经济原则。按营养需要进行宠物食品的原料配制则是科学喂养宠物的重要内容。

在自然界中无论何种食粮，所含的各种营养物质均不能单独满足宠物全部的营养需要。尤其是在人工饲养条件下，宠物所采食的食物往往与人的食物一样，或者是由主人的喜好来决定宠物的食品种类，这样极易造成宠物的挑食及厌食的不良习惯，长期如此极易造成营养缺乏，甚至导致宠物机体抗病力下降，容易生病等健康问题，造成主人精神及金钱的负担。因此要合理地利用食粮发挥其营养作用，则应按照宠物生理生长营养需要给其配制一种全价日粮。这种日粮要能充分满足各种宠物的营养需要，使宠物的健康及生长性能等都得到发挥，可以使食物中的营养物质得到充分利用，从而提高宠物对食品的利用效率，以达到降低养殖成本、科学合理利用食物资源及保证宠物健康和舒适、使宠物拥有长期幸福生活的目的。

第一节 配合饲料的概念及特点

一、概念

配合饲料是指两种以上的饲料原料，根据不同宠物的营养需要及消化生理特点，按照一定的饲料配方，经过工业生产的营养平衡、成分齐全、混合均匀的商品性饲料。饲料配方是指生产加工某一饲料产品时，选用的原料种类及其相互间搭配的比例。配合饲料因营养全面、消化利用率高、促长防病、可扩大宠物的饲料来源、适应家庭饲养等方式的特点，得以广泛的推广应用。配合饲料不是简单地将多种饲料原料进行混合，而是以宠物的营养研究、饲料分析与评价为基础，结合不同的饲养方式、不同的环境条件及目的和饲养管理中积累的经验等，用科学合理的配方计算方法设计各种原料间的比例，然后以科学的生产工艺流程配制加工而成的一种工业化的商品饲料，是随着宠物食品业的发展而不断变革完善的。

配合饲料的生产已有几十年的历史。早在 20 世纪 20 年代，国外就开始配合饲料的研究和生产。最初主要用于饲养家禽，以后发展到饲养家畜，20 世纪 90 年代才开始应用于饲养宠物。近年来，宠物用的配合饲料发展较快，它在欧美等国家已成为一种成熟的行业，如英国、德国、法国等基本上都开始应用配合日料饲喂宠物。就宠物干食品的市场销售量而言，1999 年，英国的犬全价干日粮市场销售额达 2.68 亿英镑，2002 年将增至 3.69 亿英镑，而且还在增长，而意大利和西班牙的宠物干食品的销售额年均增长幅度为 11%～12%。美国对宠物（犬、猫）饲料的开发已经发展成为一个相当庞大的工业体系，拥有 3 000 多家大大小小的生产商，每年生产的宠物食品大约 15 000 多种。这囊括了宠物不同生长阶段、不同生理状况和不同气候条件下的各种饲料和不同目的的添加剂。加拿大也是全球宠物配方饲粮市场份额最高的几个国家之一，主要开发的宠物食品包括宠物各生长阶段（幼犬、成年犬和高龄犬）、各种价位（优质、中等价位和经济型）和口味（每天都可根据需要而更换）的产品。如今加拿大宠物食品的种类逐渐向更优质和配料更先进的方向发展。我国在这方面的研究起步较晚，但发展迅速，主要利用开发人类食品的技术和借鉴外国开发宠物饲料的成功经验并与之合作，开发出适合我国国情的新型宠物饲料。

二、特点

宠物配合饲料产生以后，迅速被推广到世界各地，并吸引众多研究人员对其进行更深入的研究，宠物配合饲料之所以引起人们的重视，是因为其具有如下特点。

1. 配合饲料营养全面、平衡，能保证宠物在最佳的营养条件下生长

配合饲料是以宠物的营养和生理特征为基础，根据其在不同情况下的营养需要、饲料法规和饲料管理条例，有目的地选取不同的饲料原料进行配合，经科学方法加工而成的，饲料中的营养成分可以充分发挥互补作用，以达到营养组成更全面、更加符合饲养宠物的生理需求，从而有利于保证宠物的健康生长和舒适，有利于宠物主人享受到长时间的幸福生活。

2. 扩大了饲料来源，减少浪费

在传统的宠物饲养上，大多数宠物爱好者不太重视日粮配制，用作宠物的食粮主要是剩余的饭菜、农作物的籽实及一些副产品，有许多农副产品，如玉米、白菜、马铃薯等，因其适口性差而不能被宠物直接摄食，这样饲喂的宠物多营养不足，易患病。但是，若将这些物质进行加工处理，与其他饲料一起加工成配合饲料，则能够很好地被宠物所摄食、消化和吸收，为其提供多种营养素，从而扩大了饲料来源。

3. 饲喂方便，省时省力

配合饲料可直接饲喂或经简单处理后饲喂，方便宠物主人使用，方便运输和保存，对宠物主人而言省时省力。

4. 减少疾病

使用配合饲料可以减少宠物的发病率，这是因为：配合饲料营养全面，可以提高宠物的抗病力；配合饲料在加工过程中，可以掺入药物；在设计和加工时注意了原料的选择及质量的控制。

5. 提高饲料的利用率

宠物对配合饲料的利用率高，这是因为：配合饲料在生产加工过程中，通过高温、研磨、挤压等工艺处理，从而提高了饲料营养物质如蛋白质、淀粉等的消化率；根据宠物的

品种、摄食方式及口味生产出不同类型的配合饲料。

6. 促使宠物摄食

在配合饲料中可以加入一定量的风味剂来改善宠物饲料的气味和适口性，提高宠物的摄食量。

7. 利于饲料的贮存和运输

节约劳力，提高劳动生产率，降低劳动强度，有利于对宠物的饲养和管理。

第二节　配合饲料的种类

在实际生产中使用的配合饲料种类很多，有按营养价值分类的，也有按饲喂对象分类的，还有按饲料形态分类的等等。每一种饲料都有自己特殊的要求和用途。在做配合饲料的配方设计中，首先就要对所配饲料的要求和用途有所了解，然后才能着手进行配合设计的计算。

一、按营养价值划分的种类

（一）添加剂预混合饲料

添加剂预混合饲料简称预混料，是一种或多种微量的添加剂原料与载体及稀释剂一起拌和均匀的混合物。

1. 载体

是一种能够接受和承载微量活性成分的物体，同时是一种非活性的、近乎中性的物料，它具有良好的化学稳定性和良好的吸附能力，如麸皮、玉米芯粉、豆粕粉等。

2. 稀释剂

它本身不吸附活性成分，与微量活性成分之间的关系是一种简单的机械结合，将活性成分均匀地分散开，扩大活性成分所占的体积，因此它的粒度与相对密度应尽可能与微量组分接近，如石粉、沸石粉等。

微量成分经预混合后，有利于在大量饲料中均匀分布。添加剂预混料是配合饲料的半成品，可供配合饲料厂生产全价配合饲料或蛋白质补充料，也可单独在市场出售，但不能直接饲喂宠物。添加剂预混料生产工艺一般比配合饲料生产要求更加精细和严格，产品的配比更准确，混合更均匀，多由专门工厂生产，通过与其他饲料原料配合，来发挥作用。

（二）浓缩饲料

浓缩饲料或叫平衡混合料，它是由蛋白质饲料、矿物质饲料、添加剂预混料，按一定比例混合而成的。它与添加剂预混料一样不能直接饲喂宠物，必须与一定比例的能量饲料相混合，才可制成全价饲料。

（三）全价配合饲料

全价配合饲料是能满足宠物所需的全部营养成分的配合饲料。这类饲料是由能量饲料、蛋白质饲料、矿物质饲料、维生素、氨基酸及微量元素添加剂等，按规定的宠物饲养标准配合而成的。如宠物的主饲料具有营养全面、丰富、适口性好、容易消化利用、易保存、易携带的特性，是一种质量好、营养全面平衡的饲料。这类饲料可直接用来饲喂宠物。

二、按含水量划分的种类

（一）干型饲粮

干型饲粮含水量一般在10%～12%，有颗粒状、饼状、粗粉状或膨化类，其消化率大约为65%～75%。干型饲粮可能是全价日粮，或者是日粮中的一部分。

混合干型饲粮一般以谷物为主。混合干型饲粮与适量的烘烤或罐头肉食一起饲喂时，为提供全价均衡的日粮应补充矿物质和维生素，并不需要补充更多种的营养物质。质量好的混合干型饲料都应补充额外的钙、磷、微量元素和维生素以均衡其能量水平。当与高质量的罐装食品混合后可以提供数量充足的所有营养物质。

干型饲粮中细菌和真菌没有生长所需的充足的水分，因此它的保存期长，在干燥、凉爽的条件下可以保存数月而不变质。全能干型饲粮主要由谷物和谷物副产品、精制的动物或植物蛋白质（肉、骨粉、鱼粉和大豆粉等）、脂肪以及一定数量的维生素和矿物质等均匀混合、膨化干燥而成，这种食品一般所含营养素比较平衡，属于完全食品，包装精巧，使用方便，贮存技术简单，但不适合动物随意采食。

（二）湿型饲粮

最熟悉的湿型饲粮是可以保存多年的罐装宠物食品，包括：各种肉食为主的以及以鱼为主的产品，或者是肉类、鱼类和谷物类制品。如今，此类的塑料盒或铝盒装食品开始受欢迎。它们的特点是将肉及谷物按照一定比例经烧煮加工而成，通常含有75%的水分，营养成分齐全，达到宠物所需的营养标准，可以随意采食，该类食物如果不及时吃完，产品的稳定性和品质以及适口性都有所下降。因此，此类食品需要进行严格的灭菌和密封包装，宠物主人使用该类产品时应密切关注保质期限，同时该类产品在使用前要检查食物是否出现变味、霉变以及色泽不正常等现象，有则应立即停止食用。

（三）半湿型饲粮

半湿型饲粮是含水量在25%～30%的柔软饲粮，一般做成饼状、颗粒状、条状、馒头状等，加入防霉剂、抑菌剂等密封口袋包装，不必冷藏，其消化率为80%～85%，是饲喂犬猫的佳品。这种饲粮属于完全平衡的饲粮，并且具有良好的组织结构和适口性，而且在普通条件下具有自身的稳定性，利于食用和保存。

三、按物理状态划分的种类

（一）粉状饲料

粉状饲料是配合饲料的基础型。把能量饲料、蛋白质饲料、矿物质饲料以及各种添加剂等，经过粉碎加工，按配方比例充分混合均匀而成。适于多种宠物摄食。如家庭饲养的笼鸟，多为杂食性和植食性的鸟类。其主饲料多为植物性食物。鸟的消化速度快，对饥饿很敏感，但每餐的食量较少，其饲料多做成粉料。

（二）颗粒饲料

颗粒饲料是将配合好的粉状饲料在颗粒机中加蒸汽，高压压制而成的直径大小不同的颗粒状饲料。其优点是：避免宠物择食，保证采食的全价性；在制粒过程中的蒸汽压力有一定的灭菌作用；在贮存和运输过程中能保证均匀而不会自动分级；颗粒形式能增加通透性，所以，霉变损失少。这是一种理想的配合饲料。猫粮、观赏鱼宠物饲料等多饲喂颗粒饲料。

（三）膨化饲料

膨化饲料就是众多的人工合成饲料中的一种，也是当前普及最广的一种。它是将饲料原料通过湿润、预煮、膨化和干燥，产生低密度饲料颗粒。膨化比制粒需要更高的湿度、温度与压力。给粉碎的很细的原料混合物以蒸汽或水，也可在进入膨化剂前预先蒸煮，这些含水量在 25% 的粉料在高压下，积压并加热到 $120 \sim 170℃$。当饲料在膨化筒体末端，穿过模孔被积压出的时候，过热饲料团中的部分水分立刻蒸发并引起膨胀。这些低密度膨化颗粒比单纯颗粒饲料含水更多，因而需要更好的干燥。犬用饲粮多是膨化饲粮，瞬间的高温高压处理既可杀菌又可使淀粉变得更易消化。同时，瞬间喷放后，将有害、异味气体迅速扩散、排放，使产品口味清香，增加宠物食欲。

（四）块状饲料

块状饲料也是当前饲喂宠物常用的一种饲料，如猫的干粮多加工成面包状和饼干状等的块状饲料；刚断奶幼犬的日粮则可将半湿型的饲粮做成糕点、馅饼等形状的块状饲料；宠物鸟的日粮则可加工成易碎成小块的粗压型日粮，与丸状日粮相比具有更好的适口性。

四、按饲喂对象划分的种类

主要是根据宠物消化系统特点不同分类，可分为若干个饲料种类。如猫狗配合饲料、笼鸟宠物配合饲料、观赏鱼宠物配合饲料及新宠的小猪、兔子等其他宠物配合饲料等。

但每种宠物根据年龄、生长阶段、不同生理时期等，具体分为阶段配合饲料。如狗配合饲料按不同的生理时期又可分为：怀孕犬料（以怀孕后期为主）、哺乳犬料（哺乳期及停止哺乳后一个月内）、种公犬料（配种期、非配种期）、仔犬料（人工乳、早期断乳料、哺乳期补料）、育成犬料（幼犬及未年犬用）、成年犬料等。

第三节　日粮的配制原则

宠物的营养状况关系着宠物的健康及寿命，也关系着主人在照顾宠物时所花费的精力及财力。因此，在饲养宠物时应给予优质的配合日粮来改善宠物的营养，提高宠物的健康水平与生产性能。宠物日粮应根据科学原则、经济原则和卫生原则进行配制。

一、科学原则

饲料配方设计是一个综合性很强的复杂过程，要体现它的科学性必须解决好以下几个问题。

（一）配合日粮必须注意其营养性

配合饲料不是各种原料的简单组合，而是一种有比例的复杂的营养配合，这种营养配合愈接近饲养对象的营养需要，愈能发挥它的综合效益。为此，设计配方时不仅要考虑各营养物质（如能量、蛋白质、维生素、矿物质等）的含量，还需考虑各营养素的全价性与综合平衡性。营养物质的含量应符合饲养标准。营养素的全价性即各营养物质要齐全，不能有短缺现象；营养素的平衡性，不仅是各营养物质之间，如能量与蛋白质、氨基酸与维生素、氨基酸与矿物质等的平衡，各营养素内部，如氨基酸与氨基酸、维生素与维生素等也应平衡，若多个营养物质达不到平衡，就会影响饲料产品质量。如饲料中能量水平偏低，猫或狗就会将部分蛋白质降解为能量使用，这样会造成不必要的营养浪费等。

1. 原料的营养成分与含量要确实

饲料的营养成分与含量是我们设计配方进行营养计算与配合的依据。因此，在设计配方前必须要搞清楚各原料的营养成分及其含量，理想的办法是将各种原料按规定进行抽样分析测定，取得准确的数据。但实际生产中多数是参照常用饲料营养成分与营养价值表，结合产地取其具有代表性的平均数值。对于个别原料摸不清的，一定要送有关单位进行分析测定。

2. 饲料的组成

实践表明，多种饲料配合可以发挥各种饲料原料之间的营养互补作用。因此，目前提倡多种饲料配合使用，以保证营养物质的完善，从而提高饲料的利用率。为了使配方营养素达到全价和平衡，还应当根据需要采用各类添加物加以补充添加矿物质、微量元素、维生素等。

（二）根据饲养标准进行配制

宠物的饲养标准规定了不同宠物品种、遗传特性、生理条件，对各种营养物质的需要量。只有摄取均衡的营养，才能促进宠物个体正常发育、增强免疫力和抵抗外界恶劣环境（如气温等因素）的能力，因此，设计配方应考虑宠物的营养需求。宠物的饲养标准是配制宠物配合饲料的重要依据。但目前国家对有关宠物的饲养标准还很不完善，有些宠物的饲养标准目前尚未制定出来，因此，在选用国外饲养标准或有关资料的基础上，可根据饲养实践中宠物的健康、生长或生产性能等情况加以修正与灵活应用。一般按宠物的膘情或季节等条件的变化，对饲养标准可作10%左右的调整。

（三）配合日粮必须适合于宠物的生理特性

不同品种的宠物其生理营养特性不同，因此在设计宠物配合日料时应根据宠物的不同生理营养特性来选择饲料原料配制配合日粮。如幼龄犬对粗纤维的消化能力很弱，日粮中不宜采用含粗纤维较高的食物，另外，粗纤维具有降低日粮能量浓度的作用，实践中应予以重视，对成年犬可适当提高日粮粗纤维含量。因此，在配制犬的日粮时应根据犬的不同年龄阶段的生理特性来设计产品，但也有部分犬粮是根据犬的不同体型来设计产品的。

（四）配合日粮必须注意其适口性

各种宠物均有不同的嗜好，因此必须重视日粮的适口性。虽然日粮中含有极丰富的各种营养物质，如果适口性很差，宠物也不愿摄食，仍然不能获得营养。必须指出对于恶臭或霉腐的饲料必须绝对禁止饲用，否则不但适口性不好，而且严重损害宠物的健康。

所谓适口性，是指日粮的色、香和味对宠物各类感觉器官的刺激所引起的一种反应。如果此种反应属于兴奋性的则日粮的适口性好，如果属于抑制性的则日粮的适口性差。因此，适口性的好坏表示宠物对某种食物或日粮喜好程度，只有适口性好的食物，才能达到营养需要的采食量。设计日粮配方时应选择适口性好、无异味的食物，有些食物营养价值虽高，但适口性差，则应限制其用量。特别是在为幼龄宠物和妊娠宠物设计日粮配方时更应注意。对这些食物，可采取与其他食物适当搭配或添加风味剂以提高其适口性，促使宠物增加采食量。除此之外，食物要多样化，避免长期饲喂一种营养配方日粮，否则会引起宠物厌食，要在一段时间后，重新配制营养完全、适口性强的日粮，不断调剂饲喂，增加其采食量。

（五）配合日粮必须注意其可食性

配合日粮的可食性在于能保证饲养对象既吃得下，又吃得饱，还能满足营养需要。由于不同种类宠物的消化器官结构差异很大，日粮类型必须要适合饲喂对象消化器官的特点。如狗是杂食性动物，消化道短，但消化腺发达，易消化蛋白质，不易消化粗纤维。因此，配制狗粮时，配方中纤维素的比例不能过高，饲料原料应选用精制面粉。另根据"猫酸狗甜"原则，在配方中加入适量的白砂糖，并加入少量食盐以突出风味。

为了确保宠物能够吃进每天所需要的营养物质，我们必须考虑宠物的采食量与日粮中干物质含量之间的关系。配制出的日粮必须具有一定的体积。若宠物日粮体积过大，能量浓度低，既造成消化道负担过重而影响宠物对食物的消化，又不能满足宠物的营养需要。反之，食物的体积过小，即使能满足营养的需要，但宠物常达不到饱感而处于不安状态，影响其生长发育及生产性能。

（六）配合日粮必须注意其易消化性

饲料易消化，才有利于各种营养物质的吸收与利用。然而，吃进体内的食物并不能全部被消化吸收与利用，如干型饲粮消化率大约为65%～75%，其中有25%～35%是不能利用的。因此设计配方时应当注意各种宠物对各种原料中养分的消化率，如能应用饲料中可消化养分的数据，就更具科学性。一般在配制宠物配合日粮时，日粮中的各种营养物质含量应高于宠物的营养需要。

（七）配合日粮必须注意其抗逆性

饲料的抗逆作用表现在三方面：一是能增强饲养对象的抗病力，二是能保持各营养素的稳定性，三是能防止自身的霉变。实践证明，在宠物食粮中添加适当的处方宠物食品，可增强宠物的抗病力，同时也有辅助治疗疾病作用的疗效。通过配方中添加保湿剂、防腐剂等可保证湿型、半湿型饲粮自身的稳定性，并防止其霉变。

（八）配合日粮必须注意其热量配比

饲料中如果热量过高，会导致宠物发胖，体形不匀，食欲不振或偏食。应注意的是，人有人的营养需要，宠物有宠物的营养标准。给宠物喂残羹剩饭或与人类需要相同的食物，都不能给宠物提供它所要求的营养成分。如果经济条件允许的话，最好购买市场上出售的宠物犬不同生长阶段、营养全价、安全卫生的犬食，并按说明书进行饲喂。

二、经济原则

饲料配方的设计应同时兼顾饲料的饲养效果和饲养成本，在确保宠物健康生长的前提下，提高饲料配方的经济性。应尽量使用本地资源充足、价格低廉而营养丰富的原料，就地取材，尽量减少粮食的比重，增加农副产品以及优质青、粗饲料的比重，如用动物内脏或屠宰场、罐头厂的下脚料（肺、脾、碎肉、肠等）、加工副产品（血粉、羽毛粉、肉骨粉、贝壳粉）以及厨房餐厅的残羹剩饭以及畜牧饲养场的各种淘汰的动物等来替代价格昂贵的肉类；应用宠物营养学原理，采用现代新技术，优化饲料配方，降低饲养成本。

三、卫生原则

目前，在各个花鸟宠物市场，基本上都存在卖散装犬粮的现象。由于犬粮一般蛋白质和脂肪的含量都比较高，而且蛋白和脂肪中尤以动物性蛋白和动物油脂用量居多，所以散装犬粮如果保存条件不当，极其容易引起变质；家庭宠物自配的日粮除部分干型日粮可在适宜温度下保存 1～3d 外，其他配制的日粮应现喂现配制，保证饲料原料新鲜、清洁，易于消化，不发霉变质。因此，在设计配方时，不仅考虑饲料的卫生和新鲜要求，在考虑营养指标时还必须注意饲料的质量，严重发霉变质的饲料不宜做配合饲料的原料。

第四节　日粮的配制方法

配合饲料配方的设计方法大致分为传统手工计算法和电子计算机法两类。前者满足的指标较少，计算量大，但在一般的生产单位常用，该法有试差法、四边形法、联立方程式法等。后者是利用现代的计算工具——计算机计算的，能够满足多项指标，并且计算量也少，是配方设计发展的趋势。下面重点介绍以下几种设计方法。

一、试差法

这是目前最常用的一种饲料配方设计方法。其特点是，首先根据经验拟出各种饲料原料的大致比例，然后用各自的比例去乘该种原料所含的各种营养成分的百分比，再将各种原料的同种营养成分之积相加，即得该配方的每种营养成分的总量。将所得结果与饲养标准比较，如有任一营养成分不足或超过，可通过增减相应的原料进行调整和重新计算，直到相当接近饲料标准为止。此法简单易学，不需要特殊的计算工具，用笔、计算器都可进行，因而适用较为广泛。缺点是计算量大，盲目性大，不能筛选出最佳的配方，成本可能较高。

用试差法制定饲料配方的步骤如下。

（1）确定饲养标准　根据养殖对象和其营养标准，确定所配制的饲料应该给予的能量和各种营养物质的数量；

（2）选定所用饲料原料　查出各种原料的营养成分；

（3）按能量和粗蛋白水平初拟配方　确定各类饲料原料的配比；

（4）计算初拟配方的能量和粗蛋白水平　并作配比调整；

（5）计算并调整日粮中钙、磷、赖氨酸和蛋氨酸＋胱氨酸的含量；

（6）进行综合调整。

举例说明如下。

例1：用玉米、碎米、麸皮、鱼粉、肉骨粉、豆粕、预混料等原料，用试差法为成年犬最低维持需要设计配合饲粮。

第一步，选择饲养标准（AAFCO，1995），确定成年犬最低维持需要的营养需要量如表4-1所示。

表4-1　成年犬最低维持营养需要　　　　　　　　　　　　　（%）

粗蛋白	粗脂肪	钙	磷	蛋氨酸+胱氨酸	赖氨酸
18	5.0	0.6	0.5	0.43	0.63

第二步，查饲料营养成分表，列出所用各种原料的营养成分含量。

从《中国饲料成分及营养价值表》（2004年第15版）中，查出所选原料的营养成分后列表，如表4-2所示。

表4-2　初选原料的营养成分　　　　　　　　　　　　　　　（%）

原料	粗蛋白	粗脂肪	钙	磷	蛋氨酸+胱氨酸	赖氨酸
玉米	8.7	3.6	0.02	0.27	0.38	0.24
碎米	10.4	2.2	0.06	0.35	0.39	0.42
麸皮	14.3	4.0	0.10	0.93	0.36	0.53
鱼粉	60.2	4.9	4.04	2.90	2.16	4.72
豆粕	44.2	1.9	0.33	0.62	1.24	2.68
肉骨粉	50.0	8.5	9.20	4.70	1.00	2.60

第三步，按照能量和粗蛋白的需要量初拟配方。

根据实践经验，初步拟定日粮中各种原料的比例，成年犬饲料中能量饲料一般占55%～70%，蛋白质饲料20%～40%，矿物质、氨基酸、添加剂预混料等1%～5%（本例按3%）。

第四步，计算初拟配方中能量和粗蛋白水平，并作配比调整，如表4-3所示。

表4-3　能量和粗蛋白计算表　　　　　　　　　　　　　　　（%）

原料	配比	粗脂肪	粗蛋白
玉米	38.5	3.6×38.5%=1.39	8.7×38.5%=3.35
碎米	22	2.2×22%=0.48	10.4×22%=2.29
麸皮	15	4.0×15%=0.6	14.3×15%=2.15
鱼粉	7	4.9×7%=0.34	60.2×7%=4.21
豆粕	6	1.9×6%=0.11	44.2×6%=2.65
肉骨粉	7	8.5×7%=0.6	50.0×7%=3.5
大豆油	1	98×1%=0.98	
合计	96.5	4.5	18.15
标准		5.0	18
与标准比较		-0.5	+0.15

从表4-3情况来看，能量偏低，蛋白质水平基本满足需要。故只需再添加大豆油，添加0.5%后经计算日粮粗脂肪为4.99%，一般认为偏差值在需要量的0.5%以内可不再作调整。本例中蛋白质水平暂不作调整，读者可尝试做进一步调整。

第五步，计算并调整日粮中钙、磷、赖氨酸、蛋氨酸+胱氨酸的含量，结果如表4-4

所示。

表4-4 钙、磷、赖氨酸、蛋氨酸+胱氨酸的计算结果 （%）

原料	配比	钙	磷	赖氨酸	蛋氨酸+胱氨酸
玉米	38.5	0.02×38.5%=0.01	0.01	0.09	0.15
碎米	22	0.06×22%=0.01	0.08	0.09	0.09
麸皮	15	0.1×15%=0.02	0.14	0.08	0.05
鱼粉	7	4.04×7%=0.28	0.2	0.33	0.15
豆粕	6	0.33×6%=0.02	0.04	0.16	0.07
肉骨粉	7	9.20×5%=0.46	0.33	0.18	0.07
大豆油	1.5				
合计	97	0.8	0.75	0.93	0.58
标准		0.6	0.8	0.43	0.63
与标准比较		+0.2	+0.05	+0.5	-0.05

根据现配方中所列出的各种指标含量与标准的差异应作适当的调整，本例基本满足成年犬的营养需求。

第六步，进行综合调整。经计算日粮中添加预混料3%，合计100%。

第七步，列出最终日粮配方和养分含量，如表4-5所示。

表4-5 日粮配方的组成和养分含量 （%）

原料种类	比例	营养成分	含量
玉米	38.5	粗蛋白	18.15
碎米	22	粗脂肪	4.99
麸皮	15	钙	0.8
鱼粉	7	磷	0.75
豆粕	6	蛋氨酸+胱氨酸	0.58
肉骨粉	7	赖氨酸	0.93
大豆油	1.5		
预混料	3		
合计	100		

由表中数值可以看出，营养成分含量均可满足成年犬的最低维持需要。

二、四边形法

四边形法也称四角法、对角线法、方块法或图解法。这个方法是美国一位营养专家提出的，他把化学分析中溶液稀释的原理应用于各种动物的饲料配方设计中。此法简单易学，一般在饲料种类不多及考虑的营养指标又少的情况下采用。

在采用多种类原料及复合营养指标的情况下，亦可采用本法。但缺点是计算要反复进行两两组合，比较麻烦且不能使配合日粮同时满足多项营养指标。

应用此法的特点是：所需配制的营养指标必须处在所提供的最低营养含量的原料与最高营养含量的原料之间。

1. 两种食品原料的配合

例2：用玉米胚芽饼和玉米蛋白粉为成年犬最低生长需要设计配合饲粮。其配方设计的步骤为：

第一步，查犬的饲养标准（AAFCO，1995）得知要求配合饲粮的粗脂肪为8%，粗蛋白质22%。

第二步，经分析或查饲料营养成分表（《中国饲料成分及营养价值表》2004年第15版）得知，玉米胚芽饼含粗蛋白质为16.7%，粗脂肪9.6%；玉米蛋白粉含粗蛋白质为51.3%，粗脂肪7.8%；从能量值看都可满足犬的生长需要，这样只需根据蛋白质的需要量来确定玉米胚芽饼和玉米蛋白粉的用量。

第三步，作十字交叉图，把混合料需要达到的粗蛋白质含量22%放在交叉处，玉米胚芽饼和玉米蛋白粉的粗蛋白质含量分别放在左上角和左下角；然后以左方上、下角为出发点，各向对角通过中心作交叉，大数减小数，所得的数分别记在右上角和右下角。

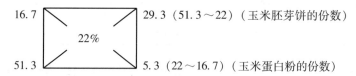

第四步，换算成百分含量，将上面所计算的各差数，分别除以两差数的和，就得两种饲料混合的百分比。

玉米胚芽饼 = 29.3 ÷ （29.3 + 5.3）

玉米蛋白粉 = 5.3 ÷ （29.3 + 5.3）

由此，成年犬的混合料由84.68%的玉米胚芽饼和15.32%的玉米蛋白粉所组成。

注意：应用此法时，两种饲料养分含量必须分别高于和低于所求的数值。

2. 两种以上饲料分组的配合

当饲料资源较丰富时，为了利用饲料中养分互补的作用，常常利用两种以上的饲料。有些宠物生长性能相同，对能量的要求一致，但在不同阶段或不同的生长发育条件下仅对蛋白质的要求有差异，这样我们就可以生产两种能值以及其他养分相同，而蛋白质差异较大的饲料，用时根据蛋白质的需要进行混合。

例3：用玉米、碎米、麸皮、鱼粉、肉骨粉、豆粕、预混料等，为满足10～20周龄猫的营养需要设计配合饲粮。

我们可以用甲料、乙料法配制。甲料称为能量混合料，主要由谷实或糠麸类饲料组成；乙料称为蛋白质补充料，主要由饼粕、动物性蛋白质饲料以及谷类或糠麸类所组成。具体配制方法如下。

第一步，选择饲养标准（NRC，1986），确定10～20周龄猫的营养需要量，见表4-6。

表4-6　10～20周龄猫的营养需要量　　　　　　　　　　（%）

粗蛋白	钙	磷	蛋氨酸+胱氨酸	赖氨酸
24	0.8	0.6	0.75	0.8

第二步，查饲料营养成分表，列出所用各种原料的营养成分含量，见表4-7。

表4-7　原料营养成分表　　　　　　　　　　（%）

原料	粗蛋白	钙	磷	蛋氨酸+胱氨酸	赖氨酸
玉米	8.7	0.02	0.27	0.38	0.24
碎米	10.4	0.06	0.35	0.39	0.42

续表

原料	粗蛋白	钙	磷	蛋氨酸＋胱氨酸	赖氨酸
麸皮	14.3	0.10	0.93	0.36	0.53
鱼粉	60.2	4.04	2.90	2.16	4.72
豆粕	44.2	0.33	0.62	1.24	2.68
肉骨粉	50.0	9.20	4.70	1.00	2.60

第三步，根据经验初步拟定配方。猫日粮中各种原料的比例与犬相似。根据所选定的原料品种及饲养标准，能量原料55%～70%，蛋白质原料20%～40%左右，矿物质、氨基酸等添加剂预混料等1%～5%。能量原料中玉米占能量原料的50%、碎米占30%、麸皮占20%。蛋白饲料中鱼粉占15%、肉骨粉占20%、豆粕占65%。因而能量原料中粗蛋白含量为10.33%（0.5×8.7＋0.3×10.4＋0.2×14.3），蛋白原料中粗蛋白含量为47.76%（0.15×60.2＋0.2×50.0＋0.65×44.2）。

第四步，用四边形法计算能量和蛋白饲料的添加量。

将标准需要的蛋白质含量放在四边形的中间，将能量原料和蛋白原料的蛋白质含量放在四边形的左上角和左下角，右侧分别为左侧与中间值的差。

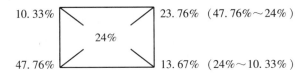

由此可知，能量原料占配合料的63.48% ｛（23.76/23.76＋13.67）｝，蛋白原料占配合料的36.52% ｛13.67/（23.76＋13.67）｝。各组分比例为：

玉米＝63.48%×50%＝31.74%；碎米＝63.48%×30%＝19.04%；

麸皮＝63.48%×20%＝12.70%；鱼粉＝36.52%×15%＝5.48%；

肉骨粉＝36.52%×20%＝7.30%；豆粕＝36.52%×65%＝23.74%。

计算配方中主要营养成分含量见表4－8。

表4－8　初步拟定配方及营养成分含量　　　　　　　　　　　　（%）

原料种类	比例	粗蛋白	钙	总磷	蛋氨酸＋胱氨酸	赖氨酸
玉米	31.74	8.7×31.74%＝2.76	0.006	0.086	0.120	0.076
碎米	19.04	10.4×19.04%＝1.98	0.011	0.067	0.074	0.080
麸皮	12.70	14.3×12.70%＝1.82	0.013	0.118	0.046	0.067
鱼粉	5.48	60.2×5.48%＝3.3	0.221	0.16	0.118	0.260
豆粕	23.74	44.2×23.74%＝10.49	0.078	0.147	0.294	0.636
肉骨粉	7.30	50.0×7.30%＝3.65	0.672	0.343	0.073	0.190
合计	100	24.00	1.061	0.92	0.73	1.31

由上可知各种营养均可满足标准需要量，若添加3%预混料，则需调整玉米和豆粕含量，上例中玉米可减少3.74%，豆粕则需增加0.74%，因而最终可调整为表4－9。

表 4 - 9　调整后的配方及营养成分含量　　　　　　　　（%）

原料种类	比例	粗蛋白	钙	总磷	蛋氨酸 + 胱氨酸	赖氨酸
玉米	28.0	8.7 × 28.0% = 2.43	0.006	0.076	0.101	0.067
碎米	19.04	10.4 × 19.04% = 1.98	0.011	0.067	0.074	0.080
麸皮	12.70	14.3 × 12.70% = 1.82	0.013	0.118	0.046	0.067
鱼粉	5.48	60.2 × 5.48% = 3.30	0.222	0.16	0.118	0.260
豆粕	24.48	44.2 × 24.48% = 10.82	0.081	0.152	0.304	0.656
肉骨粉	7.30	50.0 × 7.30% = 3.65	0.672	0.343	0.730	0.190
合计	100	24.00	1.01	0.92	1.37	1.32

在用四边形法配合饲粮时，上述例子仅是采用蛋白质水平运算的，尽管能满足蛋白质指标的要求，但按此法所配合的结果中能量往往与标准需要相差较大。为了同时满足能量和粗蛋白质两项指标，应采用特定的指标，即蛋白/能量。虽然此种方法可同时满足蛋白质和能量指标需要，但有时会出现组分的重量百分比不是 100%，因而应综合运用饲粮的配制方法。

三、联立方程法

联立方程法又称公式法、代数法，原则上与四边形法相同，此法是利用数学上联立方程求解法来计算饲料配方。它可以用两种饲料（单一的或混合的）达到两个指标。如在给定部分原料后，将所差指标作为目标函数，根据两种性质相异（如高能量和高蛋白）的单一原料或混合原料的能量或蛋白质含量分别建立方程式构成联立方程组，然后解出满足欠缺指标量应给予的各种原料数量。此法优点是条理清晰，方法简单。缺点是饲料种类多时，需按经验先组合成两种料，计算比较复杂。

如上例用玉米、碎米、麸皮、鱼粉、肉骨粉、豆粕、预混料等，为满足 10～20 周龄猫的营养需要设计配合饲粮中，能量原料中粗蛋白含量为 10.33%（0.5 × 8.7 + 0.3 × 10.4 + 0.2 × 14.3），蛋白原料中粗蛋白含量为 47.76%（0.15 × 60.2 + 0.2 × 50.0 + 0.65 × 44.2），配制粗蛋白质 24% 的配合日粮。

假设能量原料为 $X\%$，蛋白原料 $Y\%$，预混料 3%，则：

$$\begin{cases} X + Y = 97 \\ 0.103\,3X + 0.477\,6Y = 24 \end{cases}$$

解得，$X = 59.65$，$Y = 37.35$

因而，配制含粗蛋白质 24% 的日粮配方为：

玉米：59.65% × 50% = 29.83%　　　　碎米：59.65% × 30% = 17.90%

麸皮：59.65% × 20% = 11.93%　　　　鱼粉：37.35% × 15% = 5.60%

肉骨粉：37.35% × 20% = 7.47%　　　　豆粕：37.35% × 65% = 24.28%

其营养指标为：粗蛋白质 24%、钙 1.02%、磷 0.92%、蛋氨酸 + 胱氨酸 0.73%、赖氨酸 1.32%。

四、线性规划及电子计算机设计法

为了设计出营养成分合理、价格低廉的配合饲料，最好采用线性规划法，用电子计算机设计配方。其原理是将饲养的对象对营养物质的最适需要量和饲料原料的营养成分及价格作为已知条件，把满足饲养对象营养需要量作为约束条件，再把饲料成本最低作为设计配方的目标，使用计算机进行运算。饲养对象的营养标准、饲料原料的各种营养成分，以及有关饲养对象的一般饲料配方都贮存于电脑软件中。目前此类软件已上市，使用软件设计配方更为简便，易学易懂。使用计算机按线性规划法设计饲料配方，应把饲料的基础知识和实践经验结合起来，这是因为所显示的配方可满足对饲料最低成本的要求，但设计出来的配方并不一定是最优配方。是否最优，还要根据饲养实践来进行判断，并根据判断进行调整和计算，直至满意为止。现将线性规划法在饲料配方中的应用简述如下。

线性规划（linear programing，LP）是根据饲料原料的特点、价格、所含营养成分及饲喂对象对各种营养物质的需要量，用计算机算出配方中各种原料的用量。此法是最简单、应用最广泛的一种数学规划方法。它是运筹学的一个重要分支，也是最早使用的一种最优化方法。随着计算机应用的普及，其应用范围也迅速扩大，目前，配合饲料的优化设计也采用了线性规划法。

配合饲料是由数种饲料原料按不同比例配合而成。配合饲料中营养物质的种类、数量及其比例应能满足养殖对象的营养需要。一个好的配合饲料配方设计，既要能够合理利用各种饲料原料，又要符合饲养对象的营养需要；既要能够充分发挥配方中营养物质的功用，又要使配方符合经济原则，成本（价格）最低。这样设计的饲料配方便是优化配方。然而，各种饲料原料中营养成分的种类、数量和品质各不相同，且价格各异，而各种原料的价格又并非由它们所含营养素的多少和品质所决定。因此，要使配合饲料的成本（价格）最低而成为优化配方，实质上就是要解决一个最优化的问题，这便可以利用线性规划法来求得答案。用线性规划法可以计算 10 种以上的饲料，几十个营养需要指标及影响生产成本因素的最低成本饲料配方。因此，要设定多达几十个可变因素和限制因素，计算工作量很大，必须借助于电子计算机才能迅速准确地完成。

1. 用线性规划法设计优化饲料配方必须具备的条件

（1）掌握饲养对象的营养标准或饲料标准。

（2）掌握各种饲料原料的营养成分含量和价格。

（3）来自一种饲料原料的营养素的量与该原料的使用量成正比（原料使用量加倍，营养素的量也加倍）。

（4）两种或两种以上的饲料原料配合时，营养素的含量是各种饲料原料中的营养素的含量之和，既假设没有配合上的损失，也没有交叉作用的效果。

2. 用线性规划法设计优化饲料配方的步骤

（1）建立数学模型　建立数学模型就是把要解决的问题用语言来描述，写出数学表达式。在建立数学模式时，必须考虑如下基本因素和参数。

①掌握饲养对象的营养标准或饲养标准：或根据经验而推知的饲养对象的营养需要量。一般把对能量、粗蛋白、粗脂肪等，甚至维生素、氨基酸等营养素的要求量作为饲料配方中的含量（或含量范围）的约束条件（营养约束）。

②掌握所需饲料原料的品质、价格和营养成分：通过查表（有条件时实测）获得各原料的营养成分含量。有选择地对一些原料用量加以限制，如原料资源紧张的、加工工艺难度大的、价格昂贵的、含有毒素的等饲料原料，均应限量使用。将这些限量使用的原料用

量（或用量范围）作为约束条件（重量约束）。

③确定目标函数：在满足饲养对象的营养需要的前提下，达到饲料成本（价格）最低的目标。

将以上考虑的因素、参数用数学语言来描述，即为：

假设：X_1，X_2，$\cdots$，X_n 为各种饲料原料（添加剂也可视为一种饲料原料）在配合饲料中的含量，其中 n 为饲料的个数。

a_{ij}（$i = 1$，2，$\cdots$，m　$j = 1$，2，$\cdots$，n）为各种饲料原料相应的营养成分及其含量或对某种饲料含量范围的限制系数，其中 m 为约束方程的个数。

b_1，b_2，$\cdots$，b_m：为配合饲料应满足的各项营养指标（或重量指标）的常数项值。

c_1，c_2，$\cdots$，c_m：为每种饲料的价格系数，则，LP 数学模型的一般形式是求一组解 X_1，X_2，$\cdots$，X_n，使它满足约束条件：

$$a_{11}x_1 + a_{12}x_2 + \cdots + a_{1n}x_n \geq b_1 \text{（或} \leq b_1）$$
$$a_{21}x_1 + a_{22}x_2 + \cdots + a_{2n}x_n \geq b_2 \text{（或} \leq b_2）$$
$$\cdots$$
$$a_{m1}x_1 + a_{m2}x_2 + \cdots + a_{mn}x_m \geq b_m \text{（或} \leq b_m）$$

$X_j \geq 0$ $\qquad\qquad$ （$j = 1$，2，$\cdots$，n）

并使目标函数 S（饲料成本）$= C_1X_1 + C_2X_2 + \cdots + C_nX_n = \min$（最小）

（2）输入电子计算机进行计算　求出未知数。

（3）研究求得的解，设计出具体的饲料配方。

用线性规划法计算出的日粮配方，既能满足营养需要量的要求，又能使成本达到最低。但有时计算机给出的结果是无解的。这往往也是 LP 数学模型中存在的问题，如选用的饲料所含养分之和不能满足营养需要量的要求时，则该问题无解。这时应考虑饲料中缺少某种营养成分，增加富含这种养分的饲料，就可以得出所需要的解来。此外，当约束条件相互矛盾而不能同时得到满足时，线性规划问题也会无解。这时，应根据宠物的营养需要量，调整参加配方的饲料种类，或适当放宽约束条件，重新求解，这里不再举例说明。

五、计算机软件设计法

手工设计配方考虑的因素较少，因子关系简单，计算较容易，但设计的配方粗糙，线性规划虽然涉及较多的营养因素，但可处理较多的因子关系，设计的配方也科学合理。可是，涉及一个全价的饲料配方的计算量非常大，手工计算难以快速完成。

计算机软件的应用，解决了手工配方设计和线性规划设计的缺点。计算机软件设计法是：输入所要设计配方的营养、价格、原料要求等限制条件，利用计算机软件的饲料配方设计程序和饲料原料营养素数据库的数据，计算和设计出符合要求的饲料配方。计算机软件还能通过人工智能来优化配方。

计算机软件配方设计，可采用多种软件程序进行配方设计，如线性规划法、概率法等设计程序。软件内存有较大的原料数据和丰富的营养标准数据信息资源，可以快速计算出因原料营养变化而引起饲料配比改变的变化，根据营养指标的动态选择，同时产生多种配方产品。还可对饲料原料进行评价，并对饲料价格进行快速分析，避免了配方产品实施过程中的原料浪费，提高了饲料配方设计的速度、饲料研究水平和企业的经济效益，具有广阔的开发和应用前途。目前，开发应用的有"资源配方师 Refs 2.0"等软件。

第五节　宠物常用食品配方

一、犬的饲料配方

（一）狗的典型饲料配方

配方 1：玉米 36%、豆粕 12%、鱼粉 10%、酵母 5%、磷酸钙 1%、肉粉 20%、脱脂奶粉 10%、牛油 5%、盐 1%。

（二）幼犬的日粮配方（断奶至 6 月龄之间的犬）

配方 2：玉米 40%、高粱 10%、麸皮 10%、米糠 10%、豆饼 10%、肉类（或动物内脏）7%、鱼粉 10%、骨粉 2%、食盐 1%。

配方 3：玉米 36%、豆粕 12%、肉类（或动物内脏）20%、鱼粉 10%、磷酸氢钙 1%、酵母 5%、脱脂奶粉 10%、牛油 5%、维生素预混料 1%。

配方 4：玉米 50%、面粉 5%、麸皮 15%、豆饼 15%、棉籽饼 5%、鱼粉 6%、骨粉 3%、食盐 0.5%、维生素预混料 0.5%。

配方 5：玉米 44%、碎大米 30%、豆饼 10%、肉类（或动物内脏）5%、鱼粉 10%、食盐 1%。

配方 6：玉米 40%、碎大米 30%、麸皮 17%、肉类（或动物内脏）10%、骨粉 2%、食盐 1%。

配方 7：玉米 25%、碎大米 15%、麸皮 20%、米糠 20%、豆饼 10%、鱼粉 9%、骨粉 1%。

配方 8：玉米 40%、碎大米 10%、高粱 10%、麸皮 10%、豆饼 10%、肉类（或动物内脏）10%、鱼粉 6%、骨粉 2%、食盐 1%、维生素预混料 1%。

配方 9：碎大米 41%、米糠 6%、木薯粉 25%、花生饼 15%、鱼粉 10%、骨粉 1%、食盐 1%、维生素预混料 1%。

配方 10：玉米 36%、麸皮 15%、米糠 10%、棉籽饼 20%、鱼粉 15%、骨粉 2%、食盐 1%、赖氨酸 0.6%、蛋氨酸 0.4%。

配方 11：玉米 30%、碎大米 30%、面粉 5%、麸皮 14%、米糠 9%、豆饼 8%、骨粉 3%、食盐 1%。

（三）青年犬配方（4～6 月龄）

配方 12：玉米 40%、高粱 10%、豆饼 10%、麸皮 10%、米糠 10%、鱼粉 10%、碎肉类 7%、骨粉 2.5%、食盐 0.5%。

配方 13：玉米 26%、大米 35%、高粱 10%、豆饼 10%、米糠 10%、鱼粉 6%、骨粉 2%、食盐 1%。

配方 14：玉米 35%、大米 30%、豆饼 11%、麸皮 15%、鱼粉 6%、骨粉 2%、食盐 1%。

（四）育肥犬的配方

配方15：玉米60%、豆饼10%、花生饼9%、米糠10%、鱼粉9%、骨粉1%、食盐0.5%、生长素0.5%。

配方16：玉米50%、麸皮20%、豆饼15%、米糠10%、鱼粉2%、骨粉2%、食盐0.5%、生长素0.5%。

（五）干型饲料的配方

配方17：肉骨粉12%、鱼粉5%、大豆粕12%、小麦胚芽8%、小麦51.23%、脱脂乳粉4%、植/动物油2%、酵母2%、骨粉2%、肝粉（DS）1%、食盐0.5%、维生素矿物质0.27%。

配方18：玉米26.7%、肉骨粉15%、鱼粉3%、大豆粕19%、小麦胚芽5%、小麦27.92%、脱脂乳粉2.5%、酵母0.5%、食盐0.25%、维生素矿物质0.13%。

配方19：玉米40.3%、肉骨粉18%、鱼粉1.5%、大豆粕8.5%、小麦胚芽8.5%、小麦5%、脱脂乳粉4%、动/植物油4%、酵母2%、苜蓿1.5%、番茄皮3%、肝粉（DS）1%、乳酪1.5%、维生素矿物质1.2%。

配方20：玉米26.7%、肉骨粉15%、鱼粉3%、大豆粕19%、小麦胚芽5%、小麦26.7%、脱脂乳粉2.5%、酵母0.5%、食盐0.3%、维生素矿物质1.3%。

配方21：玉米58%、酪蛋白9%、脱脂奶粉5%、鱼粉（血粉）13.5%、植物油3.5%、葡萄糖5%、维生素矿物质6%。

配方22：玉米10%、小麦（粉）13%、燕麦14%、小麦麸10%、肉骨粉14%、脱脂奶粉2%、大豆粕16%、鱼粉（血粉）2%、小麦胚芽3%、酵母2%、肝粉4%、植物油3%、维生素矿物质7%。

配方23：玉米26%、小麦（粉）25%、肉骨粉13%、大豆粕15%、鱼粉（血粉）5%、小麦胚芽3%、酵母3%、植物油4%、维生素矿物质6%。

配方24：玉米8.0%、小麦13.0%、燕麦14.0%、肉骨粉14.0%、脱脂奶粉2.0%、大豆粕16.0%、鱼粉或血粉2.0%、小麦麸10.0%、酵母2.0%、肝粉4.0%、植物油5.0%、维生素和矿物质7.0%、小麦胚芽3.0%。

配方25：玉米26.0%、小麦25.0%、肉骨粉17.0%、大豆粕15.0%、鱼粉或血粉5.0%、酵母3.0%、维生素和矿物质6.0%、小麦胚芽3.0%。

（六）半湿型饲料配方

配方26：淀粉15.0%、奶粉4.0%、糖稀4.0%、乳酪20.0%、大豆蛋白10.0%、鸡油15.0%、乌胶1.5%、柠檬酸1.0%、食盐1.0%、其他0.20%、水28.3%。

（七）国外不同年龄犬日粮配方

配方27：哺乳期（g）：肉50、米饭50、面食70、蔬菜50、牛奶150、奶渣20、动物性脂肪3、鸡蛋半个、鱼肝油0.5、酵母1、胡萝卜5、绿色植物10、盐0.5、骨粉4.3。

配方28：1～3月龄（g）：肉150、米饭100、面食450、蔬菜150、牛奶400、动物性脂肪4、鸡蛋半个、鱼肝油3.0、酵母2、胡萝卜20、绿色植物40、盐5、骨粉11。

配方29：4～6月龄（g）：肉250、米饭150、面食150、蔬菜200、牛奶300、动物性脂肪6。

配方30：成年（g）：肉350、米饭250、面食300、蔬菜400、奶渣100、动物性脂肪10。

配方31：幼犬人工乳配方：鸡蛋1个、浓缩骨肉汤300g、婴儿糕粉50g、鲜牛奶200ml、混合后煮熟、待凉后加赖氨酸1g、蛋氨酸0.6g、食盐适量。

二、猫的饲料配方

（一）国内外配方

1. 国内猫饲料配方

配方1：大米30%、玉米面30%、肉类39%、鱼类0%、食盐1%。

配方2：大米39%、玉米面40%、肉类0%、鱼类20%、食盐1%。

配方3：大米30%，玉米粉29.3%，肉类35%，鱼粉4%，食盐0.5%，矿物质1.0%，多种维生素0.2%。

配方4：大米39%、玉米粉39.3%、鱼粉20%、食盐0.5%，矿物质1.0%，多种维生素0.2%。

配方5：大米29%，玉米面40%，鲜鱼30%，食盐1%。

2. 国外猫饲料配方

配方6：酪蛋白10%、奶粉20%、牛肝35%、燕麦30%、食用油5%。

配方7：酪蛋白10%、牛肉20%、沙丁鱼20%、燕麦20%、马铃薯15%、食用油10%、鱼肝油3%、骨粉2%。

（二）常用配方

配方8：玉米26%、小麦粉21.4%、燕麦1%、啤酒酵母1%、麦芽2%、豆粕16%、玉米蛋白粉6%、鱼粉2%、鸡下水18%、乳粉0.6%、鱼浸膏3%、多维和矿物质3%。

配方9：玉米26%、小麦粉25%、啤酒酵母3%、麦芽3%、豆粕23.5%、鱼粉0.5%、肉粉17%、多维矿物质2%。

（三）不同发育阶段日粮

配方10（哺乳期）：瘦肉10g、米饭/馒头40g、牛奶50g、动物脂肪1g、青菜0g、鱼肝油0.5g、酵母0.3g、食盐0.3g、骨粉2g。

配方11（断奶期）：瘦肉60g、米饭/馒头90g、牛奶100g、动物脂肪2g、青菜70g、鱼肝油2g、酵母0.5g、食盐1.5g、骨粉5g。

配方12（育成期）：瘦肉80g、米饭/馒头110g、牛奶130g、动物脂肪3g、青菜80g、鱼肝油3g、酵母1g、食盐3g、骨粉7g。

（四）饼干型饲料配方

配方13：小麦40%、鱼粉10%、肉骨粉8%、酵母4%、豆饼8%、鸡蛋3%、牛肉8%、鲜鱼9%、奶粉3%、松针粉2%、矿物质添加剂1%、动物脂肪4%。

三、观赏鱼的饲料配方

（一）观赏鱼饲料配方

配方1：蚕蛹粉18%、大豆粉18%、蛋黄粉20%、牛肝或猪肝粉18%、荷叶粉10%、小麦粉 10%、骨粉 2%、添加剂 4%、抗生素适量。

配方 2：猪肝 23%、鱼粉 20%、菠菜 10%、酵母 1%、小麦粉 35%、矿物质 2%、含天然色素料 2%、骨胶 7%。

配方 3：鱼粉 30%、鲜蛋（去壳）20%、草粉 20%、食盐 1%、酵母片 0.5%、虾粉 28%、维生素混合剂 0.5%。

配方 4：蚕蛹粉 31.8%、牛干或猪肝 6.4%、鱼虾 4.2%、酵母粉 4.2%、麸皮 10.6%、面粉 42%、维生素混合剂 0.8%。

养殖场用（金鱼饲料）：白鱼粉 14%、红鱼粉 10%、大豆粉 18%、麸皮 18%、面粉 20%、玉米 15%、磷酸氢钙 1%、钙粉 1.4%、维生素预混剂 0.5%、食盐 1%、其他 1.1%。

家庭用（金鱼饲料）：白鱼粉 23.6%、大豆粉 18%、麸皮 14%、面粉 24%、玉米 17%、磷酸氢钙 1%、维生素预混剂 0.4%、食盐 1%、其他 1%。

养殖场用（锦鲤饲料）：白鱼粉 16%、红鱼粉 9%、酵母 2%、大豆粉 18%、麸皮 16%、面粉 26%、玉米 10%、磷酸氢钙 1%、维生素预混剂 0.5%、食盐 1%、其他 0.5%。

家庭用（锦鲤饲料）：白鱼粉 16.6%、红鱼粉 15%、大豆粉 18%、麸皮 12%、面粉 20%、玉米 15%、磷酸氢钙 1%、维生素预混剂 0.4%、食盐 1%、其他 1%。

金鱼饵料配方：红鱼粉 24%、白鱼粉 16%、豆粉 18%、玉米 12%、小麦 10%、α－淀粉 10%、虾仁 8%、诱食剂 0.5%、矿物质预混剂 1%、维生素预混剂 0.5%。

锦鲤饵料配方：红鱼粉 25%、白鱼粉 12%、豆粉 17%、玉米 16%、α－淀粉 14%、虾仁 10%、蟹壳粉 2%、藻粉 2%、矿物质预混剂 1.1%、维生素 预混剂 0.6%、诱食剂 0.3%。

小型杂食性淡水热带鱼饵料配方：红鱼粉 17%、白鱼粉 18%、豆粉 20%、玉米 10%、α－淀粉 15%、虾仁 13%、藻粉 3%、矿物质预混剂 1.2%、维 生素预混剂 0.8%、诱食剂 2%。

中、小型肉食性淡水热带鱼饵料配方：红鱼粉 18%、白鱼粉 20%、豆粉 10%、α－淀粉 15%、虾仁 15%、玉米 8%、肉骨粉 4.5%、藻粉 2%、蛋黄粉 3%、蟹壳粉 1%、矿物质预混剂 1%、维生素预混剂 0.5%、诱食剂 2%。

七彩神仙鱼专用薄片饵料配方：红鱼粉 20%、白鱼粉 12%、丰年虫卵粉 15%、玉米 7%、α－淀粉 16%、肝粉 11%、虾片粉 14%、蟹壳粉 2%、矿物质预混剂 1%、维生素预混剂 0.5%、乌贼鱼油 1.5%。

大型肉食性淡水热带鱼饵料配方：红鱼粉 18%、白鱼粉 24%、肉骨粉 8%、玉米 5%、α－淀粉 17%、蟹粉 1%、豆粕 10%、虾片粉 12%、酵母 2%、矿物质预混剂 1%、维生素预混剂 0.5%、诱食剂 1.5%。

海水热带鱼饵料配方：红鱼粉 17%、白鱼粉 16%、肉骨粉 6%、玉米 5%、α－淀粉 18%、藻粉 2%、豆粕 8%、全虾片 10%、丰年虫卵粉 12%、酵母 3%、维生素预混剂 1%、乌贼鱼油 2%。

（二）观赏鱼饵料黄粉虫的饲料配方

幼虫：麦麸 70%、玉米粉 24%、食盐 0.5%、复合维生素 0.5%、大豆粉 5%。

成虫：麦麸 45%、玉米粉 35%、豆饼 18%、食盐 1.5%、复合维生素 0.5%。

产卵或成虫：麦麸 75%、玉米粉 15%、食盐 1.2%、复合维生素 0.5%、鱼粉 5.3%、食糖 3%。

繁殖育种成虫：食盐 2.4%、复合维生素 0.4%、食糖 2%、纯麦粉 95%、蜂王浆 0.2%。

四、观赏鸟的日常饲料配方

配方 1：黄玉米 29%、小麦 19%、各种豌豆（黄、绿、白）30%、野豌豆 3%、花豌豆 2%、红高粱 9%、白高粱 4%、红花籽 4%。

配方 2：黄玉米 27%、小麦 19%、各种豌豆（黄、绿、白）17%、野豌豆 7%、花豌豆 5%、红高粱 9%、白高粱 8%、红花籽 3%、谷子 3%、小葵花籽（带壳）2%。

复习思考题

1. 如何理解日粮、饲粮、饲料、食品在宠物饲养中的概念？
2. 如何理解设计宠物饲粮配方应遵循的原则？
3. 什么是配合饲料？说明配合饲料的种类及有何优点。
4. 试差法配合宠物饲粮的方法步骤有哪些？

（信阳农业高等专科学校　王俊峰；山东畜牧兽医职业学院　刘希凤）

第五章　宠物食品加工与质量管理

第一节　概述

宠物中的犬和猫都属于以食肉为主的杂食性动物，其新陈代谢旺盛，需要充足的营养才能满足生长需要。所需营养主要来自所食肉类及谷物。随着人类对宠物的驯化和豢养，宠物的食品结构越来越丰富。

宠物采食不仅仅是获取食物中的营养，而且要保证所获养分的数量及比例符合机体健康成长的需要。在选择宠物食品时不仅要考虑食品中所含营养物质的总量，还要考虑宠物对营养物质的消化利用率。例如，就蛋白质含量来说，羽毛粉、鱼粉和豆粕，其蛋白质含量依次降低，但是就宠物对其消化利用来说，羽毛粉最差，这主要是因为其氨基酸组成比例不平衡所致。另外，尽管犬不能消化吸收粗纤维，对高纤维食品的消化率很低，但通过适当的加工，可提高犬对其的消化率，同时在食品中应适当选择添加一定水平的粗纤维食物，可防止或治疗腹泻、便秘。

宠物食品还要考虑适口性。例如，犬喜食含脂肪较多的食品，喜好含硫化合物和发酵的味道，喜欢高质量的饲粮。劣质食品会影响犬的采食，大多数犬喜欢经常变换食物并从中得到多种营养，但不能突然变换；猫则拒食苦味，喜酸味、甜味的食品。因此，在宠物的食品加工过程中，仅仅考虑食品的营养水平是不够的，食品还必须为宠物所喜爱，否则会影响宠物与主人的感情。宠物喜食性、食物气味、外观等因素对于宠物食品是非常重要的。

安全性是食品质量的一项关键指标。食品不能含有有毒成分或被污染。食品的加工和烹饪可提高食品的外观、口味、质地和消化率，更主要的目的是保证食品安全。通过加热可杀死多种细菌（如大肠杆菌、沙门氏菌、肉毒梭菌等）、霉菌、寄生虫；加热可破坏一些植物中对机体有害的物质，如大豆中的胰蛋白酶抑制物、木薯中的氰糖甙；加热可使淀粉糊化，提高宠物对淀粉的消化率。烹饪可使肉类嫩化，破坏蛋白质结构，使肉类肽链断裂，一定程度上可提高消化率，但过度烹饪是有害的，可造成维生素和矿物质的损失。

因此，在对宠物食品加工的过程中要全面考虑其安全性、适口性、宠物喜食性、可接受性、外观、购买方便、存放等因素。

第二节 宠物食品加工

宠物食品加工是指采用各种必要的方法使成型后的宠物食品在喜欢性、适口性和消化性方面得到更大的改善，以发挥食品最大的潜在营养价值的过程。实际上就是指以某些方式改变原料的组分、形态、适口性，使宠物最大限度地利用其营养价值。

宠物食品范围很广，既包括人类食品，又包括动物的饲料。为了保证宠物对食品营养充分、安全地利用，必须对所用原料进行不同程度的加工。

食品加工方法可以分为物理方法、化学方法、生物方法。物理方法包括改变食品的水分、加热、加压、黏结和粉碎等；化学方法包括淀粉的结构变化、蛋白质的降解、某种物质分解以及新物质产生等；微生物方法包括发酵等。

食品加工影响食品的营养价值，某些养分有所提高，而另一些却有所下降。例如，有些加工方法使饲料中部分维生素分解，有的却能使部分维生素的稳定性增强，提高某些维生素的利用率。

食品加工的目的：

①改变适口性。

②提高养分的利用率。

③改变粒度。食品的粒度减小有助于咀嚼与吞咽。在某些情况下，可通过制粒或压块来增大其粒度。

④改变水分含量。调节原料的水分含量，有利于贮存、增强适口性、消化或为其他加工做准备。

⑤改变密度。食品单位体积的重量（容重）会影响总采食量。例如，制粒或压块可增加食品能量密度和食品摄入量，减少运输费用和贮存空间。

⑥减少霉菌、沙门氏菌等有害物质的含量。

⑦脱毒或除去不必要的成分。某些原料中可能含有有毒物质，过量摄入会导致生长不良，甚至引起死亡，可以通过食品加工除去。

一、宠物食品质量标准

目前，我国还没有颁布有关宠物食品的质量标准，仍需参考有关饲料的质量标准。但对家畜饲料加工业先后颁布了一系列国家强制执行标准（如饲料标签标准 GB10648、饲料卫生标准 GB13078、饲料检验化验标准等）和推荐执行标准（如饲料工业通用术语 GB/T10647、饲料采样方法 GB/T14699、配合饲料企业卫生规范 GB/T16764、饲料产品标准、饲料原料标准、饲料和饲料添加剂管理条例、允许使用的饲料添加剂品种目录 NY5042－2001 等）。

宠物全价饲粮的质量标准，主要包括感官指标、水分指标、加工质量指标、营养指标和卫生指标。

①感官指标：主要指色泽、气味、口感和手感等，这些指标可对原料及成品进行初步鉴定。

②水分指标：含水量一般要求北方不超过 14%，南方不超过 12%。

③加工质量指标：检测项目包括产品的混合均匀度、粉碎粒度、杂质含量、颗粒的硬度、粉化度及糊化度等。

④营养指标：主要包括能量、粗蛋白质、粗纤维、钙、磷、盐、必需氨基酸、维生素及矿物质元素等。

⑤卫生质量指标：主要检测有毒有害物质及微生物等，如重金属砷、铅、汞等，农药残留，黄曲霉素等。

依据饲粮质量标准，可使其生产、加工、销售、运输、贮存和使用都在监督之下，禁止使用不安全的原料，确保宠物健康。

二、宠物食品的预处理

（一）原料的处理

肉类是宠物食品主要的原料之一。包括动物肌肉组织和与之相连的腱鞘、腱的相关组织和血管，也包括位于肌肉上的皮下脂肪、肌肉内部含有的脂肪。无论是猪、牛、羊、兔等家畜肉，还是鸡、鸭等禽肉，宠物对其利用没有明显差别。尽管宠物可以采食生肉，但为了保证食品卫生和安全，最好进行适当的加工处理，尤其是血液、骨骼、肝脏、肾脏、胃等。对于宠物猫来说，可适当喂一些经过检疫的无病生肉，以满足猫对某些维生素的需要。例如，在猫的发育阶段、妊娠期和哺乳期，需要大量的烟酸，烟酸对于维持皮肤和消化器官正常功能有重要作用，猫本身不能合成烟酸，只能从肉类中获得，而烟酸遇热会很快分解，因此，要补充烟酸需要喂生肉。

如果使用冻结肉，则应采用正确的解冻方法，不论是空气解冻，还是水解冻，应尽量避免微生物大量繁殖。按照国家和地区的分割标准对肉进行分割，应当割掉碎骨、软骨、淋巴结、脓包等。

水产原料的预处理是水产食品加工的主要工序，因原料品种不同，制品的形式要求也不同，操作内容不同。冷冻水产品解冻的理想方法是在低温下短时间内进行，以防止鱼体品质降低。在进行大量快速处理时，常采用流水解冻法。水温控制在 15～20℃，水的流速一般在 1m/min 以上。在水槽中充气，可加速解冻。解冻程度以中心部位有冷硬感的半解冻状态为好。

鱼肉的营养非常丰富，但饲喂鱼肉也有一些不利影响：鱼肉的适口性和其他肉类相比稍差，而且犬一般较难接受鱼的气味和外观；鱼肉中有时含有寄生虫；食用鱼骨有风险；鱼肉中含有硫胺酶（可降解硫胺素，加热可破坏其活性）。不能喂猫过多的鱼肉，过量的鱼肉会消耗猫体内的维生素 E。

动物骨骼是一种很好的钙源食品。饲喂动物骨骼一定要慎重，要防止卡住食道或刺伤消化道。骨头加工成骨粉的方法：将骨骼上的肉剔净，然后砸碎骨骼，上火烘焙，研成粉末；或将骨骼晒干，用机器粉碎或砸成碎骨渣，拌在料中一起食用。

乳制品主要包括奶油、脱脂乳、乳清、酸奶、奶酪、酥油等，绝大多数犬喜食且对其消化利用率较高，但对于鲜乳，最好能够加热消毒后饲喂。

蛋类是非常完美的食品，营养丰富，利用率高，可生食亦可熟食。生食可能会引起部分宠物腹泻，熟食有利于蛋白质的消化。

谷类及其副产品是宠物主要的能量来源。一般来说，经过加工的谷类产品比谷粒或粗粉更易被宠物利用，如可将面粉制成馒头、面包、饼干等。生大米不能被犬、猫较好的利用，除非经过烹饪。谷类对犬来说适口性差，与其他食品相比，消化率也低，只有经过精心烹饪加工才能显著提高其消化率。猫喜欢干食，液体或糊状的食品易使猫厌食，一般将大米做成米饭，面粉做成馒头、面包，玉米面做成饼、窝头等。

脂肪和植物油也是很好的能量来源，消化利用率较高，但反复多次加工后的脂肪和植物油因为可能对宠物产生危害作用而不能食用。

（二）宠物食品的处理

罐装食品是一种安全、简便、营养均衡的食品。主要是由肉类、禾谷类谷物、矿物质、补充的维生素等混合制成，是一种非常可口的饲粮，其中以不加谷类的肉块含肉汁的罐头最受宠物喜爱。制作罐装食品的过程也是一个灭菌的过程，能够杀灭有害菌，而营养成分几乎没有损失，成品的保质期较长。

半湿饲粮通常含水15%～30%，主要由肉类、植物蛋白、谷类、脂肪等组成。加工过程中通过添加一些抗氧化剂、防腐剂来抑制霉菌生长和发酵物的产生，或通过添加有机酸降低pH值以防止食物变质。

干饲粮包括全价饲粮（粉状、颗粒状、膨化）、烘烤饼干、压模饼干等。加工过程中通过加热来严格控制其水分含量，干饲粮可在干燥、通风、凉爽的储存环境下保存几个月。

家庭自制宠物食品，加工处理时应该注意：

①清洗：生肉和动物内脏首先用凉水冲洗干净，浸泡一会儿，但时间不可过长，以防蛋白质损失，然后切碎煮熟（一些内脏如心、肾等不必煮熟，可直接生喂）。如蒸煮时以能达到杀菌、肉熟程度即可，不要过烂。谷物只需用清水淘净沙土即可，淘洗次数过多会损失维生素，如需浸泡，应将浸泡水与谷物一同蒸煮。

对于宠物猫来说，食物一定要洗净，除去血污、泥沙等。猫吃食非常挑剔，对于混有泥沙或污秽不洁的食物，猫宁肯饿着也不吃，有时甚至是自己吃剩的食物，也不愿再次采食。

②切碎：蔬菜应洗净后切碎，放入肉汤中以熟而不烂为度。有苦味的蔬菜用沸水略加浸烫可减轻苦味。蔬菜也可单煮，然后与其他食物拌在一起食用。块根类食物（如萝卜、甘薯等）尽量不削皮，洗净后切块，单独或与肉汤一起煮熟均可。

③调制：将已准备好并准确称重的原料用绞肉机绞碎，动物性原料用直径为10～12mm的模具，植物性原料用直径为5～8mm的模具，麦芽用直径为3～5mm的模具分别绞制。绞制好后加入补充料，如乳制品、酵母、骨粉、维生素、盐、抗生素等一起充分搅拌。

玉米面、米糠、麦麸可用开水冲拌后蒸成饼或窝头，切成小块与肉菜汤、鱼粉、骨粉、盐等一同拌喂。骨头可让其直接啃咬或制成骨粉后拌食。

如果饲喂残羹剩饭，应先加热消毒。饲喂时最好与其他食物混合后再喂。如剩饭中含有酒精、辣椒、过多盐分，不能喂给怀孕母犬和哺乳犬，否则可能引起胎儿流产等不良后果。

食物温度最好在40℃左右为宜，现做现喂，不宜过夜，天热不可久置以防变质。

总之，宠物食品的处理应做到食物解冻、浸泡彻底、洗涤干净、煮制充分、比例准确、搅拌均匀、现配现喂。

三、宠物食品加工工艺

宠物食品加工工艺是饲料生产工艺和食品生产工艺的结合。

（一）全价配合饲料生产工艺

全价配合饲料生产工艺一般分为两类：一类是先粉碎后配料加工工艺，另一类是先配料后粉碎加工工艺。

1. 先粉碎后配料加工工艺

将不同原料分别粉碎后贮入不同配料仓，按配方比例进行计量，充分混合均匀后为粉状全价配合饲料，可进一步制成颗粒料或膨化料。其工艺流程为：

原料→清理除杂→原料仓→粉碎→配料仓→配料称量→混合→计量包装。

此工艺特点：可按需要对不同原料粉碎不同粒度；粉碎机运转效率高，维修保养不影响正常生产；配料较准确；原料仓和配料仓分开布置，增加了建设规模和投资；不适应谷物原料含量少，原料品种多的配方生产。

2. 先配料后粉碎加工工艺

将各种需要粉碎的原料按配方要求比例称量，混合后一起粉碎，然后加入不需粉碎的原料，再经充分混合，均匀后为粉状全价配合饲料，可进一步制成颗粒料或膨化料。其工艺流程为：

原料→清理除杂→配料仓→配料称量→粉碎→混合→计量包装。

此工艺特点：原料仓也是配料仓，减少投资；不需要更多料仓，可适应物料品种的变化；粉碎机工作情况好坏会直接影响全厂工作。

综上所述，两种工艺各有特点，选择哪种工艺主要取决于所用原料性质。为充分发挥两种工艺的优点，国内外正在开发集先粉碎后配料和先配料后粉碎为一体的综合工艺，已取得了一定的进展。

（二）添加剂预混合饲料加工工艺

添加剂预混合饲料是全价配合饲料的重要组成部分，可分为单品种预混合饲料和综合预混合饲料两种类型。其加工工艺主要包括载体处理工艺、矿物盐处理工艺、维生素添加剂生产工艺、预混合饲料生产工艺。其工艺流程为：

载体、稀释剂→清理除杂→配料仓→计量＼
　　　矿物盐→破碎→干燥→配料仓→计量→混合→计量包装
　　　　　　维生素→配料仓→计量↗

（三）制粒工艺

1. 制粒的优点

通过机械作用将单一原料或配合混合料压实并挤压出模孔形成的颗粒状饲料称为制粒。制粒的目的是将细碎的、易扬尘的、适口性差的和难于装运的饲料，利用制粒加工过程中的热、水分和压力的作用制成颗粒料。与粉状饲料相比，颗粒饲料具有以下优点。

（1）提高饲料消化率　在制粒过程中，由于水分、温度和压力的综合作用，使饲料发生一些理化反应，使淀粉糊化，酶的活性增强，能使宠物更迅速地消化饲料，转化为体重的增加。用全价颗粒料喂养畜禽，与粉料相比，可提高转化率10%～12%。

（2）避免动物挑食　配合饲料是由多种原料根据动物的营养需要配合而成，通过制粒使各种粉状原料成为一个整体，可防止动物从粉料中挑拣其爱吃的，拒绝摄入其他成分的现象，由于颗粒饲料在贮运和饲喂过程中可保持均一性，因此，可减少饲料损失8%～10%。

（3）储存运输更为经济　制粒后，一般会使粉料的散装密度增加40%～100%。

（4）避免饲料成分的自动分级，减少环境污染　在粉料贮运过程中由于各种粉料的容重不一，极易产生分级，制成颗粒后就不存在饲料成分的分级，并且颗粒不易起尘，在饲喂过程中颗粒对空气和水质的污染较粉料要少得多。

（5）杀灭动物饲料中的沙门氏菌　沙门氏菌被动物摄入体内会保留在动物组织中，宠物吃了感染这种细菌的动物产品后会得一种沙门氏菌的肠胃病。采用蒸汽高温调质再制粒的方法能杀灭存在于动物饲料中的沙门氏菌，减少病菌的传播。

颗粒饲料占配合饲料的总量不断提高。产品质量也在提高，随着水产动物饲养量的不断扩大，制粒饲料占有量将进一步提高。

与粉状饲料相比，颗粒饲料也存在一些不足，如电耗高、所用设备多、需要蒸汽、机器易损坏及消耗大等。同时，在加热、挤压过程中，一部分不稳定的营养成分受到一定程度的破坏。综合经济技术指标优于粉状饲料，所以制粒是现代饲料加工中一个必备的加工工艺。

2. 颗粒产品的分类

（1）硬颗粒　调质后的粉料经压模和压辊的挤压，通过模孔成型。硬颗粒饲料产品以圆柱形为多，其水分一般低于13%，相对密度为1.2～1.3，颗粒较硬，适用于多种动物，是目前生产量最大的颗粒饲料。

（2）软颗粒　软颗粒含水量大于20%，以圆柱形为多，一般由使用单位自己生产，即做即用，也可风干使用。

（3）膨化颗粒　粉料经调质后，在高温、高压下挤出模孔，密度低于$1g/cm^3$。膨化颗粒饲料形状多样，适用于水产动物类、幼畜、观赏动物等。

3. 硬颗粒饲料的技术要求

在颗粒饲料中，硬颗粒饲料占了相当大的比重，现仅介绍对硬颗粒饲料的质量要求。

（1）感官指标　硬颗粒饲料产品的形状要求大小均匀，表面有光泽，没有裂纹，结构紧密，手感较硬。

（2）物理指标

①颗粒直径：直径或厚度为1～20mm，根据饲喂动物种类而不同，可参照表5-1所列数据生产。

表5-1　适宜的颗粒直径

饲喂动物	颗粒直径（mm）	饲喂动物	颗粒直径（mm）
幼鱼、幼虾	1～2	鸭	4～6
成鱼	3～5	蛋鸡	4～6
1～7d 雏禽	1～2 以下	兔、羊、牛犊	6.0
7～30d 仔鸡	2.2	牛、羊、马	9.5～15.9
成年种鸡	5.0	撒喂方式的牛	19

②颗粒长度：通常颗粒饲料的长度为其直径的1.5～2倍，鸟饲料的长度要严格控制，

过长会卡塞喉咙，导致窒息。

③颗粒水分：我国南方的颗粒饲料水分应≤12.5%，贮藏时间长的应更低，北方地区可≤13.5%。

④颗粒密度：颗粒结构越紧，密度越大，越能承受包装运输过程中的冲击而不破碎，产生的粉末越少，颗粒饲料的商品价值越有保证，但过度的坚硬会使制粒机产量下降，动力消耗增加，还使动物咀嚼费力。通常颗粒密度以 1.2～1.3g/ cm³ 为宜，一般颗粒能承受压强为 90～2 000kPa，体积容量为 0.60～0.75t/ m³。具体数据因制粒或压块的物料种类而不同。

4. 调质

（1）调质　　所谓调质就是通过蒸汽对混合粉状物料进行热湿作用，使物料中的淀粉糊化、蛋白质变性，物料软化以便于制粒机提高制粒的质量和效果，并改善饲料的适口性、稳定性，提高饲料的消化吸收率。

（2）调质的意义

①提高制粒机的制粒能力：通过添加蒸汽使物料软化、具有可塑性；有利于挤压成型，并减少对制粒机工作部件（环模和压辊）的磨损，在适宜的调质条件下，用蒸汽调质比不用蒸汽调质产量可提高 1 倍左右，同时适当的调质也可提高颗粒密度，降低粉化率，提高产品质量。

②促进淀粉糊化和蛋白质变性，提高饲料消化率：在调质器中，饱和蒸汽和物料接触，蒸汽在粉料表面凝结时放出大量的热，被粉料吸收使粉料温度大幅上升（一般上升38～50℃），最终达到 82～88℃。同时水蒸气以水的形式凝结在粉料表面。在热量和水分的共同作用下，粉料开始吸水膨胀，直至破裂（谷物淀粉 50%～75% 开始吸水），使淀粉变成黏性很大的糊化物，有利于颗粒内部相互黏结，同时物料中的蛋白质变性后，分子成纤维状，肽键伸展疏松，分子表面积增大，流动滞阻，因而黏度增加，有利于颗粒成型。又因为肽键疏松，有利于动物消化和吸收。据资料，当有蒸汽调质时，淀粉糊化率可达35%～45%，而不用蒸汽制粒则糊化度不大于 15%。

③改善颗粒产品质量：用适当的蒸汽调质，可提高颗粒饲料的密度、强度和水中稳定性等。

④杀灭有害病菌：调质过程的高温作用可杀灭饲料中的大肠杆菌及沙门氏菌等有害病菌，提高产品的储存性能，有利于畜禽健康。

⑤有利于液体添加：新的调质技术可提高颗粒饲料中的液体添加量，满足不同动物的营养需要。

（3）调质的要求

①物料粒度：原料粉碎得太细或太粗，对制粒效率或颗粒料的质量都有不良影响。

②对蒸汽的要求：虽然在制粒过程中可以适当加水，但经验证明，添加蒸汽比加水的效果好。蒸汽由锅炉产生时，其压力可能因炉火不均或其他因素不能保持稳定，若用汽包和性能良好的减压阀可以保持其管路中的蒸汽压力稳定。减压阀应置于调质前 3～6m 处，经减压阀进入制粒机的蒸汽应是高温、少水的过饱和蒸汽。蒸汽压力在 0.2～0.4MPa，蒸汽温度在 130～150℃。

③调质的温度和水分：调质温度和水分存在一定的关系。谷物淀粉的糊化温度一般在

70～80℃，而调质温度主要靠蒸汽的加入而获得。按照理论和实际经验，蒸汽加入一般按制粒机最大生产率的4%～6%来计算蒸汽添加量。蒸汽添加量小，粉料糊化度低，产量低，压模、压辊磨损加剧，产品表面粗糙，粉化率高、电耗大。反之，则易堵塞模孔，影响颗粒饲料的质量。使用饱和蒸汽时，物料每吸收1%的水分物料温升大约11℃。

④调质时间：即粉料通过调质筒所需的时间。调质的时间越长其效果越好。实际使用证明，调质时间一般在10～45s。延长调质时间可通过以下几种方法实现。

降低调质器转轴的转速。当调质轴转速在200～450r/min时，物料基本充满筒体上部，调质时间短，调质效果差，当转速小于200r/min的某一转速时，物料的搅拌输送充满系数高，调质时间长，便于提高颗粒的产量和质量。

改变叶片的安装角。叶片的安装角度为90°时，充满系数大，调质时间长，但考虑到产量等综和因素一般采用45°，末端2～3片为0°，其目的为匀料和改变流动方向。

增加调质筒体长度。对于某一安装角，筒体越长，调质时间越长。由于单层调质筒体长度一般不超过4m，常用多层调质器，以延长调质时间。

5. 影响制粒工艺效果的因素

影响颗粒饲料质量的因素有很多，但主要表现在原料、调质效果、操作、加工工艺等几个方面。

（1）原料 一般来讲，影响制粒的因素有原料来源、原料中的水分、淀粉、蛋白质、脂肪、粗纤维的含量、容重、物料的结构和粒度等。

①原料物理性质的影响

粒度。粉料被粉碎得细，有利于水热处理的进行。相反，粒度大的粉料，吸水能力低，调质效果差。据经验，压制直径为8.0mm的颗粒，粉料直径不大于2.0mm，压制直径为4.0mm的颗粒，粉料直径不大于1.5mm，压制直径为2.4mm的颗粒，粉料直径不大于1.0mm。一般情况下，用1.5～2.0mm孔径的粉碎机的筛片粉碎物料。

容重。物料的容重对产量有直接的影响，一般颗粒料的容重在750kg/m³左右，粉状物料的容重在500kg/m³左右。制成同样的颗粒，容重大的物料制粒时，产量高、功率消耗小。反之，则产量低，功率消耗大。

②物料化学成分的影响

淀粉质：不同形态的淀粉质对制粒有不同的影响。生淀粉微粒表面粗糙，对制粒的阻力大，生淀粉含量高时，制粒产量低、压模磨损严重。生淀粉微粒与其他组分结合能力差，最后产品松散。而熟淀粉即糊化淀粉经调质吸水后以凝胶状存在，凝胶有利于物料通过模孔，使制粒产量提高。同时凝胶干燥冷却后能黏结周围的其他组分，使颗粒产品具有较好的质量。调质过程中淀粉颗粒在受到蒸汽的蒸煮，及被压模、压辊挤压的过程中部分破损及糊化后，产生黏性，使制得的颗粒结构致密、质量提高。而糊化程度的高低除受温度、水分、作用时间影响外，还与淀粉种类有关，如大麦、小麦淀粉的黏着力就比玉米、高粱好。除了与各种淀粉的结构、性质有关外，还与粉料细度有关。所以在以玉米、高粱为主要原料时，制粒前应注意粉碎粒度。

一般鸡、鸭、猪饲料中含有高淀粉的谷物类原料50%～80%，制粒时采用较高温度和水分。采用绝对压力0.4MPa左右的蒸汽调质，使料温不低于80℃，水分17%～18%，淀粉糊化度通常达到40%左右。

蛋白质：蛋白质经加热后变性，增强了黏结力。对于含天然蛋白质料 25%～45% 的鱼虾等特种饲料，由于含蛋白质高，一般均可制得质量高的颗粒，而且因体积质量大，制粒产量也高，但颗粒质地松散。反之，则长径比越大，生产率小，但颗粒坚韧，强度大。一般来说，模孔的长径比一般为 6～12，水产饲料取大值。

油脂：原料中所固有的油脂因在制粒过程中温度和压力的作用不致使油脂榨出，所以对制粒影响不是很大，而外加油脂对制粒的产量和质量都有明显的影响。物料中添加 1% 的油脂，会使颗粒变软，并且会明显地提高制粒产量，会降低对压模、压辊磨损。但制粒前原料含油量高，所得颗粒松散。制粒前油脂的添加量应限制在 3% 以内。物料中原来含的脂肪虽然会对产量、质量有影响，但比较起来，影响的幅度小很多。

糖蜜：通常添加量小于 10%，可作为黏结剂，对增强颗粒硬度有好处，其效果取决于物料对糖蜜的吸收能力。一般在调质器添加较好，当添加量 20%～30% 时，则制得的颗粒较软，应用螺旋挤压机压制。

纤维质：本身没有黏结力，但在一般的配比范围内与其他富有黏结力的组分配合使用，没有太大的影响。但如纤维质太多，阻力过大，则产量减少，压模磨损快。粗纤维含量高的物料，内部松散多孔，应控制入模水分。如做叶粉颗粒，水分 12%～13%，温度 55～60℃ 为宜。如水分过高，温度也高，则颗粒出模后会迅速膨胀而易于开裂。

热敏性原料：加某些维生素、调味料等遇热易受破坏的物料制粒时，应适当降低制粒温度，并需超量添加，以保证这些成分在成品中的有效含量。

③黏结剂：某些饲料中含有的淀粉质、蛋白质或其他具有黏结作用的成分不多，难以制颗粒。因此需加黏结剂，使颗粒达到希望的结实程度。

黏结剂有很多种，在添加时要考虑其增加成本的多少及是否有营养价值等因素。饲料中常用的黏结剂有以下几种。

α-淀粉：又称预糊化淀粉，是将淀粉浆加热处理后迅速脱水而得，由于价格较贵，主要用于特种饲料。

海藻酸钠：又称藻朊酸钠，由海带经水浸泡、纯碱消化、过滤、中和、烘干等加工而得。在近海地区，用一定量的海带下脚料配入饲料，也可以得到较好的颗粒。

膨润土：它的大致化学组成为 $Al_2O_3 \cdot Fe_2O_3 \cdot 3MgO \cdot 4SiO_2 \cdot nH_2O$。膨润土钠具有较高的吸水性，加水后膨胀，可增加饲料的润滑作用，均可用作不加药饲料的黏结剂与防结块剂。用量应不超过最终饲料成品的 2%。膨润土要求粉碎的很细，至少应有 90%～95% 的粉粒通过 200 目筛孔。

木质素：是性能较好的黏结剂，添加后能提高颗粒硬度，降低电耗，添加量一般为 1%～3%。

（2）环模几何参数对制粒质量的影响　环模几何参数对颗粒饲料质量的影响主要表现在环模孔有效长度、孔径、模孔的粗糙度、模孔间距、模孔的形状等方面。

①模孔的有效长度：模孔的有效长度是指物料挤压（成形）的模孔长度。模孔的有效长度越长，物料在模孔内的挤压时间越长，制成后的颗粒就越坚硬，强度越好。反之，则颗粒松散，粉化率高，颗粒质量降低。

②模孔的粗糙度：模孔的粗糙度越低（即光洁度越高），物料在模孔内易于挤压成形，生产率高，而且成形后的颗粒表面光滑，不易开裂，颗粒质量好。

③模孔孔径：对一定厚度的环模来说，孔径越大，则模孔长度与孔径之比（长径比）越小，物料在模孔中易于挤出成形。

④模孔的形状：模孔的形状主要有直形孔、阶梯孔、外锥形孔和内锥形孔 4 种。以直形孔为主，阶梯孔主要是减小了模孔的有效长度，缩短了物料在模孔中的阻力，内锥孔和外锥孔主要是用于纤维含量高的难以成形的物料。

（3）操作因素对制粒质量的影响

①喂料量对制粒质量的影响：喂料量是可调的，调节依据是主电机电流值，一般每种功率的主电机电流都有标定的额定电流。喂料量增加，主电机电流就大，生产能力也高，喂料量要根据原料成分、调质效果和颗粒直径的大小进行调节，调到最佳制粒效果。

②蒸汽对制粒质量的影响：蒸汽质量的好坏及蒸汽进汽量的控制对颗粒质量有较大的影响，饲料在压制前需进行调质。调质后使物料升温，饲料中淀粉糊化、蛋白质及糖分塑化，并增加饲料中的水分，水分又是很好的黏结剂，这些都有利于制粒、提高颗粒的质量。为此，只有通过蒸汽的质量和调节进汽量来实现。蒸汽必须有适合的压力、温度和水分。一般来说，蒸汽的压力应保证在 0.2～0.4MPa，并且必须是不带冷凝水的干饱和蒸汽，温度在 130～150℃。蒸汽压力越大，则温度也越高，调质后物料的温度一般在 65～85℃，温度增加，其湿度也相应提高，调质后用于制粒最佳水分为 14%～18%，这样便于颗粒的成形和提高颗粒的质量。如果蒸汽量过多，会导致颗粒变形，料温过高，部分营养性成分破坏等问题，甚至会在挤压过程产生焦化现象，影响颗粒质量，甚至堵塞环模，不能制粒。因此，生产中应当正确控制蒸汽流量。制粒过程中，随着喂料器喂料流量的改变，蒸汽量也要相应改变。

③环模转速对制粒质量的影响：环模转速的确定主要是环模内径、模孔直径和深度、压辊数及其直径等，以及被压制物料的物理机械特性、模辊摩擦系数、物料容重等，当颗粒料的粒径小于 6mm 以下时，一般环模的线速度在 4～8m/s 为佳。

④模辊间隙对制粒质量、产量的影响：模辊间隙过大，产量低，有时还会制不出粒，间隙过小，模、辊机械磨损严重，影响使用寿命。合适的模辊间隙是 0.05～0.3mm，目测压模与压辊刚好接触。

⑤切刀及其调整对颗粒质量的影响：制粒机的切刀不锋利时，从环模孔中出来的柱状料是被撞断的，而不是切断的，因此，颗粒两端面比较粗糙，颗粒成弧形状，导致成品含粉率增大，颗粒质量降低。刀片比较锋利时，颗粒两端面比较平整，含粉率低，颗粒质量好。调节切刀的位置可影响颗粒的长度，但切刀与环模的最小距离不小于 3mm，以免切刀碰撞环模。

（四）膨化工艺

膨化技术，也称螺旋挤压成型技术。它的发展起始于 1910 年。20 世纪 50 年代早期美国已开始使用挤压机生产宠物饲料。膨化工艺是利用膨化机内的螺杆和螺杆套筒通过对物料的挤压、剪切作用使其升温、加压，并将高温、高压的物料挤出模孔，因骤然降压实现体积胀大的工艺。

20 世纪 80 年代以后，膨化技术得到了快速的发展，其在食品、油脂、粮食以及饲料行业得到广泛应用。膨化饲料已对传统加工技术产生了挑战，并取得了明显的经济效益。在饲料行业生产的膨化饲料，目前主要应用于鱼饲料、乳猪料，以及实验、观赏动物饲料，收到了良好的饲养效果。

膨化可分干、湿两种加工方法。干法膨化加工无需在原料中添加水分，原料在进入膨化腔以前不进行调质处理，膨化过程中产生的热量全部由原料在机械能作用下通过螺杆、剪切板和膨化腔内壁产生。湿式膨化机的结构比干式膨化机更复杂，原料进入膨化腔以前先进行调质，以提高熟化程度，为了加强对熟化过程的控制，膨化腔外还附有导入蒸汽和加水的装置，以辅助加热或降温。

宠物膨化食品一般分为干膨化食品、半干半湿食品、软膨化食品和罐装食品等。

1. 膨化食品的特点

（1）原料中的淀粉糊化后，适口性好，易消化 成品的体积很大，提高了胃的消化功能，粪便中没有原形谷物颗粒残留。玉米、高粱加工以后淀粉的消化率可达70%～100%。

（2）制品是干燥的膨胀颗粒料，不需调制可直接供给宠物食用 膨胀颗粒料容易吸水，既可先干喂后饮水，也可用水浸泡湿喂。

（3）更换不同形状的筛孔，可制出适用于不同宠物的制品。

（4）根据需要改变原料中的添水量，可制成不同比重的半湿性饲料。

（5）制品在加工过程中，蒸汽加温及摩擦生热可达到消毒作用。

2. 膨化食品种类

（1）干膨化食品 干膨化食品通常含10%～12%的水分，均由谷物及其加工副产品、大豆产品、动物产品、乳制品、油脂、矿物质及维生素添加剂加工而成。加入较多脂肪可改善饲料的适口性，通常是在食品成品表面喷涂液态油脂或增味剂，犬干膨化食品的粗脂肪含量一般为5%～12.5%，猫干膨化食品则含8%～12%（均以干物质计）；犬干膨化食品的粗蛋白含量为18%～25%（以干物质计），猫干膨化食品含量为30%～36%。

（2）半干半湿食品 半干半湿食品与干膨化食品加工工艺基本相似，在加工上没有明显区别。半湿食品的原料除干谷物外，在挤压前还需加入肉类或副产品。干、湿物料的比例范围在1∶1～4∶1。

当干料明显多于湿料时（4∶1），采用间歇式混合工艺，将干、湿料混合后送入挤压装置进行连续蒸煮挤压。当干湿料比例在3∶2～1∶1时，采用直接置于挤压机上游的连续混合装置进行混合。使物料通过挤压机压模的目的不是要使之膨胀，而是使其能够尽可能充分地蒸煮。此类食品在挤压时水分含量为30%～35%（湿基），添加防腐保鲜剂将成品的 pH 值调到4.0～5.5，体积质量为480～560kg/m^3。

（3）软膨化食品 软膨化食品与半干半湿食品相似，含有较多肉类及副产品，油脂含量高于干膨化食品。软膨化食品经挤压后膨化，具有干膨化食品的外观，但仍软而柔韧。此类食品含水量为27%～32%，不需干燥，需加防腐剂，体积质量为417～480kg/m^3。

3. 膨化工艺

宠物食品膨化工艺可分为干法和湿法。无论哪种工艺都是在一定压力、水分、温度下粉碎、搅拌、淀粉糊化、蛋白质变性、杀灭微生物、膨胀等作用下进行。由于生产目的不同，生产工艺及工艺参数、挤压膨化腔也不同。

（1）宠物食品螺旋挤压成形工艺 宠物的干膨化、半干半湿食品加工主要工艺流程为：

原料→清理磁选→一次粉碎→配料混合→二次粉碎→清理磁选→混合→调质、蒸汽、液体添加→挤压膨化→喷涂

宠物的软膨化食品加工中必须使用绞肉机（模板孔径 Ø3mm）对原料进行初步加工，减小粒度。将物料在蒸汽夹套容器中加热到 50～60℃，既可消除温度差异，又可杀灭沙门氏杆菌和其他微生物，还可分离出部分油脂，降低物料黏度，减少运输阻力。主要工艺流程为：

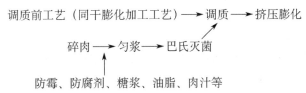

宠物点心的加工采用的是半干半湿食品的加工工艺。生产夹心或花色宠物食品则需采用共挤压系统。共挤压螺杆挤压机采用 2 台或 2 台以上螺杆挤压机，采用特殊设计的共挤压压模，组合使用生产同一种产品，产品的原料可由不同色泽或不同组分组成。通常由一台主机，一台或一台以上辅机组成，也可采用一台主机，另一台挤压机用高压齿轮泵泵送系统代替。

（2）水产饲料螺旋挤压成形工艺　水产饲料螺旋挤压成形工艺与宠物膨化饲料加工工艺基本一致。通过此工艺能控制饲料的密度，生产浮性饲料、沉性饲料、慢沉性饲料、半干半湿饲料。

影响膨化工艺效果的因素主要有配方、调质、挤压工艺参数等。原料的粉碎粒度控制在原料筛网孔径的 1/3 以下，Ø≤1.5mm。脂肪含量≤12%，对产品质量无影响；脂肪在 12%～17% 时，每增加 1%，产品体积质量增大 16kg/m³；脂肪含量≥17% 时，产品就不膨胀了。由于抗氧化剂、抗菌剂、增味剂等受到热量的损害而降低效果，因而在添加方式上常采用喷涂的方式。挤压膨化的加工温度一般在 95～120℃，含水量在 25%～35%，淀粉糊化度较制粒工艺高很多。

（五）实罐罐头及软罐头生产工艺

罐头生产工艺与人类食品罐头的生产工艺基本一致。其工艺流程大体为：

洗罐→装罐→预封→排气→密封→杀菌→冷却→检测→包装。

实罐罐头的排气方法主要有热力排气法、真空封罐排气法和蒸汽喷射法。

软罐头食品是指用高压杀菌锅经 100℃ 以上的湿热加热灭菌，用塑料薄膜与铝箔复合的薄膜密封包装的食品。其包装材料主要有普通蒸煮袋（耐 100～121℃）、高温蒸煮袋（耐 121～135℃）、超高温杀菌蒸煮袋（耐 135～150℃）。蒸煮袋的材质主要有聚乙烯（PE）薄膜、聚丙烯（PP）薄膜、聚酯（PET）薄膜、尼龙（PA）薄膜、聚偏二氯乙烯（PVDC）薄膜、铝箔（Al）等。软罐头生产工艺流程为：

制袋（预制袋开袋口）→固体食品充填→流体食品充填→排气→袋口密封→杀菌→检验→包装。

软罐头的排气方法主要有蒸汽喷射法、真空排气法、抽气管法、反压排气法等。软罐头具有重量轻、体积小、杀菌时间短、不受金属离子污染等优点，但其容量限制在 50～500g，蒸煮袋价格高，且不适于带骨食品。

（六）饼干生产工艺

人类食品中饼干的品种极其繁多，其生产工艺也随品种、配方的不同而有较大差别。这主要取决于饼干中糖、油含量及成形方法。宠物饼干生产工艺与之大体相同。

1. 辊印甜酥性饼干生产工艺

此类饼干由油、糖含量较多的半软性面团制成。

面粉和淀粉→过筛→调粉（加入预处理的辅料）→面团输送→辊印成型→焙烤→冷却→包装。

2. 冲印韧性饼干生产工艺

此类饼干由筋力中等面粉经长时间调制而成，也称硬质饼干，油、糖含量较少。

面粉和淀粉→过筛→调粉（加入预处理的辅料）→静置→辊印→冲印成型→焙烤→冷却→包装。

3. 苏打饼干生产工艺

此类饼干采用发酵工艺，油、糖含量较少。

面粉→过筛（加入活化酵母）→第一次调粉→第一次发酵（加入预处理辅料）→第二次调粉→第二次发酵→辊轧→冲印成形→焙烤→冷却→包装。

四、宠物食品加工机械

宠物食品加工机械与畜禽饲料加工机械基本相同。主要包括原料接收、运输、贮存机械、清理设备、粉碎机、破碎机、混合设备、称量设备、制粒机、挤压成型机、调质器、喷涂设备、冷却干燥设备、输送机械、打包机、除尘器等。

（一）制粒机

制粒工艺的设备主要由制粒机、调质器、熟化器、干燥器、冷却器、破碎机、分级筛等组成。制粒机的工作原理是在温度、摩擦、挤压等因素作用下，使粉状料颗粒间隙变小，形成具有一定强度和密度的颗粒。

1. 制粒机械按结构特征分类

（1）对辊式制粒机　其主要工作部件是一对反向、等速旋转的轧辊。它依靠轧辊的凹槽，使物料成形。因该机压缩作用时间短，颗粒强度较小，生产率低，一般应用较少。

（2）螺旋制粒机　其主要部件是圆柱形的或圆锥形的螺杆，它依靠螺杆对饲料挤压，通过模板成形，生产效率不高。我国多用其生产软颗粒饲料。

（3）环模制粒机　其主要部件是环模和压辊，通过环模和压辊对物料的强烈挤压使粉料成形。它又可分为齿轮传动和皮带传动型两种，是目前国内外使用的最多的机型，主要用于生产各种畜禽料、特种水产料和一些特殊物料的制粒。

（4）平模制粒机　其主要工作部件是平模和压辊，结构较环模简单；但平模易损坏，磨损不均匀；国内的平模制粒机多为小型机，它较适用压制纤维型饲料。

2. 制粒机械按产品形式分类

（1）硬颗粒制粒机　生产的颗粒饲料具有较大的硬度和密度。

（2）软颗粒制粒机　生产的颗粒产品水分较大，密度小。

目前使用最多的是环模式硬颗粒制粒机（图5-1）。

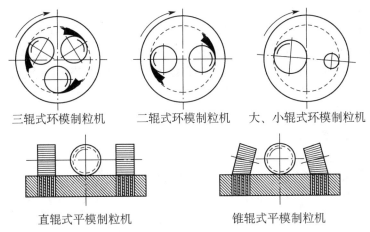

三辊式环模制粒机　　二辊式环模制粒机　　大、小辊式环模制粒机

直辊式平模制粒机　　　　　　锥辊式平模制粒机

图 5 - 1　常用颗粒压制机的分类

双辊式环模制粒机是目前使用最广的一种机型。其传动方式分为齿轮传动和皮带传动两种，压辊固定在实心轴上，环模固定在齿轮或皮带传动的空心轴上旋转。

（二）膨化机

单螺旋挤压膨化机挤压膨化的工艺简单，成品率高；可生产多种饲料，用途广泛，用于加工含水量高的原料或油脂高达 17% 的饲料；淀粉糊化度可达 90% 以上；经过膨化后，成品基本无菌；单机投资成本高。膨化机分类如下。

1. 按螺杆的结构分

膨化机有单螺杆和双螺杆两种形式。单螺杆结构相对较简单，双螺杆结构较复杂，但它能膨化黏稠状物料，而出料稳定，受供料波动的影响较小。

2. 按调质方法分

有湿法膨化和干法膨化两种。湿法膨化机在调质时要添加蒸汽，以增加物料的湿度和温度；而干法膨化机在调质时不加蒸汽，但有时要添加水分以增加物料的湿度。加水、加蒸汽后物料在调质前的含水量可达 25%～35%。

目前在水产饲料加工中，以湿法单螺杆膨化机为主。

（三）罐头类食品杀菌设备

罐头类食品杀菌装置形式很多。根据杀菌温度不同可分为常压杀菌设备和加压杀菌设备。常压杀菌温度一般在 100℃ 以下，主要用于 pH 值 <4.5 的酸性产品，采用巴氏杀菌原理的设备即属此类。加压杀菌一般在密闭的设备内进行，压力 >0.1MPa，杀菌温度在 120℃ 左右，常用于低酸性食品，如肉类等罐头的杀菌。

根据操作方法不同，可分为间歇操作和连续操作杀菌设备。

根据所用热源的不同分为直接蒸汽加热杀菌、热水加热杀菌、火焰连续杀菌及照射杀菌设备等。

1. 立式或卧式杀菌锅

立式杀菌锅操作是间歇性的，可用作常压或加压杀菌，适合品种多、批量小的中小型罐头厂使用。卧式杀菌锅也是间歇式加压杀菌设备，中小型罐头厂广泛使用，杀菌锅体是采用一定厚度的钢板制成。

2. 热水喷淋回转式杀菌锅

热水喷淋回转式杀菌锅是一种水淋式过压控制杀菌装置。杀菌时贮存于杀菌锅底部少量的水，用离心泵进行高流速循环，抽至板式换热器，加热到某一特定温度，经过杀菌锅内上部的分水系统和淋水板，以一定压力向容器喷射，循环杀菌。该杀菌锅多用于高温杀菌，也可进行巴氏杀菌或蒸煮。可应用于水果蔬菜、鱼类及肉类制品、牛奶、豆奶、饮料、方便食品，适合于所有柔性或刚性容器，如马口铁罐、玻璃瓶、铝制和塑料盒或杯、单层膜或复合膜蒸煮袋等。

3. 微波杀菌设备

对于黏度高的液体和固体食品，由于不存在热对流现象，传热主要依赖于传导的方式，因而内部升温慢，如受长时间加热则会使质量降低，而微波加热可使物料整体受热，没有温度梯度加热，内外受热均匀，对食品进行高温短时间杀菌处理，可获得理想效果。微波杀菌可在包装前进行，也可在包装好后进行。微波杀菌可广泛用于肉及制品、水果、蔬菜、罐头、粮食、奶及制品等产品的杀菌。

第三节　宠物食品质量管理

宠物食品品质的好坏直接影响宠物的健康，因而对其品质必须进行严格监控。

一、宠物食品质量标准

目前我国宠物食品的质量标准遵照的仍是饲料工业的质量标准。国家技术监督局自1986年开始陆续制定和颁布了一系列的原料及产品的质量标准。

1. 原料质量标准

1986年以来国家已发布了30多项原料的质量标准。对能量饲料、植物性蛋白质饲料按粗蛋白质、粗纤维及粗灰分含量划分为三级。

2. 添加剂质量标准

在饲料工业中所采用的添加剂既有化工产品，又有药品，因而在生产中特别要考虑产品的质量及安全性。

3. 产品质量标准

目前已发布的国家标准和专业标准共有10余项，对水分、粒度、混合均匀度、粗脂肪、粗蛋白质、粗纤维、粗灰分、钙、磷、食盐等都进行了规定。针对宠物食品的质量标准还未发布。

二、宠物食品质量管理

影响宠物食品质量的因素有很多。对于配合饲粮而言，饲粮配方、原料质量、加工质量都会直接影响配合饲粮的质量。饲粮配方决定着配合饲粮成品的营养价值，营养水平过高、过低或营养物质配比不合理，都会严重影响饲养效果，造成原料的浪费。加工饲粮时，如果混合不均匀，粉碎粒度不合格会导致宠物采食的营养不均衡。计量装置测量不准确及操作人员工作马虎会导致严重的后果。因而必须依照质量标准，在生产配合饲粮的每个环节，通过严格的质量监控保证成品的质量。

（一）饲粮原料的质量检验

原料质量的好坏对饲粮产品有决定性的影响。质量差的原料不可能生产出合格的产品。为把好原料质量关必须做到以下几个方面。

1. 原料收购及保管

①按质量要求采购原料。

②对每批购入的原料进行相应的质量检测。

③做好原料存放工作，按类别、品种、批次分类、按质定位存放，填好原料入库卡，标明品种、数量、规格、生产厂家、采购单位、生产日期、购货日期等，由专人负责管理。

④保证原料清洁卫生，做好防污染、防潮、防虫、防霉等工作，特殊原料（维生素、氨基酸、药物）由专人保管。所有原料按入库顺序使用，先购先用。

2. 原料质量分析

随着饲料及食品工业的发展，原料品种越来越呈多元化趋势，但对于新原料应在科学的评定后慎重使用。

（1）安全性　原料中所含有毒物质应在允许范围内。毒性主要来自原料本身毒性、杀虫剂、消毒剂、化学剂、重金属、原料处理中的变化、化学作用及储存期间的变化。

（2）成分分析　测定重要的营养成分并请专家判断其可利用的成分及适用的对象。

（3）观察试验　了解宠物的接受性，在日粮中逐渐增加使用比例，测出限量范围。观察外观、质地、加工等对适口性及粪便的影响，以及对生长、被毛、骨骼的影响。

（4）消化率测定　主要计算代谢能及氨基酸消化率。

（5）饲养试验　通过饲喂宠物来检查原料的质量

（二）加工工序的质量监督

配合饲粮的加工工序复杂，影响产品质量的环节很多，因而应经常检查清杂工序的筛理、磁选设备运行是否正常；粉碎粒度是否合适；配料计量设备是否准确、灵敏；混合时间、混合效果是否正常；输送系统、混合机是否易残留剩料等。其中制粒和膨化工艺的质量控制非常重要。

1. 制粒过程的质量控制

（1）制粒前的准备

①制粒机上口的磁铁要每班清理一次，防止铁质进入制粒机环模；

②检查环模和压辊的磨损情况，给压辊加润滑油，保证压辊的正常工作；

③检查制粒机切刀，切刀磨损过钝，会使饲料粉末增加；

④检查蒸汽的汽水分离器，以保证进入调质器的蒸汽质量；

⑤检查破碎机辊筒，若辊筒波纹齿变钝，会降低破碎能力，降低产品质量；

⑥换料时，检查制粒机上方的缓冲仓和成品仓是否完全排空，防止发生混料。

（2）压辊间隙　当环模低速旋转时，将压辊调到只碰到环模的高点。这个间隙可使环模和压辊间磨损减到最小，同时又存在足够的压力使压辊转动，这样可以延长环模和压辊的使用寿命，提高生产效率和颗粒质量。

（3）原料的粉碎粒度　应根据颗粒产品的粒度决定原料粉碎的粒度要求。粒度过细，加工速度低，生产率下降；粒度过粗，颗粒成型率下降，颗粒易破损。可根据用途的不同来调整食品的粒度。

（4）调质　配合饲粮一般含有较多的谷物，淀粉含量高，而粗纤维含量较低。颗粒食品的结构和强度主要靠调质技术提高其制粒性能。在调质过程中，原料中的淀粉会发生部分糊化，糊化的淀粉起黏合作用，提高了食品的颗粒成型率。通常调质器的调质时间为10～20s，生产颗粒食品可根据实际操作的需要，调整食品的含水量在16%～18%，温度在75～85℃，并注意控制蒸汽压力。

（5）成品颗粒

①颗粒成型率：用小于粒径20%的丝网筛筛分颗粒食品，如颗粒食品的粒径为5.0mm，则用4.0mm的丝网筛筛分。

②颗粒长度：直径在4mm以下的颗粒，长度为粒径的2～5倍。直径在4mm以上的颗粒，其长度为其粒径的1.5～3倍。

2. 膨化过程的质量控制

（1）原料的粉碎粒度　谷物及饼粕等原料的粒度以控制在16目（φ1mm）筛上物<9%为宜。

（2）调质　通常将蒸汽注入调质器中进行调温调湿，同时还可将调味剂、色素、油脂及肉浆等液体加入调质器中。调质的温湿度视原料的性质、产品类型、膨化机的型号及运行参数等因素而定。对于干膨化食品，物料调质后的含水量为20%～30%，温度在60～90℃之间为宜。油脂添加量超过5%的食品，大部分油脂应在干燥冷却后的产品表面喷涂，否则会影响膨化效果。

（3）膨化　挤压膨化机的运行参数包括螺杆转速、喂料器转速、原料特性、调质后物料状态、物料的输送量和夹套加热温度等，它们是相互关联的变量。应该注意的是物料在挤压腔的高温区段不宜停留过长（应小于20s），以免一些热敏性的营养组分遭到破坏。

（4）干燥与冷却　干膨化食品的含水率应低于12%。干燥介质为热风，热风温度一般为90～200℃。干燥后的料温仍较高，而后续的油脂喷涂工序要求物料温度在30～38℃之间。为了使生产连续化，干燥后常采用强制冷却的措施，目前多采用通风冷却的方法。

（三）成品质量检测

对每批成品取样并进行质量标准中规定成分的质量检测，只有合格的产品才能出售。

（四）完善质量管理制度

对质量管理人员应进行严格的技术培训，提高专业素质，建立完善的管理制度，层层落实岗位责任制。

（五）售后使用管理

饲粮质量的好坏与用户的使用情况也密不可分，只有科学地使用才能发挥最佳效果，应定期指导用户正确使用并及时反馈用户的使用效果，不断改进配方、工艺和质量。

三、宠物食品检测方法

饲粮品质检查的内容广泛，不仅有饲用原料的检验，还有加工后的产品检验。检验的项目包括物理性状（感观性状、粒度、混合均匀度、颗粒粉化度等）、化学成分（营养成分含量、有毒有害物质含量等）及生物学性状（霉菌、微生物侵染状况等）。检测方法大致分为实验室检测、宠物饲养检验及广泛性生产验证。

（一）实验室检测

实验室检测内容广泛，如饲粮营养成分含量测定、饲粮中有毒有害成分检测、加工品质等。大多数的检测项目，可借助一般的化学分析手段来完成，有的需借助仪器分析来实现。无论采用什么方法，所取用的分析样品一般质量很小，因而能否采取有代表性的样品直接影响检测结果的可信度。

1. 原始样品的采集

对散装样品可用长柄勺和取样器在不同部位取样，将料堆分为上中下三层，上层为距表面 10～15cm 处，取样点每层不能少于 5 个，分别在四角及交叉点处。

成垛袋装料可用取样器在不同部位取，取样袋数应占总袋数的 3%，最低不能少于3 袋。

2. 样品的制备

一般所取总量不少于 2kg。如样品量过大，可采用四分法缩减，手工将全部样品混合后，在平板或托盘上平摊成方形，画对角线分成四个三角形，取其中相对的两个三角形部分，混合后摊平，再画对角线，取相对的两个三角形部分，如此反复直至所需为止。

将取好的样品，经过预处理（切碎、风干等）后，固体样品用样品粉碎机无损失地粉碎成所需粒度（常规分析定为通过 40 目筛），混合均匀后用四分法缩样至 200g，分 2 瓶，一瓶供分析检测，一瓶保留备用，贴好标签。

3. 实验室检测项目

实验室检测项目很多，主要检测水分、粗灰分、粗蛋白质、粗脂肪、粗纤维、钙、磷、含盐量、氨基酸、微量元素等；有毒有害指标有重金属、致病菌、砷、氟及粮食中的黄曲霉素、大豆中的尿酶活性等；原料及产品的显微镜检测及掺杂使假的鉴定等。

针对某些项目的检测，国家质量监督局已发布了一些标准，如粗蛋白质、粗脂肪、粗纤维、水分、钙、总磷、粗灰分、水溶性氯化物、黄曲霉素、大豆中尿素酶活性的测定方法。检测时可以参照国家推荐标准进行。

粗蛋白质检测依据 GB/T6432 进行。采用凯氏定氮法测定样品中的含氮量。在催化剂存在下，用浓硫酸破坏有机物，生成硫酸铵，然后加入强碱氢氧化钠并蒸馏出氨，再用硼酸吸收后，用已知浓度的盐酸进行滴定，测出的含氮量乘以 6.25，即为粗蛋白质含量。

粗脂肪测定依据 GB/T6433 进行。采用索氏抽提法，用乙醚提取脱水样品，所得醚溶物为粗脂肪。

粗纤维测定依据 GB/T6434 进行。用一定浓度的酸和碱在一定条件下依次消煮样品，用乙醚、乙醇有机溶液除去部分溶解物，残渣经高温灼烧后的产物即为粗纤维。

水分测定依据 GB/T6435 进行。将样品在 105℃±2℃烘箱内，在常压下烘干至恒重，所失重量即为水分。

粗灰分测定依据 GB/T6438 进行。样品在 550℃灼烧后所得的残渣。

（二）宠物饲养试验

实验室检测只是说明某种成分的含量，并不能说明宠物对其营养成分的利用情况，因而宠物饲养检验非常重要。这种检验可检查其长期的饲养效果，如是否存在致畸、致癌、致突变的因子，以及宠物的正常生理反应等。

试验宠物的选择。在进行饲粮营养评价时，通常选用成年健康宠物。进行有毒害作用检测时，选择反应灵敏的幼龄宠物，以扩大安全系数。为节约成本，可选用适当的实验动物（如大白鼠）进行。

试验设计及试验期。根据检测指标及试验条件可采用单因素对比试验、多因素正交试验、拉丁方试验等。试验期因试验目的不同而异，进行消化、代谢等试验，一般试验期为 3~15d，进行毒理试验（致畸、致癌、致突变等）时，试验期较长。

（三）广泛性生产验证

新产品的开发，在进行生理性或毒理性试验后，必须通过生产验证，才能投入生产使用。宠物饲养试验由于规模小，受很多条件的影响和制约，所取得的试验结果必须在生产条件下广泛性验证才能增大其可信度。

四、食物的检验与保存

（一）原料的鉴定

1. 谷物

引起谷物变质的主要微生物是毒霉菌，菌丛呈毛样棉絮状或粉丝状。谷物所含水分超标（米面类14%、大豆11%）时，在高温、潮湿等环境条件作用下就会发霉变质，营养价值降低，甚至有毒。饲喂这样的谷物会适口性差，使犬发生疾病。长期贮存包装不严密的米面霉菌还会生长形成球团，破坏营养素。

2. 蔬菜

蔬菜在生长过程中，可能会喷洒大量农药，特别是有机磷类农药，离采摘的时间越近，危险越大，而肉眼无法判断是否有毒，所以，任何蔬菜在调制前都一定要洗干净。

长期存放的蔬菜腐烂时会产生大量亚硝酸盐。亚硝酸盐在机体内会造成组织缺氧，严重时可导致死亡。煮熟的菜在高温和密闭的容器中存放过久，也会产生大量亚硝酸盐，特征是菜叶失去绿色素，发黄和熟烂。

3. 肉类

肉类食物必须是新鲜的，清洁的，需经过食品卫生部门检疫确认不带有病菌的肉类，特别要注意不能将带有旋毛虫的痘肉作为宠物食品，冰冻保存超过保质期半年以上的肉也不能食用。鱼类、畜禽肉类、蛋质量的鉴定分别见表5-2、表5-3、表5-4。

表5-2　鱼的感观质量鉴定

检查项目	新鲜	不新鲜
鱼眼	眼球突出、角膜透明有弹性	眼球塌陷、角膜混浊、皱缩
鱼鳞	鲜明有光泽、附着牢固、黏液透明无异臭	暗淡无光、附着不牢固、易脱落、黏液污秽、腐臭
鱼腮	色泽鲜红、无异臭、无黏液	呈灰或褐色、有异臭、污秽黏液
鱼腹	不膨胀、肛孔白色、凹陷	膨胀、肛孔鼓出
鱼体	坚实有力，平拿在手里尾不下垂	软、无弹性、平拿在手里尾下垂

表5-3 畜禽肉的感观质量鉴定

检查项目	新鲜肉	腐败肉
肉色	色泽鲜明，呈淡玫瑰色或淡红色	色暗，呈灰色
肉皮	微微干燥	很干燥或者发黏混浊
肉汁	透明	不透明
脂肪	柔软富有弹性，白色或淡红	无光泽而且粘手呈灰色或污秽色
硬度	有弹性，指压陷窝易消灭，压一点时，整块肉都颤动	松软指压陷窝不易消失，用小力呈直角刺入肌肉拔出时无吸着感
气味	甘芳而微腥	明显腐败臭味

表5-4 蛋的感观质量鉴定

检查项目	新鲜蛋	不新鲜
蛋壳	毛燥	平滑发光
摇动	无震荡感	有震荡感
照蛋	无异常阴影	有不均匀黑影或完全不透明
内容	无臭、无味、蛋清透明、蛋黄完整	有腐败味，蛋黄不完整，贴壳

4. 奶粉

真假奶粉的质量鉴定见表5-5。

表5-5 奶粉的感观质量鉴定

检查项目	真奶粉	假奶粉
手捏	包装袋发出吱吱声	包装袋发出沙沙声
色泽	呈天然淡黄色	有结晶，呈白色
品尝	细、黏，易粘在舌及上颚，溶解慢	甜度大，有凉爽感，速溶
水冲	凉水冲，搅动才溶解为乳白色悬浊液，热水冲，悬包心	凉水冲，无需搅动可速溶，热水冲，迅速溶解

5. 罐头、咸鱼、肉制品

铁盒罐头两端向内凹陷而不外鼓，摇晃有内容物充实的感觉，放入热水中没有气泡产生。罐头盒没有生锈，开罐后无特殊味道，罐头内面与食物接触处不呈黑色。

对咸鱼和咸肉进行检查时，先观察其外表有无脂肪氧化所生成的斑与嗜盐菌引起的发红现象，然后切割咸鱼观察肌肉坚度如何，如有无黑色层，最后试煮咸鱼，注意有无不良气味。

6. 鱼粉

鱼粉的原料主要是黄鱼、带鱼、杂鱼、虾、蟹等动物及水产加工的下脚料。由于鱼粉原料质量的优劣程度差别可能很大，所以使用前需要对蛋白质、盐、杂质等进行分析，如果鱼粉掺杂会严重影响配合饲粮的质量。鱼粉质量优劣，可以从以下几项指标衡量：

①含盐量：含盐7%以下为淡鱼粉，含盐8%以上的为咸鱼粉。

②比重：比重为0.62t/m^3。

③色泽：有淡黄色、棕红色、深褐色、褐色和青褐色。决定鱼粉色泽的因素比较复杂，采用脱脂或烘干的颜色较深，呈红棕色，黄褐色，晒干的呈浅黄色或青白色。

④气味：有海水的咸腥味，随着原料的腐败程度会相应产生腥臭和酸气、腐败臭和强

烈的刺激臭。

⑤质地：用手捻优质鱼粉感觉质地柔软，呈肉松状，次质鱼粉质感粗糙骨屑多。

⑥营养成分：取决于原料的纯度和下脚料的组成及比例，鱼粉质量分级标准见表5-6。

表5-6　鱼粉质量分级标准　　　　　　　　　　　　　（％）

质量指标	进口鱼粉	国产鱼粉		
		一级	二级	三级
粗蛋白质	≥63	≥55	≥50	≥45
粗脂肪	<10	<10	<12	<14
粗灰分	<16	<23	<25	<27
粗纤维	<1.5	<2	<2	<2
盐分	<3	<3	<4	<5

＊　①鱼粉中不能添加非鱼粉原料的含氮物质；②无寄生虫及发霉现象；③无沙门氏菌属和志贺氏菌属

蛋白质：优质鱼粉粗蛋白质达60%以上。测定鱼粉蛋白质前，必须先定性检测尿素含量，因为掺假、掺杂的鱼粉，含尿素较多。尿素氨化物如用量过多，会使宠物中毒。

粗灰分：全鱼鱼粉的粗灰分约为16%～20%，如果鱼头、骨等下脚料比例加大，或者掺入贝壳粉、骨粉、细砂等，鱼粉的营养价值会大大降低，粗灰分的含量大大增加。

粗纤维和淀粉：鱼粉粗纤维的含量极少，优质鱼粉≤0.5%，不含淀粉。如果原料混入了植物茎秆、稻壳、糠麸等物质，粗纤维含量增高。

（二）原料的保存

保持原料的基本营养。首先是保持原料的高度清洁，防止微生物污染，其次是控制原料本身的化学变化过程，可采取控制温度、水分、酸碱度，渗透压及其他抑菌或杀菌方法，达到长期保存原料的目的。

对于饲料厂而言，其不同于其他粮食工厂的显著特点之一是原料及成品的种类繁多，并且各品种所占的比例差异较大。所以原料及成品的贮存，对于饲料厂来说是一个十分重要的问题，它直接影响到生产的正常进行及工厂的经济效益。正确设计仓型和计算仓容量是饲料厂设计的主要工作，在选择与设计时主要考虑以下几个方面。

一是根据贮存物料的特性及地区特点，选择仓型，做到经济合理。

二是根据产量、原料及成品的品种、数量计算仓容量和仓的个数。

三是合理配置料仓位置，以便于管理，防止混杂、污染等。

用于原料及成品的贮存主要有房式仓和立筒库（也称为筒仓）。房式仓造价低，容易建造，适合于粉料、油料饼粕及包装的成品。小品种价格昂贵的添加剂原料还需用特定的小型房式仓由专人管理。房式仓的缺点是装卸工作机械化程度低、劳动强度大，操作管理较困难。立筒库的优点是个体仓容量大、占地面积小，便于进出仓机械化，操作管理方便，劳动强度小。但造价高，施工技术要求高，适合于存放谷物等粒状原料。

饲料厂的原料和成品的品种繁多、特性各异，所以对于大中型饲料厂一般都选择筒仓和房式仓相结合的贮存方式，效果较好。

1. 谷物的保存

谷物在入库存放前必须保证其水分不超过14%，如果超标必须先进行烘干，但要注意不能大量堆积，堆积会使粮堆内部温度升高，加速霉变。保存的主要措施是消毒、杀菌、灭虫。注意防潮，粮袋下面需铺上垫木或苇席，不能直接堆放在地面上，另外料垛之间需保持一定间隙利于通风。长期不用的可以散堆或每隔一段时间进行倒垛。

仓库内易出现鼠害，不仅会损失大量饲料，而且易发生传染病，采用灭鼠方法需慎重使用毒鼠药，以免引起宠物食入中毒。

2. 肉类和鱼类的保存

（1）冷冻法　低温冷冻是最好的保存方法，需要有冷库设备。刚屠宰的畜禽或温度较高的肉类需先放在 $0 \sim 4℃$ 的环境中预先冷却 $1 \sim 2d$，然后再放入冷库中冷冻。预先冷冻的目的是为了防止在速冻过程中，仅外边形成一层冰冻层，而里面仍是常温，这种情况下会逐渐发生自溶现象。

（2）井、窖贮藏法　没有冷冻条件时，可将肉和鱼吊在深井或较凉的地窖中，可以延长保存期 $2 \sim 3d$。

（3）腌制法　用盐腌制的肉和鱼也可保存 $2 \sim 3d$。

（4）酱煮法　切成 $0.5 \sim 1kg$ 的块，用酱油煮熟后，一起装在洁净的容器中可持久保存。

3. 鱼粉的保管

鱼粉易发生霉变，也易受虫害、鼠害的影响，故应妥善保管。可装于塑料袋中，把口封严，置放在通风、干燥的库房中，防止光照和高温。

秘鲁鱼粉含磷较高，在保管中注意防止自燃，堆放不要过高，中间留出空隙，经常检查，经常倒垛，如发现变黑或结块应及时处理。

五、食品安全

近年来，随着"疯牛病"、"苏丹红"、"瘦肉精"事件的不断发生，食品安全问题越来越受到人们的重视与关注。食品安全是指食品应当无毒、无害，符合应当有的营养要求。针对食品和饲料生产过程中可能对人类、动物和环境的不利影响，通过对其不确定性及风险性进行科学评估，我们应采取必要的措施加以管理和控制，保证人类和动物的健康和安全。

食品生产中存在的安全问题有非法使用违禁药物、滥用抗生素、金属元素的超量使用、微生物的污染等。

农业部于 1998 年已公布了《关于严禁非法使用兽药的通知》，随后又发布了一些更具体的禁用药品品种的通知，强调了严禁在饲料产品中添加未经农业部批准使用的兽药品种。无原则、无规范的使用抗生素会对人类、动物及环境造成危害。1997 年农业部公布了《允许使用的饲料药物添加剂兽药品种及使用规定》，其中明确指出了饲料药物添加剂的适用动物、最低用量、最高用量、停药期、注意事项和配伍禁忌等。

天然性饲料、饲料添加剂未必安全，饲用微生物存在潜在的危险性，某些尚未充分认识的次级代谢产物可能具有致癌、致畸等毒副作用。某些菌种可能带有抗药性质粒，并能把抗药性传给致病菌；对于中草药添加剂，我国的中医理论认为食物、药物、毒物同源，其差别关键在于如何使用和使用剂量的多少。由于中草药的成分极为复杂，通常难于区分其毒副成分和有效成分。酶制剂是微生物发酵产物，大多数酶制剂并非单纯品，常含有培养基残留物、无机盐、防腐剂、稀释剂等，因此，发酵菌种、杂菌污染、培养基原料、酶的化学性质等都有可能影响到酶制剂的安全。

因而，使用宠物食品、饲料及其添加剂时应重视并充分考虑其安全问题。

第四节　常用犬、猫食品简易加工

一、犬的食品简易加工

1. 炒牛粉

材料：牛肉馅 500g，鸡蛋 2 个，鸡粉 100g，大头菜一棵，胡萝卜一根，钙粉少许。

做法：将鸡蛋打入牛肉馅中，搅拌均匀，放入微波炉中蒸至肉熟。大头菜、胡萝卜切碎丁过油略炒，然后拌入熟牛肉中，晾至常温，加少量鸡粉、钙粉搅拌均匀，即可。

2. 黄金汤

材料：玉米面，黄豆饼，面条，青菜叶（菠菜叶也可以），萝卜，少许瘦肉。

做法：先将黄豆饼、青菜叶、萝卜和碎肉切碎，然后将所有原料放入骨头汤内熬制稠，即可食用。

3. 蛋米鱼羹

材料：牛肉 250g，鸡蛋 2 个，玉米面 250g，大米 250g（各种蔬菜均可），淡水鱼 100g。

做法：将原材料放入骨头汤内煮好，放一点盐，再把淡水鱼用高压锅焖烂，加上刚才的饭，拌匀即可喂食。

4. 蛋心牛肉丸

材料：绞碎的牛肉末，一个水煮鸡蛋，吐司和番茄。

做法：把吐司和半个番茄切碎，放少许盐；与牛肉末充分搅拌，用拌好的肉末把水煮鸡蛋裹起来然后用锡纸包好，放到锅里蒸 10min 即可。

5. 方便营养餐

材料：小米，卷心菜，牛羊肋排骨，植物油，胡萝卜。

做法：小米煮成小米饭，卷心菜切碎；肋排整根下锅，加水和少许植物油用高压锅煮烂，把骨头拿掉。将锅中原料捣烂，与小米饭充分混合再加火煮后冷却装盆放入冰箱保存。喂食时取本品 1 份略加热后加商品犬粮 1 份。

6. 牛肉饭

材料：牛肉 500g，胡萝卜 100g，紫菜 50g，白菜 2 棵。

做法：将原材料绞碎和匀入锅蒸熟即可，拌米饭食用。

7. 牛肉羹

材料：牛肉 400g，米、面粉、蔬菜（各种蔬菜均可）等共 700g，食盐 10～20g。

做法：先将蔬菜和肉切碎拌入煮好的粥内上火煮 10min 即可食用。

8. 牛肉团

材料：玉米面 500g，碎牛肉 250g，鸡蛋 2 个，胡萝卜丁 250g，盐适量。

做法：先搅拌均匀，然后握成团上锅蒸熟。

9. 鸡肉胡萝卜窝头

材料：鸡胸肉 500g，胡萝卜 500g，粗粮 500g，大蒜 1 个，鸡蛋 5 个，食盐、食用油适量。

做法：将鸡胸肉切成丁，放水煮熟。将煮好的鸡胸肉用碎肉机绞成肉末，胡萝卜切丁，打成末，大蒜打成末，将打成末的鸡胸肉末、胡萝卜末、大蒜末、加上食盐、植物油、鸡蛋同首先磨好的粗粮放在一起混合好以后，做成窝窝头，蒸熟即可。

10. 简易拌饭

材料：大白菜、马铃薯、胡萝卜、鸡肉丁、蔬菜（可以按照时令选择）、煮熟的鸡蛋。

做法：把鸡肉丁、白菜丝、胡萝卜丁、马铃薯丁放到锅里一起煮，放少量的盐。20min 以后倒入放有狗粮的食盆里，将鸡蛋捣碎放入，搅拌均匀即可喂食。

11. 猪肝粥

材料：猪肝、米饭、鸡架汤。

做法：先将米饭蒸熟，将猪肝切碎待用。鸡架汤加热（没有盐），放入米饭、猪肝搅匀煮熟即可喂食。

12. 开食窝头

材料：瘦肉或动物内脏 500g（搅碎），鸡蛋 3 个，玉米粉 300g，青菜 500g（切碎），生长素适量，赖氨酸 5g，蛋氨酸 3g，多种维生素适量，食盐 4g。

做法：将所有准备的材料混匀后加水做成窝窝头蒸煮，加少许骨肉汤供仔犬舔食。

13. 猪血饭

材料：碎猪肉 500g，煮血 250g，小米 100g，大蒜一瓣。

做法：将原材料绞碎和匀入锅蒸熟即可食用。

14. 幼犬假乳

材料：鸡蛋 1 个，浓缩骨肉汤 300g，婴儿膏粉 50g，鲜牛奶 200g。

做法：将所有材料混合后煮熟，待凉后加赖氨酸 1g，蛋氨酸 0.6g，食盐适量即可。

15. 羊肉小米饭

材料：羊肉馅 300g，胡萝卜 1 根，小米 100g，白菜 2 颗，大蒜 1 瓣。

做法：将所有原料切碎煮熟，然后加入蒸熟的小米饭和少量的食盐即可。

二、猫的食品简易加工

1. 鸡肉
材料：鸡小胸 150g、鸡蛋 2 个、十三香、鸡精、盐微量。
做法：鸡肉剁碎成泥，加鸡蛋、调味品，浅盘上屉蒸熟。

2. 鸡肉及肝
材料：鸡小胸 150g、鸡肝 2 块、鸡蛋 1 个、十三香、鸡精、盐微量。
做法：鸡肉及肝剁碎成泥，加鸡蛋、调味品，浅盘上屉蒸熟。

3. 牛肉
材料：牛里脊 100g、瘦猪肉 50g、鸡蛋 1 个、十三香、鸡精、盐微量。
做法：牛肉剁碎成泥，加鸡蛋、调味品，浅盘上屉蒸熟。

4. 鱼肉

材料：鲜活鲫鱼 0.5kg，去鳞，去鳃，去肠；十三香、鸡精、盐微量。

做法：入高压锅，加少量水，闷 1h，到鱼刺可以用手捻成粉。一般主人每周可做两次，每次可以吃 2～3d（放冰箱），每天吃 2 次，每次以吃饱为限。

5. 丸子

材料：咸面包片或馒头，肉馅（猪、牛、羊、鸡、鱼泥或鸡肝泥）。

做法：①做鱼泥：最好选草鱼（鲢鱼也可以）去头不用，从后背沿鱼鳍、鱼骨将鱼片成两片。有鱼骨的那片将鱼骨剔除。鱼皮向下，肉朝上。用刀背轻轻的捶打鱼肉，然后将鱼泥刮下来。如此反复，直至剩下鱼皮和鱼刺。一般在鱼泥里面加些其他的肉馅。②肉馅的调味：把几种肉馅混在一起的。加鸡蛋一个、鸡精、盐少量、香油（或花生油），充分搅拌。③最后一道工序：将面包切成小块，将肉馅裹在外面，直径大小不要超过 3cm。放盘子里面，可以蒸或微波炉加工。

6. 鸡肝牛肉馅

材料：鸡肝、牛肉馅、葱末、十三香、少许料酒和香油。

做法：把鸡肝用水洗干净，然后把鸡肝切成 1cm 宽的小块，加上切碎的葱末和十三香（根据肝的多少，煮一半觉得不够香，再放一些也成），盐适量，别太咸，接着拌入牛肉馅，放少许料酒和香油，拌匀。找个锅，放 1/5 水，烧开，把鸡肝等倒入，用铲子搅和一下，鸡肝变色后，改为中火，20min 后差不多就熟了，若量大煮的时间稍长，注意别糊锅底，全是牛肉，油脂少容易粘锅底，放些色拉油，若水太少，中间放半碗开水也行。起锅时再淋一些香油。做好后可以拌米饭或馒头给猫吃。

7. 鸡肉拌饭

材料：整块鸡胸肉，白米饭，猫罐头（任何口味均可，主要看猫喜欢吃哪种口味的）。

做法：①鸡肉的处理：之所以选用鸡胸肉，是因为鸡胸肉没有骨头，比鸡腿和鸡翅容易处理。如果是冷冻过的鸡肉，要事先用凉水浸泡化冻，化冻后切成手指长的长条。②将鸡肉放入冷水中大火煮沸，之后换小火。用叉子在肉上扎出一些小眼。小火煮 15～20min，待鸡肉熟透后捞出。③将鸡肉切成半厘米见方的小丁，拌入米饭内。米饭和鸡肉的比例是二份米饭拌一份鸡肉。（注意一定要拌均匀，让每粒米饭上都沾有肉，不然挑嘴的猫会把肉都吃掉，把米饭留下）。④再拌少量猫罐头，要拌匀。猫罐头的量不用太多。

8. 鱼肉拌饭

材料：鱼肉（注意一定要挑出鱼骨，特别是喂小猫的时候）。

做法：同鸡肉拌饭。

9. 鸡肝拌饭

材料：鸡肝。

做法：①将新鲜鸡肝上的白色部分去掉。②用水浸泡鸡肝一小时，泡出鸡肝里的血水，再用清水清洗鸡肝。③把鸡肝一块块分开，放在凉水内煮开，用勺撇去表面的浮沫，用叉子在鸡肝上扎几个孔，之后换小火再继续煮 20～30min，一定要煮到熟透为止。④将煮熟的鸡肝切成小丁和米饭、猫罐头拌在一起即可。一定要拌匀。

10. 干粮煮鸡肝。

材料：干猫粮和煮熟的鸡肝。

做法：干猫粮 + 煮熟的鸡肝泡上水后上锅蒸 5min，出锅后拌匀即可。

11. 牛肉烩鸡蛋

材料：牛肉馅 200g、鸡蛋 1 个，以及香油、十三香、鸡精、盐各少量。

做法：①将牛肉馅加入生鸡蛋、辅料，搅打上劲，随时对入少量清水，直至呈稠糊壮，颜色发白。②蒸 30min。③趁热将肉羹与析出蛋少量汤汁搅均。可以存放密封良好的容器中置冰箱中贮存 3d 左右，随吃随取。

12. 馒头明太鱼

材料：馒头（要在冰箱或凉台上放 10h 以上，使之稍硬）、明太鱼（白鲢也可）、植物油、盐、糖。

做法：把馒头用手搓碎，然后煮鱼，煮熟后，把骨头除去，用筷子把鱼肉捣碎，放水，再把馒头屑放入煮，出锅前，放些植物油、盐和糖小煮。

复习思考题

1. 市售的宠物成品饲粮的几种形式有哪些？

2. 说明宠物食品质量的标准有哪些？

3. 说明全价配合饲料的生产工艺。

4. 说明添加剂预混合饲料的生产工艺。

5. 说明挤压膨化生产工艺生产宠物食品的工艺流程。

6. 说明罐头食品的生产工艺。

7. 说明宠物食品的质量控制方法，并阐述其意义。

8. 宠物食品的检测方法有哪些？如何操作？

9. 宠物食品如何检验与保存？

10. 在自制加工宠物犬、猫美味食品时，应注意哪些问题？

（黑龙江民族职业学院　侯晓亮）

第六章　观赏鸟的营养与饲料

观赏鸟和其他动物一样，在生长发育和繁殖过程中，需要多种营养物质。鸟类为了维持其生命活动，满足肌肉、脂肪、骨骼、羽毛、皮肤、蛋和其他体成分的合成需要从饲料摄取充足的蛋白质、能量（碳水化合物和脂肪）、矿物质和维生素等营养物质。鸟对食物的选择和营养物质需要量因种类不同而有差异，但对营养物质需要的种类是基本相同的。

从营养物质的元素组成来看，主要由碳、氢、氧、氮、硫等几种元素组成。不同的营养物质各有其不同的营养价值。如果营养物质缺乏，鸟就会出现生长迟缓、发育不良、落情和不爱鸣叫等现象，严重时会危及鸟的生命。

笼鸟是人工饲养的观赏鸟，其饲料主要是依靠人工配制、加工而成。而饲料品质的好坏、营养价值高低会直接影响鸟的生长发育、繁殖机能及饲养效果。

第一节　观赏鸟的营养原理

一、蛋白质营养

蛋白质是一种由多种氨基酸组成的高分子含氮有机化合物，是鸟类的生命物质基础，是鸟体细胞最基本的组成成分。蛋白质的主要组成元素有碳、氢、氧、氮，多数蛋白质含有硫，少数蛋白质含有磷、铁、铜、碘等。各种主要元素在蛋白质中所占的比例为：碳 $51.0\% \sim 55.0\%$、氢 $6.5\% \sim 7.3\%$、氧 $21.5\% \sim 23.5\%$、氮 $15.5\% \sim 18.0\%$、硫 $0.5\% \sim 2.0\%$、磷 $0\% \sim 1.5\%$。

（一）蛋白质对鸟的营养功能

1. 蛋白质是鸟体组织等的重要组成部分

鸟类的内脏、肌肉、神经、结缔组织、腺体、精液、血液、皮肤、羽毛、喙、蛋等都是以蛋白质为主要组成成分。蛋白质在体内起传导、运输、支持、保护、连接、运动等作用。

2. 蛋白质是机体内功能物质的主要成分

具有催化作用的酶、具有免疫功能的抗体、某些激素和维生素等都是以蛋白质为主要成分。蛋白质是维持鸟对营养物质消化吸收、繁殖等生命活动的基本物质。

3. 蛋白质是组织更新和修补的主要原料

在鸟的新陈代谢过程中，组织和器官的蛋白质更新和修补都需要蛋白质。

4. 蛋白质还可供能和转化为糖脂

当机体内能量不足，部分蛋白质分解氧化供能；或蛋白质过多时，可形成糖脂。

5. 蛋白质是鸟的遗传物质的基础

蛋白质是遗传物质 RNA、DNA 发挥作用的重要成分，也是染色体的重要成分。

（二）蛋白质的品质

蛋白质品质优劣是靠组成蛋白质的氨基酸的数量与比例来衡量的。氨基酸分为必需氨基酸和非必需氨基酸，必需氨基酸是指在鸟体内不能合成，或合成的数量少、合成的速度慢，不能满足鸟的营养需要，必须通过饲料提供的氨基酸；而非必需氨基酸是指可以在鸟体内合成，无须依靠饲料直接供给即可满足鸟需要的氨基酸。氨基酸平衡是指日粮中各种氨基酸在数量上和比例上同鸟所需要的相符合，即供给与需要之间是平衡的。

蛋白质是食物的重要成分。根据蛋白质的来源情况，可分为动物性蛋白质和植物性蛋白质。动物性蛋白质大都存在于肉粉、肉骨粉、鱼粉、蚕蛾粉、虾粉和昆虫等动物性饲料中。植物性蛋白质主要存在于豆类籽实、谷物等植物性饲料中。

各种不同的生物体所含的蛋白质品质不同。有的饲料中含有的蛋白质生物学价值高，如虫类、肉类、鱼类、豆类等；有的饲料所含的蛋白质生物学价值低，如禾本科植物籽实等，若让鸟单纯食用，则不能满足鸟体生长发育的需要。因此，鸟类的饲料最好是多种饲料的科学搭配，达到饲料蛋白质中各种氨基酸的互补，提高饲料的品质。否则，将会影响鸟的生长发育和健康。

鸟对蛋白质的消化主要靠消化道分泌的蛋白酶消化分解的。氨基酸的吸收场所主要在小肠。

二、碳水化合物营养

碳水化合物是多羟基醛或多羟基酮或其简单衍生物以及水解所产生上述产物的化合物的总称，含 C、H、O，有些含 N、P、S，通式 $C_m(H_2O)_n$。

（一）碳水化合物的营养功能

1. 碳水化合物是构成鸟的体组织物质

戊糖是形成核酸的原料，后者构成细胞；黏多糖是结缔组织成分；糖蛋白是细胞膜的成分。

2. 碳水化合物是鸟体内能量的主要来源和能量贮备物质

1 分子糖氧化产生 36 个分子 ATP；多余碳水化合物可转化为糖元和脂肪。

3. 寡聚糖的作用

近几年的研究表明，寡聚糖（寡果糖、寡甘露糖、异麦芽寡糖、寡乳糖和寡木糖等）可作为有益菌的基质，建立合理的微生物区系，消除和抑制有害病原菌、提高机体的免疫机能，对鸟的健康是有益的。

（二）碳水化合物分类

植物性饲料中的碳水化合物又称糖类，可分为两类：一类为无氮浸出物，主要包括单糖、低聚糖（2～10 个糖单位）和多糖（10 个糖单位以上），即淀粉，是鸟易消化的碳水化合物部分，也是以食谷为主的鸟类的能量主要来源。另一类为粗纤维，是鸟难以消化的碳水化合物部分，主要包括纤维素、半纤维素、果胶、半乳聚糖、甘露聚糖、黏多糖等，纤维素、半纤维素和果胶统称为非淀粉多糖（NSP）。根据 NSP 的水溶性，将不溶于水的称为不溶性非淀粉多糖，如纤维素；而溶于水的则称为可溶性非淀粉多糖，如 β 葡聚糖、阿拉伯木糖和果胶，这部分又叫抗性淀粉。鸟消化道内缺乏相应的内源酶而难以将可溶性非淀粉多糖降解；其与水分子直接作用使溶液的黏度增加，同时多糖分子本身互相作用，缠绕成网状结构，也引起溶液黏度大大增加，甚至形成凝胶。因此，可溶性非淀粉多糖在鸟消化道内能使食糜变黏，进而阻止养分接近肠黏膜表面，最终降低养分消化率。观赏鸟对粗纤维的消化吸收能力很弱，大多数观赏鸟日粮中粗纤维含量不应超过 5%～8%。

碳水化合物主要存在于谷物（如玉米、小米、小麦、稻谷）等植物性饲料中，尤其是禾本科（禾谷类）籽实，在生产实际中这些饲料又称为能量饲料。如果日粮中碳水化合物过量，鸟体本身消耗不了，剩余的部分往往会转化为脂肪，贮存在鸟体内。如果脂肪积蓄过多，则有害于观赏鸟的健康，必须引起饲鸟者的注意。

三、脂肪营养

脂肪主要由碳、氢、氧三种元素组成。它与碳水化合物一样可供应大量的热能，其产生的热能比等量的碳水化合物高出 1.25 倍。

鸟饲料中都含有一定量的脂肪，鸟食用后，对维持体温，保持肌肤的油润和羽毛的光泽等都有一定的作用。

脂溶性维生素必须有脂肪作为溶剂，才能被鸟消化吸收。饲料中含脂肪较高的是各种肉类、豆类、谷物以及各种油料作物籽实。脂肪在碳水化合物短缺的情况下，可转化为碳水化合物而被机体利用。

鸟类饲料中脂肪含量一定要适当，脂肪添加过多会引起肥胖症，使观赏鸟变得呆滞，不活泼，雄鸟不鸣叫，雌鸟不产蛋，散热困难，易中暑，遇突然的惊扰容易引起应激反应而死亡，因此，要注意搭配鸟饲料，不宜过多地喂给含脂肪高的饲料。

四、矿物质营养

矿物质是鸟饲料中不可缺少的物质。它不仅能促进鸟类机体的新陈代谢，提高饲料的转化率，而且在疾病防治等方面还起着特殊的作用。

鸟类体内矿物质元素含量约有 4%，其中多数存在于骨骼中，其余分布于身体的各个部位。矿物质元素在鸟的饲料中主要有钙、磷、镁、硫、钠、钾、氯、铜、铁、锰、锌、钴、碘、硒等。根据鸟类体组织中含量分为：常量元素、微量元素。

矿物质元素是组成细胞的必要成分，参与酶组成及其活性的调节，维持体液渗透压恒定和酸碱平衡及神经和肌肉正常功能。

（一）常量元素

1. 钙（Ca）、磷（P）

钙、磷是构成鸟体骨骼的主要成分，机体中 99% 的钙和 80% 的磷存在于骨骼中。

如果饲料中的这些元素供给不足或吸收发生障碍，会严重影响幼鸟的生长发育，长期缺钙鸟体骨骼中储存的钙被抽提至血液中，导致骨骼疏松、易骨折，甚至导致佝偻症，肌肉痉挛。繁殖季节缺钙，会影响蛋壳的形成，致使产软壳蛋或产的蛋易破，进而影响到鸟卵的孵化率。机体缺乏磷元素，将会造成鸟的骨骼发育不良，如鸟腿骨向外弯曲。如果饲料中含磷量低于 $0.12\%\sim0.17\%$，就会发生骨质疏松症，其早期症状为食欲减退。如若长期缺磷，会出现吞食异物、体重下降、性机能也会下降的现象。

因此，在鸟饲料中必须适量的添加钙与磷，正常比例为 $2:1$ 或 $1:1$，这有助于保持骨骼的坚硬和蛋壳的形成。在鸟食中过量掺入钙、磷、钾等矿物质，会导致鸟的痴呆、落情、不鸣叫等现象。

2. 钾（K）、钠（Na）和氯（Cl）

钠主要来源是食盐，钠能促进鸟的食欲。若食盐量过多，会引起鸟体水肿，并促使蛋白质分解。观赏鸟的体积较小，盐需求量不多，如果超过需求量太多，就会发生中毒现象。因此，一般小型的笼养观赏鸟的饲料中不加食盐，饲料本身所含盐量可以满足鸟的需要。

氯是胃液的成分，能激活胃蛋白酶，活化唾液淀粉酶，有助于消化。但一般观赏鸟类不会缺乏氯。

3. 硫（S）

鸟缺硫表现为采食量下降，爪、羽毛生长缓慢，自然条件下硫过量中毒现象少见。各种蛋白类饲料是鸟摄取硫的重要来源。一般情况下，鸟日粮中的硫都能满足需要，不需要另外补饲。但对于换羽期间的鸟，应补充富含硫的添加剂饲料，加速换羽。

（二）微量元素

微量元素虽然它们在鸟类体内的含量不是很高，但十分重要，是酶及维生素等物质中不可缺少的组成部分，常见的有铁、锰、铜、钴、碘、锌、硒等。

1. 铁（Fe）

铁是鸟体内含量最多的微量元素。若缺铁时，则会引起鸟类缺铁性贫血。含铁的饲料有蛋黄、肝脏，以及青绿饲料；泥土或沙土中铁元素的含量也不低。

2. 铜（Cu）

铜主要存在于鸟体的肝、脑、肾、心脏、眼、皮和羽毛中。其中肝中铜的贮备占鸟体内铜总量的一半。

体内缺铜时，会影响铁的吸收与利用，从而导致贫血；缺铜可使血清中的钙、磷不易在软骨基质上沉积，鸟出现类似软骨病的症状，有色羽毛褪色，免疫力下降。

饲料中铜分布广泛，尤其是豆科牧草、大豆饼、禾本科籽实及其副产品中含铜较为丰富，玉米中含铜较低。

3. 锌（Zn）

锌的来源广泛。植物性饲料普遍含有锌，动物性饲料中含锌均丰富。

鸟缺锌采食量下降，生长受阻，羽毛生长不好。还影响鸟的繁殖能力和机体免疫力。

过量锌对铁、铜的吸收不利，而导致贫血。

4. 锰（Mn）

植物性饲料均含有锰，尤其糠麸类、青绿饲料中含锰较丰富，动物性饲料含量极微。

鸟缺锰时，采食量下降，生长发育受阻，骨骼畸形，关节肿大，骨质疏松。

鸟摄入过量的锰，损伤鸟胃肠道，生长受阻，贫血，并致使钙、磷利用率降低。

5. 钴（Co）

钴在动物体内主要贮存于肝脏。一般饲料都能满足鸟的需要。

6. 硒（Se）

缺硒可导致鸟心肌和骨骼肌萎缩，肝细胞坏死等一系列病理变化，缺硒鸟患"白肌病"。此外，缺硒还明显影响繁殖性能，还加重缺碘症状，并降低机体免疫力。鸟摄入过量的硒可引起硒慢性或急性中毒。

7. 碘（I）

动物体内的碘浓度平均为 $50\sim200\mu g/kg$，但主要存在于甲状腺中。

缺碘引起鸟甲状腺增生肥大，基础代谢率下降。鸟对碘的耐受剂量较大，自然发生碘中毒现象并不多见。

五、维生素营养

维生素是维持鸟类正常生理功能所必需的低分子有机化合物。维生素不是构成体组织的成分，但维生素在体内起催化作用，参与代谢调节，促进主要营养素的合成与降解，其中有些维生素是辅酶的组成部分，对机体的新陈代谢、生长发育和健康有着极其重要的作用。如果长期缺乏维生素，就会引起鸟类生理机能障碍而生病。

笼养的观赏鸟脱离了野生环境，其条件受到极大限制，缺乏足够的阳光照射和自由采食各种天然的食物，如果饲料种类单一，很容易发生维生素缺乏症。如缺乏维生素 A，鸟的抗病力下降，生长发育受阻；缺乏维生素 D，幼鸟就会出现佝偻病；缺乏维生素 B_2，则会出现脚趾病等。如果要避免产生维生素缺乏症，只有使鸟的饲料组成多样化，同时添加合成的维生素制剂，才能够满足鸟的代谢和生长发育的需要。

维生素分两大类：脂溶性维生素和水溶性维生素。

（一）脂溶性维生素

1. 维生素 A

维生素 A 只存在于动物体内，植物性饲料不含维生素 A，但含有类胡萝卜素，包括 β-胡萝卜素、α-胡萝卜素、γ-胡萝卜素和玉米黄素等，在肠壁细胞和肝脏内可转变为维生素 A。缺乏时，产生夜盲症；上皮细胞发生鳞状角质化；引起腹泻、炎症；繁殖机能障碍；骨畸形，运动失调、痉挛；生长受阻，活力下降。

2. 维生素 D

维生素 D 为固醇类衍生物，常见 D_2 和 D_3，7-脱氢胆固醇和麦角固醇经阳光照射可转变为 D_3 和 D_2。鸟的 D_3 的效价比 D_2 高20～30倍。维生素 D 缺乏时，Ca、P 吸收减少，血 Ca、P 浓度降低，向骨骼沉积的能力也降低，鸟会发生佝偻病和软骨病等。维生素 D 过量可使大量 Ca 从骨中转移出来，沉积于动脉管壁等处，导致软组织钙化。

3. 维生素 E

维生素 E 是鸟繁殖所必需的脂溶性物质，又叫生育酚。青饲料、谷物胚、植物油和动物性饲料中含量丰富，籽实饲料和副产物中含量较少。维生素 E 缺乏将导致鸟繁殖机能障碍，抗病力下降。

4. 维生素 K

维生素 K 以多种形式存在，青绿料和动物性饲料含量丰富。缺乏维生素 K 血液凝固机能失调，血凝时间延长和出血，严重时导致鸟死亡。

（二）水溶性维生素

1. 维生素 B_1（硫胺素）

酵母、禾谷籽实及副产物、饼粕料及动物性饲料中含量丰富。缺乏时引起鸟厌食、生长受阻、体弱、多发性神经炎、共济运动失调、麻痹、头向后仰、鸟生殖器官萎缩、发育受阻。

2. 维生素 B_2（核黄素）

维生素 B_2 广泛存在于酵母、麦麸、豆饼、青绿多汁饲料、谷物胚芽、动物的乳、蛋、苜蓿叶片中。维生素 B_2 的缺乏症主要表现在皮肤、黏膜、神经系统的变化。

3. 维生素 B_3（泛酸）

泛酸广泛存在于动物和植物性饲料中，苜蓿干草、酵母、米糠、花生饼、青绿饲料、麦麸、鱼膏等是鸟良好的泛酸来源。鸟缺乏泛酸胚胎皮下出血、水肿，全身羽毛粗糙卷曲、质地脆弱易脱落、喙部出现皮炎、趾部外皮脱落出现裂口或者皮变厚、角质化等。

4. 维生素 B_5（烟酸）

烟酸广泛分布于各种饲料中。维生素 B_5 的缺乏主要表现在三个方面：皮肤病变、消化道及其黏膜损伤、神经系统的变化。

5. 维生素 B_6（吡哆醇）

维生素 B_6 是吡啶衍生物，动物性饲料、青绿饲料、谷物及其加工副产品中均含有丰富的维生素 B_6。维生素 B_6 缺乏时会引起免疫机能下降，导致胸腺萎缩，淋巴球数目减少等；鸟食欲减退，生长迟缓，羽毛发育不良，头下垂，肢散开，痉挛。

6. 维生素 B_7（生物素）

生物素广泛来源于各种动、植物性饲料和产品。肝、酵母及鸡蛋中含量丰富，青绿饲料含量也很高。生物素缺乏时，鸟表现为脱腱症。

7. 维生素 B_{11}（叶酸）

叶酸广泛存在于动物体、植物体及微生物中。动物的肝、肾、奶是维生素 B_{11} 的良好来源，深绿色多叶植物、豆科植物、小麦胚芽中也含有丰富的叶酸，但谷物中叶酸的含量较少。缺乏叶酸时，可导致巨红细胞性贫血，食欲减退、脱羽。

8. 维生素 B_{12}（钴胺素）

维生素 B_{12} 是自然界中仅能靠微生物合成的一种维生素，植物性饲料中不含有维生素 B_{12}，动物性饲料中含有少量的维生素 B_{12}，肝脏中含量最丰富。缺乏维生素 B_{12} 的表现为：生长停止，贫血、脂肪肝、死亡率增高，胚胎中途因畸形而死亡。

9. 维生素 B_4（胆碱）

胆碱具有强碱性，但在强酸的条件下不稳定。含脂肪的饲料都可提供一定数量的胆碱，蛋黄（1.7%）、脑髓和血（0.2%）是最丰富的来源，绿色植物、酵母、谷实幼芽、豆科植物籽实及其饼粕、油料作物籽实中含量丰富，玉米含胆碱少，麦类比玉米高一倍。胆碱的缺乏，鸟通常表现为生长缓慢、肝、肾脂肪浸润、脂肪肝、骨软化、组织出血。

10. 维生素 C（抗坏血酸）

维生素 C 有很强的还原性，极易被氧化剂氧化而失活。维生素 C 广泛存于新鲜的青绿多汁饲料中，尤以新鲜的水果、蔬菜中维生素 C 的含量最丰富。维生素 C 缺乏，可导致引起"坏血病"。

六、水营养

水是构成机体的主要成分，水分占鸟体重的 2/3 左右，其中 40% 存在于细胞内，20% 在组织里，5% 在血液中。鸟类和其他动物一样，机体中失去全部脂肪、肝糖或一半蛋白质，尚能维持生命。但是水分如减少 10%～20% 则会影响其健康而导致疾病，甚至死亡。水在机体内的作用很重要，主要表现为促进食物的消化、养分的运输、废物的排泄及参与体内各种化学反应，保持鸟体的体形、调节体温、润滑关节等。为了保持观赏鸟的健康并维持各种生理机能，就必须提供充足的饮水，以保持体内水分的平衡。特别是在炎热的夏天，更应该注意水分的供给。

第二节　观赏鸟的营养需要

观赏鸟的营养需要包括对能量、蛋白质、氨基酸、矿物质和维生素的需要。

笼养的观赏鸟与野外的观赏鸟相比，运动范围小，食物只能被动地依靠饲养者的供给，这就要求笼养的观赏鸟的饲料一要营养全面，二要从量和营养平衡方面能够满足它们生长发育、繁殖和有限运动的需要。笼养的观赏鸟的营养需要低于野外的观赏鸟。

一、能量需要

鸟类活动力强，新陈代谢旺盛，每天消耗的能量很大，必须从饲料中大量摄取能量物质来满足能量的需要。

（一）维持的能量需要

采食植物籽实的观赏鸟的能量来源主要是依靠籽实中的碳水化合物，即淀粉类物质，其次是籽实中的脂肪。添加脂肪可提高观赏鸟日粮浓度，也是提供必需脂肪酸的重要来源。如果日粮中能量水平过高，尤其是脂肪含量过高，会降低鸟的采食量，在其他营养物质水平不提高的前提下，还会导致鸟的蛋白质、矿物质和维生素等营养缺乏症。相反鸟的日粮能量水平较低，采食量将会增加，以便满足能量的营养需要，同时会导致因其他营养物质消化吸收率的浪费，甚至加重鸟的代谢负担。

一些观赏鸟的能量营养需要量见表 6-1。

表 6-1　一些观赏鸟的代谢能（ME）的需要量

鸟的名称	体重范围（g）	代谢能（kJ/d）
灰葵花鸟	80～100	110～130
虎皮鹦鹉	50～70	78～100
金丝雀	20～30	40～45
灰头文鸟	15～20	32～40

*摘自《伴侣动物营养学》，I. H. Burger

（二）繁殖期和换羽的能量需要

对于一窝鸟的能量需要不仅包括幼鸟生长发育的需要，还包括成年鸟的维持需要和运送食物及哺育幼鸟的需要。处在繁殖期成鸟的能量平均需要量应是非繁殖期的两倍以上，直至最后一只幼鸟离巢。

换羽后的鸟因热量散失增加，导致代谢速度提高，产热和羽毛生长所需要的能量增加50% 左右。

（三）生长发育鸟的能量需要

幼鸟出壳后生长速度很快，而且生长全身羽毛，像虎皮鹦鹉幼鸟出壳时体重仅平均为1.5g，10 日龄可达20g，此期能量需要量较高，而且主要用于生长。但随着鸟的生长，用于生长的能量比例逐渐下降。

环境温度对能量需要有较大的影响。一般鸟的体温在41～42℃之间，通常高于外界温度，而且鸟体格小，相对于体重而言，其体表面积较大，因此鸟需要很高的能量用于维持体温恒定，采食量也大。当环境温度高于体温时，因鸟的散热能力差，只能降低采食量。

二、脂肪和脂肪酸需要

鸟体内应保持一定量的脂肪，脂肪具有维持鸟体温、保护脏器的作用。它不仅可以为鸟提供能量，而且也是热量最经济的贮存形式。此外，鸟体内脂溶性维生素的吸收也离不开脂肪。脂肪是鸟不可缺少的营养物质，但当饲料中脂肪含量过高时，会使鸟肥胖、呆滞不活泼，雄鸟不鸣叫、雌鸟不产卵、散热困难、易中暑，突遇惊扰易引起因鸟剧烈活动而猝死。过高的脂肪还会引起鸟腹泻，抑制钙、磷等矿物质的吸收，导致矿物质和其他营养缺乏症。所以，笼养观赏鸟不宜饲喂单一的油料作物籽实，而应与低脂肪的谷物籽实混合饲喂。

脂肪还可以为鸟提供必需脂肪酸。动物体内不能合成，必须由饲料供应的多不饱和脂肪酸叫必需脂肪酸，包括亚油酸（C18：2），亚麻酸（C18：3）和花生四烯酸（C20：4）。当鸟缺乏必需脂肪酸时，鸟的生长速度下降，皮肤粗糙，对水的需要量增加，羽毛生长受阻，饲料消化吸收率降低，严重的导致鸟死亡。成年鸟换羽时对脂肪的需要量增加，应供给一定比例富含脂肪的饲料。

三、蛋白质需要

蛋白质是组成鸟类的皮肤、羽毛、肌肉、内脏等的主要成分，观赏鸟的生长发育、产卵都需要大量蛋白质。鸟类的饲料应是多种饲料进行搭配，使不同来源蛋白质中的氨基酸达到相互弥补，来提高鸟日粮的营养价值。尤其是以植物籽实为主要食物的硬食性鸟类的饲料，应该用两种或两种以上的植物籽实进行合理搭配。而软食鸟的饲料应该以动物性饲料与植物性饲料科学配制而成。

（一）生长鸟的蛋白质需要

幼鸟需要大量的蛋白质，以满足快速生长发育的需要。幼鸟对蛋白质的需要不仅是机体生长的需要，而且还有生长羽毛的需要。雏鸟蛋白质需要量应在20% 以上，以满足其生长发育和羽毛生长所需。生长鸟的蛋白质需要量应在20%左右，并且随鸟的不断生长，日粮蛋白质水平也应该随之下降。

生长鸟对蛋白质的需要实质是对氨基酸的需要，这与家禽是一致的。幼鸟不仅需要一定数量的蛋白质，而且还需要一定比例和数量的氨基酸，尤其是与组织器官生长和羽毛生长有关的氨基酸。幼鸟的必需氨基酸有10种，如赖氨酸、蛋氨酸、色氨酸等，除此之外，与成年鸟不同是幼鸟还需要日粮中提供一定数量的甘氨酸和脯氨酸，因为二者是组成胶原蛋白和羽毛的成分。

生长鸟的日粮为确保最佳的蛋白质水平和氨基酸平衡，应选择诸如鸡蛋一类的优质蛋白质饲料。

（二）成年鸟的蛋白质需要

成年鸟的蛋白质需要主要用于维持体重，羽毛、爪和喙及体组织的修复。成年鸟的蛋白质需要和幼鸟一样包括数量和质量两方面的需要。鸟日粮蛋白质水平应维持在14%左右。

理想的日粮氨基酸组成能提高蛋白质的利用率，可适度降低日粮蛋白质的供给水平，节约蛋白质饲料。

（三）换羽期蛋白质和氨基酸的需要

羽毛是鸟保温隔热、协助飞翔不可缺少的。羽毛囊形成于鸟的胚胎期，鸟类的羽毛每年会定期更换，大部分鸟类的羽毛在秋季会全部脱落换成冬羽，冬羽的绒羽较多，可保温过冬。隔年春季会再换一部分或全部的羽毛，即成夏羽。羽毛的蛋白质含量达85%以上，为角质化蛋白。因此，鸟换羽期蛋白质和氨基酸的需要量明显高于非换羽期需要量。

（四）繁殖期蛋白质和氨基酸的需要

鸟卵有50%是蛋白质，所以繁殖期的鸟每日蛋白质需要量要比成鸟高，同时为确保卵的孵化，日粮氨基酸也要平衡，特别是含硫氨基酸的供给。

四、矿物质需要

矿物质是组成鸟类骨骼的成分，并同鸟的食欲、造血、消化吸收、繁殖等有密切关系。

观赏鸟钙、磷的需要同家禽、鸽等是一样的原理，日粮中要求钙和磷的适宜比例为2∶1。钙的需要量一般为0.8%～1.0%，磷为0.35%～0.45%。食盐是观赏鸟不可缺少的营养物质，一般需要量为0.2%～0.3%。

一般情况下，观赏鸟可由饲料来满足缺乏的某些微量元素，也应补充添加所缺乏的微量元素，但额外补充微量元素还要考虑安全性和有效性。

五、维生素需要

饲料中维生素的含量极少，是一类不可缺少的活性物质。鸟的生理活动和维生素有密切的关系。维生素缺乏时，鸟的抗病力低，生长缓慢，羽毛松散不齐，软骨或羽毛颜色不鲜艳，发情不正常，雄鸟鸣声少或不鸣，维生素主要存在于蛋黄、鱼粉、植物籽食、酵母、新鲜青绿植物中。

观赏鸟的维生素需要包括对脂溶性维生素和水溶性维生素的营养需要。

维生素 A 的缺乏常见于雀型目的鸟类，主要是因为日粮搭配不合理，如饲喂鹦鹉过多葵花籽。鱼肝油是维生素 A 的很好的补充添加剂饲料，除此以外还有一些饲料富含胡萝卜素。雌鸟缺乏维生素 A 会造成胚胎早期死亡。受阳光照射较少的鸟要注意补充维生素 D。一般饲喂整粒籽实的鸟很少缺乏维生素 E。青绿的植物叶和草含有维生素 K，并且鸟肠道内细菌也能合成维生素 K，仅在使用抗生素时易缺乏。有关 B 族维生素的营养需要量的资料很少，可参考家禽的维生素量，雌鸟缺乏维生素 B 族时，胚胎会因为不够强壮而无法完成整个孵化过程。维生素 C 一般不需要添加，只有在应激状态下需要在鸟日粮中补加。

关于各种观赏鸟对各类营养物质的需要量、采食行为和数量、营养物质的消化率等方面的研究还不是很多，需要国内外的动物营养专家进一步研究。鸟饲料营养水平应达到粗蛋白含量为：20%～30%，代谢能（鸡）为：12～15MJ/kg，粗纤维9%。一些饲料公司通过试验，摸索和确定了观赏鸟的营养需要量，见表6-2。

表6-2 观赏鸟的营养需要量

观赏鸟	代谢能（MJ/kg）	粗蛋白质（%）	钙（%）	磷（%）	盐（%）
幼鸟	11.91～14.63	18～30	0.8～1.0	0.4～0.6	0.2～0.4
成鸟	11.70～13.77	14～18	0.6～0.8	0.3～0.5	0.2～0.4

＊食谷或以食谷为主的杂食鸟应采用低蛋白，低能量

第三节 鸟类的饲料

一、鸟类饲料的种类

观赏鸟饲料包括能量类饲料、蛋白质类饲料、青绿饲料、矿物质饲料、维生素饲料、添加剂饲料。日粮中一般能量类饲料40%～70%、蛋白质类饲料30%～50%、矿物质饲料4%～5%、维生素饲料0.1%～0.2%、添加剂饲料1%～2%。鸟与其他动物一样需摄取食物，以维持生命活动及其生长、发育、繁殖。鸟所需的营养物质（水分除外）包括蛋白质、碳水化合物、脂肪、维生素、矿物质五大必需营养要素。鸟类在人工饲养条件下，不能自由广泛地选择摄取食物，必须提供营养齐全、平衡的全价饲料。

实践中人们又习惯把常用的鸟饲料按形状、来源和成分含量进行分类，分为植物性饲料、动物性饲料、青绿饲料、矿物质饲料、营养性添加剂饲料等。

（一）植物性饲料

植物性饲料包括以植物籽实为主的粒状饲料和将其加工粉碎后的粉状饲料。

1. 植物性粒状饲料

粒状饲料又叫粒料，主要是指未经加工的植物籽实。芙蓉鸟、金山珍珠鸟、蜡嘴雀、姣凤、十姐妹、灰文鸟等为硬食鸟，这些鸟以谷物种子为主食，食种子时有剥壳的习惯。

粒料依所含的主要成分的不同，又分为淀粉类和油料作物类。

淀粉类粒料大部分来自谷物籽实，如粟、黍、穆、稗、稻、玉米、高粱、小麦等，是鸟的主食。

油料作物类的种子也被用于喂鸟，如苏籽、麻籽、菜籽、葵花籽、松子、花生、芝麻等，不过这类饲料占鸟的日粮的比例很小，在大多数情况下油料作物类饲料只占日粮的10%左右。在繁殖季节，鸟类的能量消耗很大，谷物类籽实往往不能满足鸟产卵和育雏的能量需要，一般在鸟繁殖季节的日粮中，油料作物类籽实含量应占日粮总量的1/3，否则将影响鸟的发情，不利于亲鸟的繁殖。鹦鹉等鸟类特别能耐受高脂肪的食物，即使长期饲喂含脂肪量高的葵花籽、松子等饲料也不会出现代谢问题，体型越大的鸟对油脂的耐受性越强。观赏鸟几乎都有挑食的毛病，当同时供给淀粉类饲料和油脂类饲料时，它们总是先将油脂类饲料吃完，为了避免挑食，最好不要将不同的粒状饲料混在一起喂。如果长期使用某种单一的籽实类饲料喂鸟，则鸟容易老化，幼雏体质弱，羽毛松乱无光泽。

观赏鸟常用的粒料主要有以下几种。

粟：即粟谷或粟米，我国主要栽培于北方。谷粒呈黄白色，有粳、糯之分，饲养笼鸟一般都选用黄色的粳粟。为了增加鸟类的活动，有时用整穗粟子挂在笼内任鸟啄食。

黍：又名稷、糜子，去壳后称大黄米。是一年生草本植物，秆高1m左右，成熟时结穗成枝松散而不紧密，谷粒乳黄色，光滑有光泽，粒较粟子大。我国栽培于西北、华北各省。能食用，也有糯、粳之分。

穆：一年生草本植物，秆高1m左右，成熟时秆顶有4～5枝小穗，小穗的基部聚合在一起。种子成球形，茶褐色。我国长江以南地区有栽培。

稗：又名稗子、稗谷。广布于温暖地区，沼泽低洼地多见，是稻田中的杂草。种子外壳光滑呈褐色。

稻谷：稻是文鸟科鸟类喜食的饲料，有糯、粳、籼三种，饲鸟常用粳、籼两种，一般不用糯谷。除用谷粒喂鸟外，米粒也常作硬食鸟的饲料，如蛋黄米。

玉米：又名玉蜀黍、苞米。有红、黄、白三种，一般用红、黄玉米喂鸟，有整粒和磨成粉两种喂法。由于鸟的消化道短，大而整的玉米粒不好消化。玉米含脂高，不宜多喂，否则，使鸟因体内脂肪沉积过多，而懒于鸣叫和运动，甚至影响产卵。

苏子：苏子有紫苏子和白苏子两种。紫苏子褐色、粒小，俗称野苏子。白苏子较紫苏子为大，银灰色，上布满网状皱纹，富含油脂，鸟极喜食，多用来喂黄雀、金丝雀、雏类等。在驯化鸟时饲喂效果较好，但平时不能因鸟喜食而多喂，这样会使鸟过于肥胖而带来不良后果，一般占饲料10%以内即可，在冬季和换羽期可增至20%。

菜籽：是十字花科蔬菜的种子，主要是油菜（芸薹）的种子，其他菜籽因产量不多，价格较贵而不常用。但也有将发芽率低，无播种价值的陈年菜籽作鸟食，但要注意不能有霉变。菜籽富含脂肪，也不宜多喂。繁殖前喂量占饲料20%，冬季、换羽期为10%。

麻籽：又名大麻籽、火麻籽，是大麻的种子。外表光滑，色灰褐，上有黄白色花纹，能入药。按鸟体大小有用整粒和打成碎粒两种喂法。富含脂肪，也不宜多喂，用量一般占饲料总量的15%～25%。

葵花籽：葵花籽的种子较大，一般都用作鹦鹉类的饲料，用量一般占饲料总量的25%左右。

松子：主要是果松的种子，因粒大、壳坚硬，仅宜鹦鹉类喂用。如将壳稍打碎，则有些中型鸟也能喂用。大部分的硬食鸟都能饲喂黑松的种子。松子虽富含油脂，但脂肪含量不及麻子和白苏子多，喂鸟比较适合，饲喂量约占饲料总量的15%左右。

补助饲料：麦子、高粱、花生、芝麻、豌豆、黄豆、绿豆、蚕豆等。

2. 植物性粉状饲料

常用的有植物类籽实去壳焙炒后磨成的粉状饲料，如玉米粉、黄豆粉、米粉、黏米粉、高粱粉、绿豆粉、蚕豆粉等；一些在粮食加工副产品，如麸皮、豆饼粉、糠麸、草粉、面包屑、饼干屑等。

嘴短而细小的观赏鸟类，野生状态下，以昆虫为主食，不食谷类等硬食。如红点颏、蓝点颏、蓝歌鸲、红胁蓝尾鸲、白眉鸫、白腹鸫、灰鸫、黑喉石䳭、树莺等。但人工饲养时，不能以昆虫为主，需要人工配制软饲料（粉状饲料），即将粒料去壳磨成粉与动物性饲料等科学配制而成。

生的植物性粉料不宜喂鸟，尤其是豆科籽实不能生喂，因为豆科籽实均含有抗营养因子。

（二）动物性饲料

动物性饲料包括两个方面的来源：昆虫饲料（活昆虫、昆虫粉）、水产饲料和肉类饲料及屠宰副产品、鸡蛋黄等。

常用的昆虫有皮虫、蝗虫、面包虫、螽斯（蚂蚱）、柞蚕蛹、螟蛾幼虫、玉米螟、蟋蟀、油葫芦、蝼蛄、蝉、蜘蛛、蚯蚓、蝇蛆等营养丰富的鲜活饵料，及其干制的昆虫粉。

水产饲料包括海产品（去盐的海鱼虾、鱼粉等）和淡水产品（鲜鱼虾、淡水鱼粉等）。

肉类饲料及屠宰副产品主要是指鲜肉类（牛、羊、猪等）及其肉粉、内脏类（主要是肝）及其内脏粉、水解羽毛粉、酵母粉等。

动物性饲料是食虫鸟类和生食鸟类的主食，杂食类鸟一般动物性饲料占总饲料的20%～35%。

1. 昆虫饲料

昆虫体内各种营养成分含量丰富，而且利于鸟的吸收和利用。人工饲养的食虫鸟应尽可能多地提供活的昆虫作为饲料，主要有面包虫、油葫芦、蟋蟀等。也可制成昆虫粉，添加到配合饲料中。

喂活的动物性饲料时要去掉有可能刺伤消化道的足或棘刺，蝉则需切开喂。食肉鸟和食虫鸟都喜欢吃活食，长期不喂活的虫子，可能影响鸟的健康，导致精神不振、有色羽毛褪色等。在鸟的繁殖期或换羽时，应添加适量的动物性饲料，因为鸟在人工饲养状态下不能自己调节食物种类。

（1）大蓑蛾　俗称皮虫，营养丰富，是一种嗜食植物叶子的害虫，可从树枝上、棉花或大豆田中采集。以秋、冬季的虫体质量最好，画眉、八哥、鹩歌、柳莺、绣眼鸟等喜食。作饲料用雄性幼虫和雌性成虫。雌虫体大，呈黑色，适宜喂体型大、性粗野的鸟，如松鸦、长尾蓝鹊等；雄虫呈棕色，俗称小黄虫，适宜喂体型小的鸟类，如柳莺、鸲类、绣眼鸟、戴菊、棕头鸦雀等。喂养时可将虫的头部用手挤压一下，也可切段饲喂，或将虫用沸水烫死后再喂。

（2）黄粉虫　亦称面包虫、麸子虫，现大量人工养殖作为饲料，是鸟类的优质蛋白质饲料。干物质中含蛋白质47.63%、脂肪28.56%。黄粉虫是笼养鸟的理想饲料。面包虫的幼虫、蛹、成虫都可作鸟类饲料，可活食，也可烘干保存，作为干饲料。一般以幼虫为宜，幼虫呈淡橙黄色，2～3cm长，大小型鸟都能喂。面包虫自行饲养的方法如下。

用搪瓷盆、上釉陶钵、砂锅等四壁光滑、深10cm以上盛器，用米糠、麸皮和少量面粉混合制成培养基放入盛器内，放入黄粉虫，在25～30℃温度下培养，每隔几天放少量新鲜切碎的蔬菜叶、南瓜片、胡萝卜和培养料，并更换旧料，约1.5～2个月可喂鸟。幼虫化蛹后，要拣出另养，待蛹羽化成棕黑色成虫后，用窗纱将虫卵筛出后再孵化饲养。

（3）蚕蛹　常见的蚕蛹有家蚕蛹、柞蚕蛹、樟蚕蛹、蓖麻蚕蛹等，蚕蛹是一种质优价廉的高蛋白动物饲料，它的鲜体含粗蛋白质11.27%，粗脂肪0.66%，钙0.22%，磷0.10%。蚕蛹干体分两种，一种是未榨过油的，含脂肪高，易酸败；另一种是榨过油的，热榨后符合卫生条件。蚕蛹不仅含蛋白质多，核黄素等含量也高。将蚕蛹焙干后，研成细末即为蚕蛹粉。

（4）蝗虫类　有东亚飞蝗、竹蝗等，呈绿色或黄褐色，活虫很难饲养，仅能存活几天，可晒干后保存。这些昆虫的嘴和后肢较强健而坚硬，用活蝗虫喂食，应将口器和后肢除去，以免损伤鸟的食道。

（5）蝇蛆　干蝇蛆含粗蛋白质59.39%，粗脂肪12.61%，与进口秘鲁鱼粉相差不多，是一种优质的动物性蛋白质来源。蝇蛆最好洗净后用沸水烫死再投喂，以免逃逸，而且因其有异味，有些鸟需经过一周左右习惯后才肯采食。可直接饲喂鸟类，也可洗净后在80℃条件下烘烤，干燥后加工成粉，贮存备用。

（6）蚯蚓　蚯蚓是一种新兴的动物性蛋白质补充饲料，其饲用价值逐渐受到重视。蚯蚓含粗蛋白质42%，饲喂时要防止寄生虫的感染。蚯蚓有红、青等许多品种，可翻掘收集，也可进行人工饲养。喂笼养鸟一般用红蚯蚓。用瓦盆盛少量泥土，混入腐叶、烂菜等腐殖质，放入蚯蚓，盖上草，常洒水保持潮湿，可养较长时间。部分活虫的营养成分见表6-3。

表6-3　部分活虫的营养成分

活虫	钙磷比	蛋白质（%）	脂肪（%）	纤维和其他（%）	水分（%）
面包虫	1：25	20.3	12.7	1.7	62
超级麦皮虫	1：18	20.0	16.0	6.8	59
蚯蚓	—	10.0	2.0	4.0	84
奶油虫	—	16.2	5.2	20	59
蟋蟀	1：12	18.3	7.0	6.2	70
蚕	1：2.4	63.8	10.6	—	20
蛆	1：7	15.5	22.2	7.7	62

2. 水产饲料

（1）鱼虾类　常用的鱼虾类为新鲜的河、海小杂鱼虾。鱼虾的动物性蛋白丰富，矿物质含量比较全面，是笼养鸟生活及求偶繁殖期所需的重要成分。小型的鲜鱼、鲜虾可直接投喂，但多数情况下是将鱼虾烘干磨粉后拌料投喂。生食鸟可喂新鲜的鱼虾，虾煮熟后可供画眉、棕头鸦等食用。饲喂海产品时要防止食盐中毒。

（2）鱼粉　可以购买供作饲料用的商品鱼粉，但有的含盐分太高，不宜采用，最好是淡鱼粉。鱼粉也可以自己制作。制作方法是：用小杂鱼，清洗干净，放在锅内蒸煮，熟后取出，将水沥干，用文火焙炒至干松，再用研钵或石磨研细，过筛备用。喂法与蚕蛹粉、蝇蛆粉、奶粉一样，通常是与奶粉混匀后喂给，但鱼粉比例不宜超过 30%。

（3）介壳类　常用的有蜗牛、螺蛳、田螺、蚌等，洗净剁碎鲜喂最好。

3. 肉类饲料及屠宰副产品

肉类饲料包括鲜肉，内脏类（主要是肝）、及其干制粉碎后的肉粉、内脏粉、血粉、羽毛粉等。

（1）鲜肉　鲜肉最好是检疫合格的牛肉、羊肉、猪肉等，鲜肉类宜洗净切成细丁后饲喂。肉粉营养价值高，粗蛋白质的含量为 54.3%～56.2%，粗脂肪 4.8%～7.2%。每千克含 125μg 维生素 B_{12}，是维生素 B_{12} 的良好来源。但它不含维生素 A 和维生素 D，核黄素含量也低。此外，肉粉不能长期贮存，否则，它所含的脂肪受氧化而腐败，显著降低质量，饲料中的维生素也遭到破坏。

（2）内脏类　应洗净去杂、高温消毒、切碎后饲喂。

（3）肉粉、内脏粉、血粉　应洗净去杂去脂、高温消毒、干燥粉碎后使用。它们的营养价值较高，不仅蛋白质含量可达 70% 左右，而且氨基酸平衡性好，同时必需氨基酸含量高，是观赏鸟很好的动物性饲料，适合制造配合饲料。

（4）羽毛粉　应为水解羽毛粉，因为鸟不能消化角质化的羽毛粉。水解羽毛粉虽然蛋白质含量高（75% 左右），但鸟对其消化率不高，应限量添加。

（5）鸡蛋和鸡蛋粉　是最好的动物蛋白，鸟对其消化吸收率非常高。它不仅可为鸟提供生物学价值高的蛋白质，而且还可提供优质的脂肪和维生素 A。

（6）奶粉和代乳粉　奶粉中的营养物质非常丰富，如蛋白质、维生素的含量很高。将适量奶粉掺拌在饲料中，对鸟的体质与羽毛光泽度都有良好效果。但是，鸟食入奶粉后易发生腹泻，应注意添加量。代乳粉是儿童食品，其主要原料是黄豆粉，但其中科学添配有生长所需的营养成分，营养较全面，对健壮鸟体有良好作用。

（三）青绿饲料

水分含量高，约为 60%～90%；蛋白质含量较高，品质较优，一般禾本科牧草和叶菜类饲料的粗蛋白质含量在 1.5%～3.0%；粗纤维含量较低，幼嫩的青绿饲料含粗纤维较少，木质素低，无氮浸出物较高。维生素含量丰富，青绿饲料是供应家畜维生素营养的良好来源。特别是胡萝卜素含量较高，每千克饲料含 50～80mg 之多。

1. 菜叶

包括各种蔬菜的叶子，如青菜叶、白菜叶、卷心菜叶、萝卜叶等。选用鲜嫩的菜叶，饲喂前用清水浸泡漂洗干净，为避免菜叶上有残留的农药，浸泡时间应长些，再用 0.1% 的高锰酸钾消毒，杀死菜叶上附有的细菌、寄生虫卵等。也可用野草、麦苗、一些嫩树叶等代替菜叶。

2. 块根

常用的有甘薯、胡萝卜等。

3. 瓜果

常用的有西瓜、南瓜、甜瓜、番茄、苹果、梨、葡萄、芭蕉、香蕉、枣等。

4. 水草

指各种水生植物，如浮萍、青萍、金鱼藻等，其营养成分见表6-4。

表6-4 水生饲料成分及营养价值 （%）

种类	干物质	粗蛋白质	粗纤维	钙	磷
水浮莲	7.0	1.1	1.2	0.13	0.07
水葫芦	5.1	0.9	1.2	0.04	0.02
水花生	6.0	1.1	1.1	0.08	0.02
绿萍	6.0	1.6	0.9	0.06	0.02
水芹菜	10.0	1.3	1.5	0.09	0.02
水竹叶	6.0	0.8	1.0	—	—

*引自梁邢文等.《饲料原料与品质检测》，1999

（四） 矿物质类饲料

目前，用作鸟类的矿物质饲料已达数十种之多，如墨鱼骨粉、贝壳粉、蛋壳粉、石灰石粉、畜禽类骨粉、磷酸氢钙、食盐、石膏、麦饭石、海泡石、石砂、泥沙、黏土、木炭粉、和盐土等。这些矿物质中有的含有多种微量元素，对改善鸟的健康状况也十分有利。

矿物质饲料包括钙源性饲料、磷源性饲料、食盐以及含硫饲料和含镁饲料等。

1. 钙源性饲料

通常天然植物性饲料中的含钙量与各种动物的需要量相比均不足，特别是产蛋家禽、泌乳牛和生长幼畜更为明显。因此，动物饲粮中应注意钙的补充。常用的含钙矿物质饲料有墨鱼骨粉、贝壳粉、蛋壳粉、石膏、石灰石粉及碳酸钙类等。

（1） 墨鱼骨粉 新鲜的墨鱼骨洗净后在室外挂置数周除腥后才能用。墨鱼骨质地疏松，可挂在笼内让鸟啄食，也可刮粉拌入饲料中。

（2） 贝壳粉 贝壳粉是各种贝类外壳（蚌壳、牡蛎壳、蛤蜊壳、螺蛳壳等）经加工煅烧粉碎而成的粉状或粒状产品，多呈灰白色、灰色、灰褐色。主要成分也为碳酸钙，含钙量应不低于33%。品质好的贝壳粉杂质少，含钙高，呈白色粉状或片状。天然的贝壳矿粉也可喂用，贝壳粉内常掺杂砂石和泥土等杂质，使用时应注意检查。

（3） 蛋壳粉 禽蛋加工厂或孵化厂废弃的蛋壳，经干燥灭菌、粉碎后即得到蛋壳粉。无论蛋品加工后的蛋壳或孵化出雏后蛋壳，都残留有壳膜和一些蛋白，因此除了含有34%左右钙外，还含有7%的蛋白质及0.09%的磷。蛋壳粉是理想的钙源饲料，利用率高。应注意蛋壳干燥的温度应超过82℃，以消除传染病源。

（4） 石灰石粉 石灰石粉又称石粉，为天然的碳酸钙（$CaCO_3$），一般含钙35%～38%，是补充钙的最廉价、最方便的矿物质饲料。按干物质计，石灰石粉还含有少量其他矿物元素，含量如下：氯0.03%～0.35%、锰0.027%、镁2.06%。

天然的石灰石，只要铅、汞、砷、氟的含量不超过安全系数，都可用作饲料。将石灰石锻烧成氧化钙，加水调制成石灰乳，再经二氧化碳作用生成碳酸钙，称为沉淀碳酸钙，含钙39%左右。

（5） 石膏 石膏为硫酸钙（$CaSO_4 \cdot nH_2O$），通常是二水硫酸钙（$CaSO_4 \cdot 2H_2O$），灰色或白色的结晶粉末。石膏含钙量为20%～23%，含硫16%～18%，既可提供钙，又是硫的良好来源，生物利用率高。石膏有预防鸟啄羽作用。

大理石、白云石、白垩石、方解石、熟石灰、石灰水等均可作为补钙饲料。此外，还有葡萄糖酸钙、乳酸钙等有机酸钙，利用率虽高，但价格贵。

钙源饲料很便宜，但不能用量过多，否则会影响钙磷平衡，使钙和磷的消化、吸收和代谢都受到影响。

2. 磷源性饲料

富含磷的矿物质饲料有骨粉、磷酸氢钙。在使用磷源性饲料时，要考虑原料中有害物质如氟、铝、砷等是否超标。

（1）骨粉　骨粉是以家畜骨骼为原料经热压、脱脂、脱胶、干燥、粉碎制成的。钙磷比为2∶1，是钙磷平衡的矿物质饲料。骨粉中含钙30%～35%，含磷13%～15%。用简易方法生产的骨粉，即不经脱脂、脱胶和热压灭菌而直接粉碎制成的，因含有较多的脂肪和蛋白，易腐败变质，有传播疾病的危险。

（2）磷酸氢钙　也叫磷酸二钙，为白色或灰白色的粉末或粒状产品，其含磷16%～18%，含钙20%～23%，含氟量不得超过0.08%。

3. 食盐

商品食盐含氯58%，含钠38%，此外尚有少量的镁、碘等元素。有助于鸟多产精子、卵子。对食植物性饲料的鸟类，由于饲料中含盐量很低，应在饲料中以0.1%的比例加入食盐。

4. 人造盐土

这种物质的加工非常简单，主要原料是取用适量清洁而卫生的黏土（黄泥或白泥均可），用适量盐水搅拌均匀，打压或捻成泥团，待其自然干燥后，让鸟自行啄食，也可掺入饲料中。

5. 沙粒

鸟无牙齿，沙土虽不能被鸟体吸收利用，但沙粒在胃中可帮助消化食物，沙土被鸟啄食后进入鸟的体内，在胃内可起到研磨的机械作用。应选用细小干净的沙粒，对硬食鸟可混入粒料中，软食鸟则另置一食缸中，任其啄食。

矿物质饲料的供给应根据鸟不同生理阶段对矿物质的不同需求进行供给，如产卵期要补钙，生长期要补钙、磷，换羽期要补硫。

（五）营养性添加剂饲料

科学配方营养全面，饲料组成的成分之间有互补作用，既经济，又实效。单一的天然饲料，营养成分不全面，一般在鸟类饲料的配制中，按鸟类的习性及生活阶段的特点而增减某种营养成分，以保证鸟体生长发育的特定需要。如生长发育时期，饲料中要保证足够的矿物质和蛋白质，而繁殖时期，饲料中要保证含有丰富的维生素E，以促进精子活力及受精卵的发育；维生素B$_2$有刺激鸟体生长，提高孵化率的作用。在配合饲料中添加一点添加剂，将会促使鸟体健壮，寿命延长。目前，普通的营养添加剂有下列几种。

1. 赖氨酸和蛋氨酸

赖氨酸和蛋氨酸是鸟必需氨基酸，在饲料中加入0.1%～0.15%，即能提高饲料的利用率，促进鸟的生长发育，改善羽毛质量，提高繁殖能力。

2. 干酵母

蛋白质及 B 族维生素含量丰富，掺入饲料中饲喂，有助于消化且能增进食欲，一般用量为饲料量的 1%～2%。

3. 微量元素添加剂

当前生产和使用的微量元素添加剂品种大部分为硫酸盐、碳酸盐、氯化物、氧化物。硫酸盐的生物利用率较高，但因其含有结晶水，易使添加剂加工设备腐蚀。由于化学形式、产品类型、规格以及原料细度不同，饲料中补充微量元素的生物利用率差异很大。另外还有吸收效率更高的有机酸–微量元素络合物、氨基酸–微量元素螯合物。有机微量元素与无机微量元素相比虽然价格较为昂贵，但由于其具有更高的生物学价值而备受关注，成为微量元素添加剂的发展方向。

4. 维生素类饲料

包括脂溶性维生素和水溶性维生素的化工合成的单体、各种鸟用复合维生素。

（六）催情饲料

观赏鸟的催情饲料种类比较多，人们可以根据其地理、气候和习惯加以选择。

1. 植物性催情饲料

植物性催情饲料，是指人们科学地利用某些植物的花果或子实体等的特殊功能，经过加工处理后，配合鸟的主食饲料加以应用的一种特殊性辅助饲料。如菌灵芝、鸡冠花等。

（1）菌灵芝　菌灵芝，又称为灵芝草、神仙草、灵芝、赤芝、仙草、红芝、丹芝、还阳草等，属多孔菌目灵芝科。性温，味甘苦，无毒，无副作用，可供药用和食用。

灵芝不仅是人们理想的保健食品和滋补药物，而且也是鸟类理想的保健饲料和催情饲料，特别是对于画眉鸟最为适用。灵芝作为画眉鸟的饲料，其加工方法并不困难。灵芝被采摘后，首先进行避光干燥，也可用蒸锅进行蒸熟后晒干或阴干，然后加工成粉料掺食。还可用锅将灵芝煎煮半小时左右捞出，用灵芝汁拌玉米粉料，将其蒸熟晒干后备用。

（2）鸡冠花　鸡冠花，又称热带菠菜，原产于美洲，现在世界各地均有生长。特别在我国湖北、河南、江西、湖南、贵州等地较为多见。鸡冠花的药用和营养价值长期以来一直被人们所忽视。鸡冠花是一种蛋白质含量很高的植物。

根据一些画眉鸟饲料行家的实践证明，鸡冠花可以代替玉米、小米等饲料喂养画眉鸟。因其味香、无毒、无副作用，可以长期使用。只要加工制作得当，鸟食用后，大多喜鸣爱斗，发情快。

制作方法也较为简单，主要是将整个花冠煮熟后晒干或烤干，然后加工成粉料与玉米饲料混合喂养即可。也可用籽粒炒脆出现香味后掺入鸟食中混合饲喂。

2. 动物性催情饲料

动物性催情饲料，是指人们科学利用某些动物或昆虫等特殊物质加工处理后，作为观赏鸟的特殊辅助饲料加以应用的一种饲料。但应注意的是，此类饲料有一定毒性，饲喂时不可超量。

（1）蚂蚁饲料　蚂蚁属昆虫纲膜翅目蚁科。蚂蚁的种类很多，如大蚂蚁、黄蚁、白蚁、黑蚁等。蚂蚁含有 50 多种营养物质，蛋白质含量也高达 50% 以上，是高级的滋补食品。它具有抗衰老，增强免疫力等功效。由于它的激素特殊，对鸟的催情作用较为明显。

捕捉蚂蚁的办法很简单，一般可用几根有枝杈的树枝、竹枝捆扎成条把，找到蚂蚁的窝巢后用木棍搅动蚁穴，蚂蚁便会自然蜂拥而出。此时手把条把，用小树枝的梢头接触在蚁多的地方，蚂蚁很快就会顺条把爬满整个树枝。这时就把树条往盛有大半桶水的桶边轻轻拍打，使其全部落入水中。如此反复进行几次，很快就会将一窝蚂蚁全部捕光，快的一天可捕到几千克，但应注意，尾部有螫刺的毒蚁，未经加工不可多用。

此外，在捕捉蚂蚁时，连同它的蚁蛋一起收集加工后使用。其加工的方法为：收集后，用开水烫死于锅内炒脆粉碎即成。

（2）雄性蚕蛾粉　蚕的种类很多，有家蚕、柞蚕、蓖麻蚕、天蚕（日本柞蚕）、樟蚕、樗蚕等。蚕通常指的是家蚕（桑蚕），主要吃桑叶，蜕皮时不食不动，俗称"眠"。一般经过四眠后就能吐丝做茧，在蚕茧里化为蛹，蛹变蛾。蚕蛹在蚕茧中化成蛾后，能吐出一种液汁，使蚕茧层的丝胶溶解，以便穿孔而出。家蚕蛾一般雄蛾体小，雌蛾体大，全身长有细白色鳞毛。雌蛾的腹部后端生有"诱惑腺"，主要分泌一种专门引诱雄蛾交配的特殊激素。蚕的蛹体富含蛋白质、脂肪、维生素等，同时也可提炼蛹油和激素物质。蚕的蛾体同样富含蛋白质、多种维生素以及雄性激素、脑激素、蜕变激素等。这些激素能促进动物细胞发育生长，产生核糖核酸，从而直接合成酶。这些激素物质特别对鸟体具有增强同化蛋白的作用，若让画眉鸟食用后，能使画眉鸟久旺不衰，喜鸣爱斗。现代医学测定表明，雄蛾体内富含脑激素、蜕皮激素、性激素、保幼激素等活性物质，这对促进鸟细胞更生，调节鸟体的生殖力，促进性腺分泌，维持性欲和防止性衰退都具有明显的作用。

雄性蚕蛾粉的加工并不困难，一般收集到一定量后，用锅文火炒脆加工成粉料即可掺入鸟食中。

（3）地蜘蛛　蜘蛛属于节肢动物，种类较多，有网蛛、花蛛、草蛛、地蛛、姬蛛、狼蛛、盲蛛、幽灵蛛、跳蛛等。

蜘蛛富含蛋白质、多种维生素和多种激素以及各种氨基酸和一些特殊的化学物质等。蜘蛛作为鸟类饲料，质量上乘，鸟也喜欢吃。所以很多画眉鸟饲养者喜欢捕捉蜘蛛用于鸟饲料。体大的进行加工处理，体小的直接饲喂。特别是地蜘蛛（又称壁口袋），鸟更为喜欢。

地蜘蛛大多喜欢筑巢于房前屋后、岩山和残墙岩石之脚下，它的巢穴主要是以一些青苔和泥土筑成一个直径2cm左右大小的丝管，这个丝管一般顺岩石和墙壁的底部沿向上伸展大约15cm。地蜘蛛的体形有大有小，行动灵活，虫体较肥胖，是画眉鸟的最佳食料之一。如能用它饲喂画眉鸟半个月左右，则画眉鸟一定能强壮旺盛，喜鸣爱斗。

捕捉此虫的方法很简单，主要是用一根小草轻轻地沿着丝管外部上下拨动，地蜘蛛就会误认为外部有一小虫在触动丝管而"中计"，很快顺丝管往上爬出，这时可用手压住下部，将丝管一起抽出即可捕到。

这种饲料最好活着饲喂，一天5～6次为限，不可喂得过多，以免厌食。

（4）蜂群饲料　蜂是人们最为常见的昆虫动物之一，特别是在广大农村随处可见。蜂的种类也很多，如蜜蜂（糖蜂）、胡蜂、熊蜂、黄蜂、马蜂、牛角蜂、花脚蜂、长脚蜂等。蜂，特别是蜂崽儿，含有品质较高的各种营养物质，经加工处理后，是画眉鸟的上等饲料。如能将蜂群采集加工成粉料，适量掺入鸟食中，坚持喂养一个月左右，落情的画眉鸟会很快由弱变强，雄壮常鸣。

加工方法用蒸锅将捕到的蜂群蒸熟或置于锅中或炉灶上炕至干脆，然后加工成粉料即可。如与牛肉粉料混合一起饲用，其效果会更好。

（5）猪血粉　猪血是一个宝，其营养价值很高，而且具有防癌、消毒、润肠、壮阳等作用。猪血的蛋白质含量很高，所以是较为理想的高级营养食品。据测定：在每100g猪血中含有蛋白质18.9g，比同等量肌肉含量高4倍，比同等量鸡蛋含量高5倍。猪血浆蛋白含氨基酸高达18种之多，其中包括精氨酸、赖氨酸等。此外，每100g猪血的总含铁量高达45mg，是同等量猪肉含铁量的10倍。因此，猪血可作为缺铁性贫血患者最理想的补血药物。猪血还含有多种无机盐和微量元素钠、钾、钙、磷、锌、锰、铜、铬、钴等。

实践证明，用猪血粉与少量的肌肉或鱼粉混合制成的画眉鸟饲料，在鸟食用后，不仅身体强健、鸣声婉转，而且羽毛光滑、不易折断。特别是在画眉鸟的换羽期，应提倡喂给适量的猪血粉混合饲料。

猪血粉料的加工方法很简单，一般将0.5kg新鲜而较浓稠的猪血，放在锅内加水煮开约5～10min。煮好后，用清水漂净，捞出晾干水分，然后放在炉灶上炕干或晒干，使用时加工成粉料掺加其他肉粉或鱼粉混合使用。

使用猪血粉饲料时，应注意：一是变了质的不能使用；二是盐味过重的不能使用；三是加工不好的不能使用；四是生虫的和霉变的不能使用。

此外，因猪血粉中含有一定量的脂肪，在使用时每次也不宜用得过多，如果用得过多，则会引起鸟腹泻，而影响鸟的健康。

（6）蝎子粉料　蝎子是传统中药中的名贵药材，加工后全体入药称为"全蝎"或"全虫"。

全蝎的主要成分是全蝎毒素，它是由碳、氢、氧、氮及硫等元素所组成的一种毒性蛋白，与蛇的神经毒素相似。加热后毒性可减退。此外，还含有多种胺和氨基酸，如苦味酸羟胺、牛磺酸、甜菜碱等。

活体动物的毒性很大，作为鸟的刺激性饲料不能生喂，要用开水或盐水消毒后炕干粉碎，极微量掺入食料中，让鸟食用。需要注意的是：此种粉料不能长期使用，对那些长期落情的画眉鸟可以短期刺激试用，大多对提性、提神有一定效果。

（7）蜈蚣　蜈蚣又称雷公虫、螂蛆、天龙、百脚蹐，是名贵中药材之一。蜈蚣越长越好，作为画眉鸟的催情饲料，经人们试验，效果较佳。若能经常捕到雄性蜈蚣进行生喂，更为理想。但应提醒注意的是：在量的方面要有节制，不可贪多。

（8）蝉虫　为蝉科昆虫，又称知了。蝉虫体含有较为丰富的蛋白质和各种维生素、微量元素等多种营养物质，无毒，且香甜可口。其主要功能是滋阴补肾，壮阳生精。可作为画眉鸟理想的催情饲料。

（9）黄鳝　黄鳝为鳝科动物，又称鳝鱼、长鱼、海蛇，它与甲鱼、泥鳅、乌龟并称为"四大河鲜"。

黄鳝含有较高的蛋白质和各种微量元素，其含铁量是黄鱼和鲤鱼的两倍。还含有较丰富的激素、肽类及组氨酸，是壮阳生精，促进新陈代谢的极佳药膳。

黄鳝作为画眉鸟的催情饲料较为理想。特别是对那些体弱多病、长时间不鸣叫、不打斗，有明显落情现象的"老落雀"，若用大量的黄鳝干粉饲料进行透食饲养，其身体很快就会得到复壮、来气、有性，使鸟很快鸣叫。

另外，大多数昆虫都是很好的动物性催情饲料。

3. 激素

近年来在一些地区人们也把激素用于养鸟方面。激素的种类较多，有片剂、针剂、栓剂等。根据目前在一些地区对画眉鸟所试用的情况来看，一般不宜长期使用，只作临时"催情"少量试用。但使用量应控制在以下范围内。

甲基睾丸素，掺入水中让鸟自然饮用，2ml/d 可连续喂 5d。

丙酸睾丸酮，10mg/d 可连续饮用 2～4d。

绒毛膜促性腺激素，15IU/d 可连续用 5d。

克罗米芬，他莫西芬，可少量试用。

（七）色素饲料

这类饲料是保持观赏鸟体色鲜艳的特定饲料。目前只有少数种类鸟的体色能通过饲喂色素饲料后更鲜艳，其余的正在研究利用。

胡萝卜与红甜椒中含丰富的胡萝卜素及叶红素，饲喂后，这种色素可以凝集在羽毛内，因而使羽毛更鲜艳。目前已发现在换羽前 1 个月喂红甜椒与胡萝卜，可以促使红金丝雀（芙蓉鸟）的羽色更加鲜红，又如小姐妹鸟的喙是红色或黄色，若在日常饲喂中拌入相应的色素饲料，能使小姐妹鸟的喙更加红艳更加鲜黄。

从植物中萃取天然红色或黄色的色素饲料已得到广泛应用。

（八）其他添加剂

益生素、酶制剂、饲料保护剂等都是观赏鸟配合饲料经常使用的添加剂。

二、鸟类饲料的调制

（一）粒料的调配方法

对于硬食鸟如芙蓉、娇凤等，粒料无须粉碎，他们会咬开，剥脱籽实外壳，因此，可按不同硬食鸟配置不同的粒料直接饲喂。常用的粒料有谷子、黍子、稗子、稻谷、玉米、菜籽、麻籽、向日葵籽、松子等。只需将它们按鸟的体型和习性适当混合而成专用的主食饲料即可。

1. 芙蓉粒料

是由谷子、稗子、菜籽、白苏子组成，它们的配比，在夏、秋季节依次为 5∶3∶1.5∶0.5，冬、春季节依次为 5∶2∶1.5∶1.5，适用于芙蓉、燕雀、金翅雀等。

2. 娇凤粒料

由谷子、稗子、白苏子组成，配比为 7∶2∶1，适用于娇凤和牡丹鹦鹉。

3. 蜡嘴粒料

由稻谷、谷子、麻子组成，春、夏、秋季的配比是 5∶3∶2，冬季为 4∶2∶4，适用于蜡嘴雀类和交嘴雀类。

4. 鹦鹉粒料

大型鹦鹉用稻谷、玉米、麻籽、葵花籽混合而成，春、夏、秋季的配比量 4∶3∶2∶1，冬季用稻谷、玉米、麻籽、葵花籽、松子组成，比例是 3∶3∶2∶1∶1。中型鹦鹉用稻谷、玉米、谷子、麻籽、葵花籽组成，春、夏、秋季比例为 4∶1∶2∶1∶2，冬季为 3∶2∶1∶2∶2，其中玉米需泡软或煮熟。

（二）粉料的调配方法

选用黄豆粉、豌豆粉、绿豆粉或蚕豆粉、玉米粉与鱼粉、蚕蛹或熟鸡蛋混合，用研钵研磨均匀即成营养丰富的观赏鸟用粉料，它是软食鸟的主要饲料，在操作中所用的豆类籽实均须焙炒熟后才能磨粉，因生的豆类籽实含有抗胰蛋白酶等成分，影响鸟对养分的利用，还降低适口性，有时甚至鸟类拒食。粉料的调配方法有多种，有加水的湿粉和不加水的干粉，有以蛋为主的或以鱼粉、蚕蛹粉为主的。究竟采用哪种调配方法，主要取决于鸟的习性。下面介绍几种养鸟粉配料和调配方法。

1. 湿粉调配方法

介绍百灵等几种观赏鸟的湿粉调配方法。

（1）百灵粉　豌豆粉或绿豆粉2 000g，青菜叶100g，熟鸡蛋1 000g，研磨均匀，饲喂时加水调湿。加水量应根据季节和天气决定，天热宜加水多些，天寒加水则应少些。这种粉料适宜喂：百灵、红点颏、去雀等。

（2）仙鹤粉　玉米粉2 500g，鱼粉500g，骨粉250g，贝壳粉50g，青菜叶250g，加适量水，混合制成颗粒。适用喂养的鸟：鹤类、鹳类及雁鸭。

（3）黄鹂粉　玉米粉250g，黄豆粉100g，蚕蛹粉或鱼粉50g，熟鸡蛋100g，研磨均匀，饲喂时用水调湿，加水量与百灵粉相同。适用喂养的鸟类：黄鹂、白头鹎等。

2. 干粉调配方法

介绍相思鸟等几种观赏鸟的干粉调配方法。

（1）绣眼鸟粉　黄豆粉300g，熟鸡蛋100g，加少量水后研磨均匀。加水量以使粉能成块，用手轻搓即松散的程度为标准。适宜喂养的鸟类：绣眼鸟、柳莺、山雀、戴菊等。

（2）相思鸟粉　玉米粉750g，鱼粉100g，蚕蛹粉100g，黄豆粉250g，熟鸡蛋100g，青菜叶50g。调制时，先将青菜叶研磨成菜泥备用，再将其他粉料加少量水混合均匀，饲喂时加入菜泥搅拌均匀。适宜喂养的鸟类：相思鸟、太平鸟等。

（3）芙蓉鸟粉　玉米粉500g，熟鸡蛋750g，混合后研磨均匀，使粉成团块状，以手捏可成团，手轻搓即松散为标准。其不加水，依靠蛋内水分与粉黏结。可作为鸟在繁殖与换羽期的补充饲料。适宜喂养的鸟类：芙蓉鸟、金山珍珠鸟、灰文鸟、黄胸鹀、金翅雀等。

（4）鹩哥粉　用上述相思鸟粉8份，肉末2份混合。适宜喂养的鸟类：八哥、鹩哥、乌鸫、松鸦等。另一配方：玉米面750g，黄豆面250g，鱼粉100g，蚕蛹粉100g，熟鸡蛋100g，肉末50g，青菜50g。

（5）玉鸟粉　玉米面500g，熟鸡蛋750g。适宜作玉鸟、珍珠雀、画眉、金翅雀、黄雀等换羽期和繁殖期的补充饲料。

（6）昆虫粉　将蝗虫、油葫芦、蚱蜢、蝈蝈、蟋蟀等昆虫焙干，研磨成粉备用。其粉可与任何一种粉料混合饲用，作为繁殖季节的补充饲料。

干粉和湿粉配制方法的根本区别是加水调湿与否，干粉的配制是将各种原料混匀、搓散后再用研钵研成细粉用于喂鸟，调制过程不加水；湿粉的配制是在干粉的基础上加水或加牛奶调湿。

3. 青绿饲料调配方法

青绿饲料含有鸟类所需的各种维生素，青菜叶、植物根块及瓜果均属此列。鸟类生长发育离不开青绿饲料。鸟类如缺乏青绿饲料，不但发育受到影响，而且造成脂肪过多、消化不良等疾病。但有些鸟类不能直接啄食青绿饲料，应将青绿饲料研碎拌入饲料中喂食，以避免鸟类患维生素缺乏症。

（1）青菜叶　常用的菜叶有青菜、白菜、萝卜叶、卷心菜、苜蓿等。选用新鲜青嫩的菜叶用清水漂洗干净，并浸泡 1～2h，使菜叶充分吸水变脆，并除去菜叶上残存的农药。喂食前最好还要用 0.1% 的高锰酸钾清洗消毒，以杀死菜叶上附有的寄生虫卵。

（2）植物块根　常用的根块类饲料以马铃薯、甘薯、胡萝卜最为常见。胡萝卜可研碎拌入粉料中喂食；马铃薯和甘薯则要洗干净并蒸熟，才能作为杂食性鸟类的饲料。

（3）瓜果类　瓜果类饲料中比较常见的有番茄、苹果、香蕉、黄瓜等，这些瓜果中不仅含有丰富的糖分和维生素，而且还可作为色素饲料，但要注意的是要选择新鲜的瓜果，而且还要清洗消毒，再切成块状，插在笼中任鸟啄食。

4. 活性饲料的配制

这里所说的活性饲料主要指的是面包虫。

面包虫是一种高蛋白饲料，是一般食虫观赏鸟理想的辅助饲料，是画眉鸟最理想的食饵之一。面包虫是黄粉蝶的幼虫，平时主要吃麸皮或面包，因此称面包虫，由于幼虫体色呈黄棕色，也称黄粉虫。

面包虫的营养价值很高，蛋白质含量占鲜体重的 21.63%，占干体重的 55%；脂肪酸含量占鲜体重的 12.3%，占干体重的 31.5%；能防止动脉硬化的油酸与亚油酸分别占脂肪酸总量的 40.3% 与 29.2%。面包虫组织中的磷、钾、镁的含量也很高，成虫与幼虫的含量，分别为 16.30mg/g、8.80mg/g、2.25mg/g；11.70mg/g、6.70mg/g、20mg/g。此外，还含有锌、铁、钙、铜、钠等元素。

人工培育面包虫也很简单，其饵料主要是面粉，通常要求碳水化合物 80%～85%，胆固醇及胆甾醇约 1%，以及微量维生素 B_2。

面包虫长至 2 个月，体长便可达 30mm。一般情况下，体长至 20～35mm 即可作饵料，如长得太大，易化蛹。收获面包虫的方法较简单。面包虫具有避光与趋潮湿的习性。可在培养基上面盖一张报纸，用喷雾器喷湿，1～2h 面包虫即集聚在潮湿的报纸下面与基质上面，这样，就可把大的面包虫拣出备用；另外一种方法是用新鲜清洁而不带水的青菜叶或卷心菜覆盖在基质上面，然后，在菜表面盖上黑纸遮光，同样可以吸引面包虫聚在基质表面与菜叶下面。此方法虽然很简洁，也很实用，但要防止弄湿基质，否则，易导致基质发霉。

每次收集完成熟的面包虫后，应立即清除报纸及枯萎的菜叶及残屑，并以筛子筛去麸皮屑，然后，须再加入些新鲜的培养基，保持原有的容积水平，还要加上清洁干净的菜叶或水果片等辅助饲料、最后，以筛网盖住，并给以黑暗条件。

成熟的面包虫，如遇恶劣条件（无培养基环境中）1～2d，即开始化蛹。新蛹呈乳白色，把它们收集在放有糠麸的容器中，处在相对湿度 30%，环境温度 35℃ 的环境下，蛹期为 8d；如果相对湿度 70%，环境温度 25℃，其蛹期为 10.5d；如果环境温度为 30℃，而相对湿度 70%，则蛹期仅为 4d。

新羽化的成虫，鞘翅呈乳白色，至 1～2d 后，即变成浅棕色。3d 后，呈深棕色至褐色，此时期的成虫即开始交配产卵。

成虫的产卵期为1～2个月，每天可产卵2～30粒，但也能产40粒以上，卵主要产在培养基的表面，呈现出乳白色，卵表面具有一层黏液，因此，卵多粘在麸糠上。如若把成虫放在具有3～4mm孔径的筛盒中，在筛下铺一黑光纸，并撒上一层薄薄的麸糠，经过1～2h，移出黑光纸，除去糠麸，以低倍解剖镜或放大镜观察，即可见一颗颗圆形的卵，中央乳白色，其外半透明。

为了控制卵的孵化及幼虫发育一致，要将成虫放在加有新鲜辅助饲料的筛盒中，在筛盒下面放新的培养基。其相对湿度应保持50%，环境温度控制在26℃上下，每隔一天，把盛有成虫的筛盒移入另一新培养基的窗口中，让成虫继续产卵，依次类推。这样，卵的孵化时间与幼虫生长发育的时间会相对一致，便于收取大小一致的面包虫。

成虫生长至2个月左右，即应移出培养基。否则，它们会相互残杀，尸体残肢会弄污培养基。

5. 全价配合颗粒饲料

全价配合颗粒饲料是根据观赏鸟的营养需要和实践经验，采用多种优质饲料原料科学配制成均匀的混合物，然后利用制粒机经调质熟化、制粒而成的配合饲料。它包括能量饲料、蛋白质饲料、矿物质饲料、维生素饲料和添加剂。其特点是营养全面，能满足观赏鸟的营养需要；便于运输、贮藏和饲喂，是观赏鸟最理想的饲料产品。

复习思考题

1. 蛋白质对观赏鸟有何营养意义？
2. 碳水化合物对观赏鸟有何营养意义？
3. 矿物质元素对观赏鸟有何营养意义？
4. 观赏鸟的饲料有哪些类型？如何利用？如何调配不同类型的饲料？

第七章　观赏鱼的营养与饲料

第一节　观赏鱼的营养

一、饲料养分对鱼的作用及影响

观赏鱼的饲料中蛋白质、脂肪、糖类、矿物质及维生素等营养成分对鱼维持生命及生长发育有很重要的作用。

（一）蛋白质

蛋白质是由 20 余种氨基酸聚合而成的高分子化合物，是构成观赏鱼组织器官的主要成分，也是观赏鱼重要的能量物质。蛋白质是保证机体生长发育、维持繁殖机能、修补组织以及抵抗疾病所必需的营养物质。如果饲料中的蛋白质含量不足，可导致鱼的生长发育受阻，体重下降，繁殖机能衰退，组织器官的结构与功能发生异常，免疫力下降，易发生疾病。

（二）脂肪

脂肪是观赏鱼生理活动能量的主要来源。脂肪含能量 39.5kJ/g。而饲料中一些脂溶性维生素（维生素 A 与 D 等）需在脂肪中才能被消化与吸收。脂肪也是幼鱼必需脂肪酸的来源。在日粮中如果缺乏脂肪，不仅影响观赏鱼活动所必需的能源与脂肪酸的来源，也会降低抗寒能力和发生脂溶性维生素缺乏症。因此，在观赏鱼的日粮中每千克体重需补充脂肪约 1～2g。

（三）糖类

糖是提供观赏鱼生命活动的主要能量物质，也是鱼体内贮备的营养物质，如果日粮中含糖量不足，则会动用贮存的脂肪与蛋白质来提供其生命活动的能量。于是，就会导致鱼体消瘦，不能正常生长与繁殖。反之，如果日粮中含糖量过多，则会把糖转变成脂肪而贮存体内，使鱼体肥胖，影响鱼的体姿美观，因此，日粮中含糖量应适量。关于观赏鱼日粮中要求的糖类，一般的饲料配方中，可补易被消化吸收的糖类物质 30% 左右。

（四）矿物质

观赏鱼日粮中矿物质含量虽然微量，它们却是构成鱼体细胞与组织的重要成分。某些矿物质是构成鱼的骨骼与咽喉齿不可缺少的物质。矿物质对促进机体新陈代谢、血液循环与凝固，调节神经及心脏正常活动中起着重要作用。如果饲料中缺乏某些矿物质，则会导致物质代谢障碍，甚至导致死亡。因此，矿物质是鱼体生长发育和保证机体正常生命活动中不可缺少的物质。例如，钙、磷、钠、铜、铁、锌、锰、钾、碘、镁、硒等，是观赏鱼必需的矿物质元素。

（五）维生素

观赏鱼日粮中维生素的量虽然很少，但却是维持机体健康与促进生长不可缺少的有机物质。每种维生素都有其特殊的作用。如果鱼体中长期缺乏某些维生素，则会引起机体代谢紊乱，食欲减退，生长停滞，免疫机能降低，生殖能力减退。因此，在人工饲料配方中都需要添加一定量的维生素。繁殖季节，若在饲料中添加适量的维生素 E，有助于雌鱼的性腺发育。如果长期缺乏维生素 A，即会引起鱼鳍断裂，体色素消失，体色不鲜。在饲料中添加适量维生素 B_{12}，也能促进鱼体生长。

二、营养需要

鱼类所需的营养物质包括：蛋白质、能量、维生素和矿物质等。

（一）能量需要

鱼属于变温动物，为维持正常的生命和代谢活动，必须从饲料中获得能量以满足机体需要，但能量需要有别于畜禽类，它不需消耗能量来维持体温恒定；排泄氮的能耗也少于陆地恒温动物。因此，鱼的能量需要低于家畜和家禽。

1. 能量代谢

鱼摄取食物后，养分被分解代谢释放出能量。这些能量首先是在维持与随意活动的能量满足后，才能供给鱼的生长需要。未被消化吸收利用的能量主要通过粪、尿等途径以未消化吸收的养分形式排出体外，少量亦可经鱼体表面散失。鱼的生物能量分配与利用如下。

总能（100%）→ 消化能（80%）→ 代谢能（73%）→ 净能（59%）→ 维持（30%）→ 基础代谢（7%）

粪能（20%）　　尿能（7%）　　体增热（14%）　　生长（29%）　　自由活动（23%）

2. 能量来源

鱼的能量来自碳水化合物、脂肪和蛋白质。因鱼类对碳水化合物的利用率较低，因此，能量主要来自脂肪和蛋白质。

（1）碳水化合物　鱼对单糖的消化能力较高，但随着糖分子量的增大，结构的复杂化，消化率迅速下降。鱼饲料中碳水化合物的价值取决于其来源、类型和加工的方法，如未加工的淀粉代谢能为 $5.02 \sim 9.36 kJ/g$，蒸煮后可提高至 $13.38 kJ/g$。

适量的碳水化合物有节约蛋白质的作用，但日粮中若用量过大，糖元在肝肾中蓄积，危害鱼类的生长。一般碳水化合物占日粮的 30% 左右，鲤鱼稍高（40%）。

（2）脂肪　脂肪是鱼类最为重要的能源，又是机体必需脂肪酸的来源。脂肪含能 $39.29 kJ/g$，其能量利用率为 84%，可提供鱼类代谢约 $33.44 kJ/g$。

鱼日粮中添加动物性脂肪和高饱和脂肪几乎毫无价值，而添加过多的不饱和脂肪酸也易导致饲料变质，其氧化分解产物对鱼体有害。脂肪的品质取决于其必需脂肪酸的含量。

鱼类所必需脂肪酸有十八碳二烯酸（亚油酸）、十八碳三烯酸（亚麻酸）和二十碳四烯酸（花生油酸）三种。

适量添加脂肪亦有节约蛋白质饲料，提高能量水平，增进食欲的作用。

（3）蛋白质

蛋白质是鱼的重要能源。鱼类有一套完善的排泄蛋白代谢废氮的结构，蛋白代谢能值利用率（84%）比家畜、家禽高，故鱼类能有效地利用蛋白质转换成能量。另一方面，由于蛋白质价格昂贵，所以，在保持鱼类良好的生长与饲料转化率的条件下，应尽量采用价廉的碳水化合物和脂肪提供能量。

3. 影响鱼类能量需要的因素

鱼只有在满足维持正常生命活动的能量后，才能将多余能量用于生长，因此，在饲养中应维持饲粮适当的能量水平，但不宜过高，因鱼的消化能力有随饲养水平提高而下降的趋势。鱼的能量需要受多种因素的影响，饲养中应注意调整投饲量以保证足够能量用于生长和保持基本的维持需要。

（1）温度 一般情况下环境温度对鱼体温影响不大。但各类鱼均有其有效活动的最适宜温度。温度也影响水体的溶氧量，在很大程度上影响机体代谢率。

（2）水流 鱼类逆游增加能耗，而静水将带来分层现象及废物沉淀。因此，鱼类饲养设备的使用应对鱼体本身不产生影响。

（3）个体大小 鱼的能量代谢率与代谢体重有关，代谢体重通常采用自然体重的0.75次幂（$W^{0.75}$）表示。体重越大，能量需要就越多。

（4）饲养水平 饲养水平对鱼的能耗有影响，而溶氧量是鱼类饲养中的第一限制因素。故使用鱼类饲养设备应注意饲料每单位重量所需氧量，以便在提高饲养水平时，能有更多的能量贮存于机体用于生长。

其他因素如饲养密度、溶氧量、废物沉积均能影响鱼的活动和生长，故在生产实践中应控制投料量和日粮能量水平，以保证生长所需。

（二）蛋白质需要

蛋白质在鱼体内具有许多重要生理作用，也是体组织合成所必需的重要成分。此外，一部分蛋白质亦为机体生命活动提供能量。

1. 蛋白质需要与饲粮中的适宜水平

鱼的蛋白质需要，高于其他动物，这与其体内蛋白质含量高（为干物质的60%～90%）有关。有资料表明，每单位体重的蛋白质需要随鱼体生长有逐渐降低的趋势，以鱼苗初期为最高，一般约占日粮的50%。

鱼的种类、日龄、饲养密度以及水温、投饲量、投饲频率及生长期等因素，都影响鱼类对蛋白质的需要量。观赏鱼对糖类的利用率较差，因而需要以更多的蛋白质作为代谢热能的来源。此外，观赏鱼除了正常的生长外，还要保持身体鲜艳的颜色，因此，对蛋白质的总需求量要比一般鱼类高许多。观赏鱼配合饵料中蛋白质的含量一般在40%～42%，淡水热带观赏鱼配合饵料中蛋白质的含量在44%～48%，部分名贵的热带鱼如七彩神仙鱼的配合饵料中蛋白质含量在50%以上，七彩神仙幼鱼和母鱼的配合饵料中蛋白质含量在55%左右，海水观赏鱼对蛋白质的需求量更高，配合饵料中蛋白质的含量一般应在48%～55%。

2. 鱼类对必需氨基酸的需要

蛋白质的种类不同所含氨基酸的种类、数量、排列顺序也不同。组成蛋白质的氨基酸有 20 多种，根据观赏鱼对氨基酸的需求可把氨基酸分为必需氨基酸和非必需氨基酸两大类。必需氨基酸是指在观赏鱼体内不能合成，或者虽能合成但合成速度满足不了观赏鱼正常生长发育的需要，而必须由饵料来提供的氨基酸。非必需氨基酸是指能在体内合成，或观赏鱼需求较少，不必由饵料供给也能保证观赏鱼正常生长发育的氨基酸。

鱼类需要的必需氨基酸有 10 种：赖氨酸、蛋氨酸、色氨酸、精氨酸、组氨酸、亮氨酸、异亮氨酸、苯丙氨酸、苏氨酸和缬氨酸。其他如酪氨酸、甘氨酸、谷氨酸、胱氨酸、丝氨酸、丙氨酸、脯氨酸和天门冬氨酸等为非必需氨基酸。

如果缺乏任何一种重要氨基酸则会引起观赏鱼食欲下降，体色变淡，活力减退，但增补该氨基酸后，观赏鱼则食欲旺盛、体色鲜艳，精神活泼。一般来说，鲤科观赏鱼中的金鱼和锦鲤对精氨酸、亮氨酸和甲硫氨酸的需要量较高；海水观赏鱼大多对赖氨酸、精氨酸、缬氨酸和苯丙氨酸的需要量较高；热带鱼种类繁多，食性复杂，对各种必需氨基酸的要求各有所异。

为了保证鱼体合理的营养需要，除充分满足其必需氨基酸的需要外，还应注意各种氨基酸之间的比例平衡，蛋白质的品质决定于氨基酸的组合，各种氨基酸含量与比例适宜的观赏鱼配合饵料能够在观赏鱼体内得到良好的消化吸收，从而可以把水质污染降低到最低的程度，这对于家庭饲养观赏鱼有着十分重要的意义。

（三）脂类需要

脂类中的一些高级不饱和脂肪酸、磷脂和胆固醇类物质与观赏鱼色彩形成有关，而且对保持观赏鱼天然活力和精神状态十分重要。观赏鱼对脂类总量的需求及各种脂类成分的要求比一般非观赏鱼要高。

1. 金鱼对脂类的需求

大多数金鱼都是体态丰盈，给人以富态的感觉。金鱼对脂类的总量要求较高，一般配合饵料中脂类含量应达到 8%～12%。其中长肉瘤类的金鱼（鹤顶红、狮子头、虎头、寿星头等）及有珍珠鳞的金鱼，饵料中脂类的含量应维持在 10%～12%；其他种类的金鱼，如龙睛、水泡眼、琉金、蝶尾、绒球等，饵料中的脂类含量应维持在 8% 左右。

2. 锦鲤对脂类的需求

锦鲤饵料中脂类的含量应占 5%～6%，当水温超过 25℃ 以上时，锦鲤对脂类的总需求量增加，饵料中脂类的含量应占 10% 左右。此外，锦鲤饵料中要求高级不饱和脂肪酸占到 1%。

3. 淡水热带鱼对脂类的需求

淡水热带鱼饵料中脂类的含量应在 6%～8%，其中高级不饱和脂肪酸必须占到饵料的 1.5% 左右，磷脂占 0.2%，固醇类物质占 0.5% 左右，这样才能使热带鱼保持鲜艳的体色，在较短的周期内繁殖。

4. 海水观赏鱼对脂类的需求

海水观赏鱼一般指热带海水鱼，它们生活的水温都在 25～28℃，对脂类的消耗比其他观赏鱼还要大。对于一些凶猛的肉食性海水观赏鱼，要求脂类含量占到饵料的 14%～15%，而对于一些较为温驯的杂食性海水观赏鱼，饵料中脂类的含量在 12% 左右。

（四）糖类需要

鱼类利用糖类的能力较其他动物低，然而观赏鱼中有些藻食性和草食性鱼类对糖类的利用率可以达到40%左右，如金鱼、锦鲤和一些藻食性的海、淡水热带鱼。一些凶猛的淡水热带鱼，尤其是肉食性的海水观赏鱼，对糖类和纤维素的利用率几乎为零。

1. 观赏鱼饵料中添加糖类的作用

在某些观赏鱼饵料中添加糖类可以节省蛋白质。饵料中没有糖类时，观赏鱼则需消耗部分的脂肪和蛋白质来维持热能代谢的需求。此外，糖类还可以作为蛋白质和脂肪等营养物质的分散剂和黏合剂。糖类在观赏鱼饵料中的总含量应维持在15%～25%。

2. 观赏鱼饵料中添加纤维素的作用

纤维素对观赏鱼类来说是不需要的。但近几年来的研究发现，在观赏鱼饵料中含有大量活性物质和易溶解的营养物质时，添加纤维素可以促进这些营养物质的消化吸收。实践表明，纤维素的含量在观赏鱼饵料中占3%～5%时比较适宜，过量将导致水质污染。

（五）维生素需要

1. 维生素的生理功能

维生素是高分子生物活性物质。观赏鱼对于维生素的需要量很少，但其在鱼体内物质代谢过程中是必不可少的不可替代的特殊营养物质，必须由饲料供给。鱼若长期摄食缺乏维生素的饲料，可引起代谢紊乱及出现病理症状。一般鱼类水溶性维生素中毒的极少，主要是因摄入的维生素超过肝脏或组织的贮藏能力，即分泌排出体外。而脂溶性维生素过量症较为常见，这是由于鱼饲料常添加鱼油以提高能量浓度，结果造成鱼摄入过多的脂溶性维生素。

2. 缺乏症

产生维生素缺乏症主要原因有：饲料中缺乏、体内吸收障碍、破坏分解增强与生理需要量增高等因素。淡水及海水观赏鱼类维生素缺乏症状有所不同。

（1）淡水观赏鱼维生素缺乏症状

维生素 A：腹水，水肿，眼球突出，肾脏出血，色彩减褪。

维生素 D：色彩减褪，颜色暗淡，委靡不振，怕人，畏光。

维生素 E：腹水，肝脾及肾黏膜变性，产生红血球贫血症，心膜性水肿，生长受阻。

维生素 K：受伤后流血不止，血液凝固时间延长，贫血。

胆碱：委靡不振，消化吸收不好，胃及小肠出血，生长受阻。

烟酸：食欲减弱，体质虚弱，运动困难，胃、肠水肿，肌肉痉挛，嗜睡，畏光，贫血，生长严重受阻。

泛酸：鳃坏死，裂伤，蜂窝组织萎缩，食欲废绝，皮肤病变，出血及炎症。

肌醇：胃扩张，饵料消化时间延长，皮肤病变，生长受阻。

维生素 B_1：食欲下降，肌肉萎缩，抽搐，不安定，失去平衡，皮肤、鳃、鳍淤血，体色经常变化，生长受阻。

维生素 B_2：角膜扩张充血，晶体混浊，眼睛、皮和鳍出血。

维生素 B_6：神经失调，过敏性兴奋，运动失调，食欲废绝，体色暗淡，眼球突出。

维生素 B_{12}：低血红素，红血球破碎，溶血性贫血，生长缓慢。

维生素 C：脊柱弯曲，软骨组织损伤，软骨异常，全身出血。

叶酸：嗜睡，各鳍末端混浊、糜烂，溶血性贫血。

（2）海水观赏鱼维生素缺乏症状

维生素 A：鳃盖发育不全，眼球突出，生长受阻。

烟酸：食欲下降，生长停滞，皮肤出血，体色暗淡。

泛酸：鳃呈棍棒状，鱼卧在水底不动。

维生素 B_2：眼球混浊，食欲下降，鱼体消瘦，游泳动作异常。

维生素 B_6：发生癫痫性疾病，贫血，体色暗淡，肌肉痉挛。

维生素 B_{12}：贫血，生长缓慢。

维生素 C：骨骼弯曲，生长缓慢。

维生素 E：背弓症，瘦背病，肌肉萎缩，形体消瘦。

叶酸：严重贫血，体色变淡，生长受阻。

3. 观赏鱼维生素的需要

（1）淡水观赏鱼每千克饲料中维生素的推荐含量

维生素 A，6 500IU；维生素 D_3，1 200IU；维生素 E，75IU；维生素 K，12mg；胆碱，600mg；烟酸，120mg；泛酸钙，50mg；肌醇，130mg；生物素，0.2mg；维生素 B_1，30mg；维生素 B_2，30mg；维生素 B_6，30mg；维生素 B_{12}，30μg；维生素 C，100mg；叶酸，10mg。

（2）海水观赏鱼每千克饲料中维生素的推荐含量

维生素 A，18 000IU；维生素 D，3 500IU；维生素 E，150IU；维生素 K，60IU；胆碱，1 000mg；烟酸，200mg；泛酸钙，50mg；肌醇，400mg；生物素，1.5mg；维生素 B_1，40mg；维生素 B_2，40mg；维生素 B_6，40mg；维生素 B_{12}，30μg；维生素 C，120mg；叶酸，102mg。

（六）矿物质需要

观赏鱼既可通过消化道吸收饲料中的矿物质，又能从水体中摄取所需的矿物质，故其矿物质代谢及营养受环境条件影响较陆生动物复杂。因此，矿物质需要量难以确定。淡水鱼类可通过体表、鳃、鳍等途径吸收水中的矿物质。据目前研究，鱼类从水中摄取的矿物质元素仍然有限，必须从饲料中补充。

1. 鱼类钙、磷需要与缺乏症

钙、磷是构成鱼骨骼的主要原料。钙能维持细胞正常生理状态，磷亦是构成组织细胞的重要成分，对机体酸碱平衡调节起重要作用。多数鱼均可通过鳃和皮肤（包括鳞片）从水中吸收足够的钙维持正常生长需要。磷主要由饲料提供，鳃吸收的量极微，同时，鱼吸收植酸磷的能力极差。鱼长期缺磷，可引起脊背部和头部畸形，肝肌肉脂肪浸润症状。

鱼类钙、磷除满足需要外，亦应注意其比例平衡。试验表明，鱼饲料钙、磷比例在1：1.1～1.3 为宜，其平衡与否对鱼的生长影响很大，不容忽视。

2. 鱼类镁的需要与缺乏症

镁存在于鱼骨骼中，它与钙、磷的代谢相联系，一般镁在海水中含量高于淡水。鱼用鳃摄取水中的镁，但数量有限，大多则来源于饲料。有试验发现，饲料镁的含量对鲤鱼，鳟鱼机体钙、磷组成无影响。但饲料中缺镁，可造成鱼的食欲下降、生长缓慢、肌肉强直、死亡率增高，鳟鱼甚至因缺镁而导致肾结石。

3. 其他必需矿物质元素的需要与缺乏

鱼类对大多数矿物质的需要尚未研究确定，有些元素的作用机制也尚不明确。但实验中也发现，如鲤鱼缺铁，生长正常，但却表现出红细胞性低色素贫血症状。

观赏鱼的各种矿物质元素的参考需要量为每千克饲料中含有的量分别是：钠 $1\sim3g$，钾 $1\sim3g$，硫 $3\sim5g$，氯 $1\sim5g$，铁 $50\sim100mg$，铜 $1\sim4mg$，钴 $0.005\sim0.01\ mg$，锰 $20\sim500\ mg$，锌 $30\sim100mg$，碘 $0.1\sim0.3mg$。

第二节 观赏鱼的饲料

一、观赏鱼饲料种类

观赏鱼的饲料，可分为天然饵料和配合饲料两大类。天然饵料是指在自然环境中所收集的动、植物鲜活食物；配合饲料则是根据观赏鱼所需营养和食性特点，采用相应的原料由人工配制而成。

（一）天然饵料

天然饵料的营养较为全面，且易于消化，尤其有利于促进性腺发育，是观赏鱼类喜爱的食物。有些鱼类（如鮨科 Serranidae 的一些种类）在饲养条件下，即便投喂营养成分极为丰富的人工饲料，也很难诱导其产生食欲，可一旦投喂鲜活饵料，其食欲大振。在自然界中，可作为鱼类食物的天然饵料种类繁多，数量也很大。但限于收集方便与否等因素，目前常用于喂养观赏鱼的天然饵料主要有水蚯蚓、摇蚊幼虫、浮游生物、丰年虫以及一些新鲜植物等。

1. 水蚯蚓

水蚯蚓又名红丝虫、赤线虫，属环节动物中水生寡毛类，体色鲜红或青灰色。最常见的有颤蚓、水丝蚓、尾鳃蚓及带丝蚓等。

水蚯蚓是淡水底栖生物的主要类群，它们多生活在江河流域的岸边或河底的污泥中，密集于污泥表层，一端固定在污泥中，一端伸出污泥在水中颤动，一遇惊动，立刻缩回到污泥中。通过吞食淤泥而从泥土中进食细菌、底栖藻类和腐殖碎屑。在水质肥沃而含氧少的水体中，往往可见成群的水蚯蚓从泥底伸出身体的大部分，有节奏地不断摆动，以造成水流，获得尽量多的氧气。

水蚯蚓的营养丰富，体长多在 $25\sim40mm$ 之间，投喂前要在清水中反复漂洗，它是金鱼和锦鲤非常爱吃的饵料。观赏鱼饲养者既可以到观赏鱼用品商店购买鲜活的水蚯蚓，也可亲自到郊外腐殖质多的污水沟中捞取。捞取时，一般用小抄网将水蚯蚓连同污泥一齐捞获，然后再用水将污泥清洗掉。清洗掉污泥后的水蚯蚓喜聚集成团，可在室内用盛水器皿暂养。若水蚯蚓的数量不多，则可以放在盛水的盆或水桶内暂养。每天换水 $1\sim2$ 次，一般可存活 $3\sim4d$。若水蚯蚓数量多，则可在容器底部铺上一层细沙，让水蚯蚓有藏身之地，并在水中加入充气石充气，或保持水体流动，以保持水质清新。若管理妥善，可存活

10～15d。

2. 摇蚊幼虫

俗称红孑孓，为生活于水中的昆虫幼虫，常见的种类有摇蚊和粗腹摇蚊等。摇蚊成虫与普通蚊子相类似，但翅无鳞片，足也较大。静止时，前足向前伸，并不断地摇动，故名摇蚊。其幼虫为蠕虫状，水生，凭借身体的反复弯曲和伸直动作，成群在水中游动。整个幼虫阶段一般可历时 3～6d，经三次脱皮后变态成蛹，进而脱皮变态成能飞出水面的成虫。

摇蚊幼虫多见于各种污水沟，因其体内含有血红蛋白，故体色呈红色。人们往往以其体色作为寻觅标志。捕捞摇蚊幼虫与水蚯蚓相似。春秋季节的幼虫数量多，夏季最少。

摇蚊幼虫的营养丰富，容易消化吸收，是观赏鱼类的优良天然饵料，喂养效果甚佳。测定结果表明，鲜活的摇蚊幼虫含有 1.4% 的干物质，在干物质中，蛋白质占 41%～62%，脂肪占 2%～8%，热量为 4kcal/g。这样的营养组成对鱼类的生长是较为有利的。

3. 浮游生物

浮游生物是一类生活在水中的单细胞或小型多细胞生物，它们的个体很小，需要借助显微镜才能看清实貌。这些生物的运动器官不发达，游泳能力很弱，只能在水中漂浮生活。其中能作为鱼类饵料的浮游生物主要有原生生物、轮虫生物以及甲壳生物中的桡足类和枝角类。

浮游生物广泛地分布于湖泊、池塘、水沟等各类型水体中，在养殖观赏鱼的水泥鱼池，甚至在水族箱内，也常可见到浮游生物的存在。

浮游生物的营养含量丰富，除含丰富的蛋白质、糖类和脂肪外，还含有维生素 A、B_1、B_2、B_{12}、D 及 K 等和多种无机元素。浮游生物的营养成分易于被观赏鱼类所消化吸收。此外，由于浮游生物的个体小（原生生物体长一般为 30～300μm，桡足类一般小于3mm，枝角类一般为 0.2～3mm），因而是观赏鱼类稚幼鱼的适口饵料。观赏鱼类在胚胎期结束以后，营养方式从吸收卵黄囊营养转变为主动摄食时，几乎都是以浮游生物为主要摄食对象。因此，浮游生物在观赏鱼饲养过程中有重要的作用。

用作观赏鱼幼鱼饵料的浮游生物，可以在野外捕捞，也可以人工培养。

一般采用由 12 号筛绢制成的浮游生物网作为浮游生物的捕捞工具。选择水质肥沃，水色浓的池塘，将浮游生物网放在水的表层来回拖动，浮游生物网将水分过滤后，浮游生物便可被收集到网尾部的小瓶内。

人工培养浮游生物的方法有简有繁。这里介绍两种简便的方法，供观赏鱼饲养者参考。

（1）草履虫的培养 草履虫是最常见的原生生物，是体形硕大的一种单细胞生物。它以细菌为食物，喜栖息在接近中性（pH 值 6.5～7.5）的水体环境，能在 0～30℃的环境中生活，最宜温度范围是 24～27℃。稻草液培养草履虫是最为简便的方法，如下：

将没有农药等化学物质污染的稻草洗净，剪成约 3.3cm 长的小段，放入自来水或其他洁净水中（一般每 10g 稻草加水 1 000ml）煮沸 10～15min，至草液黄褐色后冷却，便成为草履虫的培养液。

用浮游生物网在池塘中捞取浮游生物，放入培养皿中在解剖镜下观察，从中寻找出草履虫并吸出，移入另一盛有少许培养液的培养皿中培养。以后每天随草履虫种群数量的增加，而加入一定量的培养液。每次加入的培养液一般为原有培养液的 1/3 左右。培养过程分级进行，当培养液增加至培养皿的 2/3 容量时，即可将带有草履虫的培养液移入更大的培养容器（如三角烧瓶、培养缸等）内继续培养。各种培养容器均要先清洗干净后再使用，盛入培养液后，应用纱布将瓶口（或缸的开口）封扎，以防污染。

稻草液培养草履虫的方法简单实用。稻草液主要是用来繁殖细菌，为草履虫提供充足的食物。也可以用其他干草代替稻草。若能在培养液中加入少许奶粉或其他生物组织液，增加培养液的营养成分，则培养效果更佳。在 24～27℃ 的条件下，草履虫每天至少能分裂一次。培养至两周时，即能达到以几何级数增长的状态。如果在培养液的表面形成一层白色的菌膜，大量的草履虫集中在菌膜下面，这样的培养效果则是理想的。此时应注意不断更换培养液，以保证有足够的营养补充和维持培养液的水质恒定。培养容器也可以用玻璃缸、小型水族箱或者塑料水桶来代替。

（2）浮游甲壳动物的培养　浮游甲壳动物包括桡足类和枝角类，是淡水浮游生物中的主要成分，也是稚幼鱼的主要天然饵料。浮游甲壳动物的培养可按下列方法进行：

选择水缸或水桶等广口容器清洗干净，放入 2/3 容量的水，然后以每立方米水放入 1.5～2kg 的量投入鸡粪或猪粪等肥料，放置 4～6d，让水中繁殖大量细菌，以作为浮游甲壳动物的饵料。

用浮游生物网在池塘中捞取浮游生物，并在解剖镜或放大镜下观察，从中选取浮游甲壳类"原种"，放入广口容器内培养。放养密度以每升水 1 000～4 000 个为宜。培养水体温度宜控制在 20～25℃，pH 值 7～8.5。要准备培养容器 3～5 个作交替使用。开始时可在一个容器中培养，当浮游生物大量繁殖后，便可以将其分散培养，以免因密度过大而影响生长。培养容器内一般都安置充气装置，以增加水中溶解氧。

值得注意的是，桡足类的某些寄生种类，如锚头鳋（Lernaea）、中华鳋（Sinergasilus）等，是导致鱼感染寄生虫病的罪魁祸首。在选择"原种"时，决不能将这些种类放入培养器中培养，以免"养虫为患"。在没有把握辨别好坏"原种"的情况下，最好只选择枝角类进行培养。因为枝角类一般没有对鱼有害的病原虫，且易与桡足类相区别。

4. 水蚤

俗称鱼虫，它是节支动物中桡足类的枝角动物。我国各地分布的鱼虫约 100 余种，体色有棕、红棕、灰色、绿色等。鱼虫是季节性生长，又有夏虫和冬虫之分。夏虫在清明节前后大量繁殖，体色血红，个体较大，数量较多，营养价值极高，它们多生活在可流动的河水中。冬虫数量较少，体色青灰，营养价值较低，它们多生活在静水的池塘或湖泊中。鱼虫是淡水观赏鱼的主要饵料，金鱼和热带鱼一生都以此为食，锦鲤幼鱼期也以此为食。

5. 丰年虫

丰年虫又称卤虫，是一种小型的低等甲壳动物。成虫全长约 1.2～1.5cm，体表呈灰白色或微红色。主要分布在各地沿海的高盐度水域，我国以河北、辽宁和山东三省的资源量最大。丰年虫为雌雄异体，以雌性个体为常见，其繁殖习性较特殊，春夏进行孤雌生殖，产生不需要受精的夏卵，成熟卵能够发育成无节幼体，成为雌虫；秋季气候条件改变时，丰年虫则进行有性生殖，雌雄个体交配后产生休眠卵（又称冬卵）。休眠卵是圆形，灰褐色，直径约 0.2～0.28mm，具有极厚的外壳，能够抵抗干燥及寒冷等恶劣环境，可以长期保存。待环境适宜时，休眠卵则可以孵化发育成后期无节幼体。初孵的幼体，生活力较强，能生活于淡水和海水中。

生活于海水中的丰年虫之所以能够作为淡水观赏鱼的饵料，主要是因为丰年虫自然资源量大，来源方便。尤其是其休眠卵可以保存数年，需要用时可随时孵化而获得幼虫，极为方便。而且幼虫的营养丰富，其干物质中含蛋白质60%，脂肪约为20%。为观赏鱼，尤其是幼龄观赏鱼的优良饵料。

休眠卵的孵化方法：用粗盐配制成人造海水，倒入广口玻璃缸或塑料水桶等孵化容器中。然后加入适量的休眠卵，于光线充足处便可进行孵化。孵化容器底部应用气泵通入空气，以保证水中有足够的氧气。水温在15～40℃的范围内，休眠卵均能孵化，但以25～30℃的水温为适宜。在25～27℃时，24～48h的孵化率可达60%～70%。在适宜的温度条件下，提高水体盐度，可以提高孵化率和缩短孵化时间。

丰年虫的幼体具有趋光性，可以利用这一特点将虫体与卵壳分离并收集之。做法是使光线从孵化器的一侧射入，幼虫便会集中到入射光的一侧，此时可以用吸管连虫带水一齐收集。作饵料时，也是用吸管将虫体吸入观赏鱼的饵料箱内进行饲喂。

在适宜条件下，丰年虫幼虫自孵化后经13～15d即可长成成虫。因此，若孵出的幼虫在短期不能被观赏鱼作饵料吃完，则可以让其在孵化容器中继续培养。养成的成虫是观赏鱼成鱼的优质活饵料。值得注意的是，卵孵化后一天左右开始摄食，若要继续培养，则要饲喂食物。一般可用大豆粉与面粉以1∶1的比例混合后饲喂，饲喂量为每升水添加混合料0.2g，每天喂2次。

6. 植物饲料

能作为鱼类饵料的天然植物种类繁多且数量庞大。从单细胞的浮游动植物，到高等水生维管束植物或陆生植物，均有不少种类为鱼类的优良饵料。但在观赏鱼养殖中，饲喂天然植物饲料，常被饲养者忽视。植物饲料是可以部分替代动物饲料的。植物饲料中除了含有蛋白质等营养成分外，还含有丰富的维生素和纤维素，这些都是鱼类生长所不可缺少的营养物质。尤其是对那些杂食性的鱼类，新鲜的天然植物是它们的美味食物；对于杂食性的鱼类来说，适量饲喂一些植物饲料，对其生长和性腺发育将会起到良好的作用。

从饲料的易得性和营养成分的角度考虑，用于投喂观赏鱼的天然植物饵料，最好是采用蔬菜类以及芜萍等浮水植物。

作为观赏鱼饵料的蔬菜，应以鲜嫩为原则。菠菜、小白菜等均是植食性鱼类所喜食的蔬菜。投喂时，宜先用开水将新鲜蔬菜灼熟。然后用棉线将其扎成一捆，投入鱼池或水族箱中让观赏鱼自行采食。

（1）浮萍 俗称无根萍、大球藻，为多年漂浮植物，多生活在河流或静水池塘中，是种子植物中个体最小的种类之一，植物体细小如砂，长仅0.5～1mm、宽0.3～0.8mm，适宜于鱼类摄食。浮萍多见于静水沟和池塘等小水体的表面。其营养丰富，干物质中含蛋白质34%～45%，糖类1.1%～1.2%，脂肪9%～14%。是淡水观赏鱼的辅助饵料。

（2）小球藻 小球藻体色鲜绿，个体酷似北方的谷子，一粒粒似小米粒大小，含有较高的蛋白质、脂肪、维生素和微量元素等，营养价值极高，是金鱼较好的青饲料，如与动物性饵料混合投喂，可有效地促进鱼类快速生长。小球藻多生活在静水的池塘或小河中，它们多与芜萍混在一起生长，单纯生长小球藻的自然水域比较少见。

浮游藻类：浮游藻类的种类很多，有金藻、黄藻、甲藻、硅藻、裸藻、绿藻、蓝藻等，其中有些是观赏鱼的辅助饵料。

（二）配合饲料

观赏鱼用配合饲料，很多是由专门厂家生产的微颗粒状商品，使用便利。养殖者和爱好者也可以根据鱼类所需营养和食性特点，利用各种有利条件，自己配制配合饲料。这对生产性单位尤为重要，可以充分利用当地的饲料资源，节省饲料成本。对于观赏鱼养殖爱好者而言，用自己配制的配合饲料来喂养观赏鱼，则可以扩大知识面，提高养鱼的情趣。

1. 用配合饲料喂养观赏鱼主要优点

①能够按照饲喂对象的种类和大小的不同，配制不同营养成分的饲料，使饲料的营养成分尽量适合饲养对象的需要。

②可以将饲料加工调制成形态大小适于鱼类摄食的剂型，以提高饲料的适口性。

③可在饲料中添加一些鱼类喜食的物质，以提高观赏鱼的食欲，提高摄食量。此外还可以添加防病药物，有利于鱼病的防治，提高养鱼成活率。

④便于投喂和保存。由于观赏鱼的不同种类、不同生长阶段对各种营养物质的需求量并不相同。因此，配制配合饲料，就必须根据鱼对各种营养成分的需要，编制成营养平衡、原料来源方便的饲料配方，通过物理加工（如研磨、浸泡、煮、烘等）、化学加工（如酸、碱处理）和生物加工（如发酵）等处理，制成各种配合饲料。

营养物质包括蛋白质、糖类、脂肪、维生素和无机盐等。添加剂中的抗病药物用于防治鱼病，可混合在日常饲料中，也可制成专用的药物饲料，在适当时候才进行投喂，常用的药物有磺胺类、呋喃类和抗生素类等。黏合剂的作用是保证饲料的成型，防止饲料成分在水中松散，常用的黏合剂有 α–淀粉、羧甲基纤维素、藻胶等，有些饲料配方由于淀粉含量较大而本身就具有一定的黏合力，则可以不加或少加黏合剂。防腐剂的作用是防止饲料成分的氧化酸败，以利于长期保存，常用的防腐剂有丁羟基甲苯、丁羟基苯甲醚、二氢喹啉、硫二丙酸等。引诱物质是刺激鱼类摄食的特殊诱导物，可以引起鱼类对食物的注意，增强食欲，不同鱼类的引诱物质种类不同。着色剂有增强鱼类体色鲜艳程度的作用，观赏鱼中大多数以体色鲜艳而博得人们喜爱。常用的着色剂有虾黄素、阿扑卡洛丁酸脂等。

2. 配制观赏鱼料的一般原则

配合饲料的配方组成，因饲养对象和原料成分不同而异。

第一，用于喂养肉食性鱼类的饲料，蛋白质含量要高；而植食性鱼类的饲料，则以植物原料为主。

第二，在饲料成分组成上，除了保证蛋白质和其他营养物质的含量外，还要考虑蛋白质中氨基酸种类的比例要与鱼类所要求的保持一致。

要使配合饲料完全达到氨基酸平衡是很困难的。在实际配制时，一般采用的方法是在保证蛋白质含量的前提下，尽量选择多种原料进行搭配。因为不同的动物原料，其氨基酸组成和配比不同，多种原料混合，就可以丰富饲料中的氨基酸种类，以尽可能达到氨基酸平衡。

第三，在满足饲料组成的前提下，配方中应尽量选用成本低的原料。水生、陆生动植物、食品加工中的副产品（如酒糟、豆饼等），只要合理利用，均可作为配合饲料的原料。

配合饲料的形状与大小，以提高鱼类摄食适口性为原则，可以制成颗粒状、粉末状或糊状等，以颗粒状最常用。

3. 配合饲料制作的主要程序

（1）备料　按配方收集各种饲料原料。

（2）粉碎　将原料清洗及清除杂物后，将其分别粉碎成末状。

（3）配料及混拌　按照配方设计中各种成分所占的比例，将原料分别称量后混合在一起，用搅拌机或人工将其搅拌成粉状配合饲料。

（4）成型　将粉碎后的配合饲料加水调拌后，在颗料机中加工成颗料，再经烘干机烘干或晒干，包装备用。

二、观赏鱼饲料形态

饲料的加工与制形，是根据鱼的种类、食性和生长期的不同而决定的。

（一）粉状饲料

适用于鱼苗、小鱼种及摄食浮游生物的鱼类。要求各原料先加工粉碎成一定的细度（$\phi 600\mu m$），然后混匀即可直接投喂，投水后饲料能保持悬浮胶体状，容易被鱼苗吞食，但其浪费较大且污染水质。

（二）微粒子饲料

是最适合鱼虾苗种和贝类幼体在开始摄食时所用的一种饲料，即开食料。其粒径为$10 \sim 500\mu m$。可自由调节比重，便于悬浮。在水中具有一定的稳定性，减少营养成分的溶散；能满足苗种幼体的营养需要，且易消化吸收。根据制备工艺及饵料性状的不同，可分为3种。

1. 微胶囊饲料（Micro – encapsulated diet，MED）

MED是用复膜将溶液、胶体、糊状或固体的饲料成分包被。其性状因复膜原料的性状而异。复膜的种类有尼龙–蛋白、明胶–阿拉伯胶、酮壳聚糖酸、蛋清、玉米朊等。

2. 微黏合饵料（Micro – bound diet，MBD）

MBD是用黏结剂将饵料原料黏合而成的饵料，依靠黏合剂保持外形及在水中的稳定性。

3. 微膜饵料（Micro – Coated diet，MCD）

MCD用复膜包被微黏合饵料，以进一步提高其在水中的稳定性，该饵料所用复膜种类有尼龙–蛋白、胆固醇–卵磷脂、硬化牛脂等。

（三）糊状饲料

主要用于鳗鱼饲养，也可用于虾类和一冬龄鱼种。它是将粉料混匀后喷油、加水、黏合剂调制而成的，富有弹性、黏性、伸展性，在水中不易溶散。调制该饲料时的加水量很重要，一般与饲料等重或稍重，常用黏结剂为α – 淀粉。该饲料在水中也会溶散，故应尽量减少其在水中的浸泡时间。

（四）人造颗粒饲料

鉴于鱼类天然饵料的季节性和数量的不稳定性，制约了鱼类的正常生存发育，所以，鱼类饵料加工应运而生。它们按照鱼类品种、大小以及不同阶段的生长需要，合理地安排营养成分配方，采用流水线生产，加工、成型、烘干一条龙，生产出各种规格的颗粒饲料，营养全面，完全可以替代天然饵料。目前，人造颗粒饲料常用的原料有鱼粉、蚕蛹粉、大麦粉、麸皮、酵母粉、维生素、青饲料等，它们按照一定的比例混合，加工成不同大小的颗粒饲料。人造颗粒饲料是金鱼的辅助饵料，是天然饵料短缺时的最佳替代品，也是红鲫鱼、锦鲤的主要饵料。

（五）软颗粒饲料

其生产工序与硬颗粒料相似。仅在加工过程添加水分至18%～20%后拌匀，通过专门的软颗粒机时，由于摩擦产热，使得饲料颗粒强韧而软，故提高了在水中的稳定性。该饲料最适宜中分层食性的鱼类，如草鱼、鲤鱼和团头鲂等。

（六）膨化饲料

在混匀的配合粉料中以蒸汽形式喷入水分，使饲料中淀粉糊化，通过成形机以强大压力挤出，使之迅速膨胀发泡而形成的饲料。该饲料浮性好，营养成分损失少，水体污染小，便于鱼类的摄食，饲料浪费少，是比较有发展前途的饲料。

三、制作观赏鱼人工饵料的要求

由于观赏鱼特殊的要求，观赏鱼饵料比其他食用性鱼类的饵料更需要添加许多活性物质。目前，一般的饵料加工对原料中活性物质的破坏比较严重，因此，对观赏鱼饵料的加工应有较为严格的要求。

（一）观赏鱼饵料的粉碎度

观赏鱼大多数生活在水体较小、设备高档的水族箱中，为了尽量减少观赏鱼粪便对水体的污染，必须让观赏鱼充分地消化吸收人工饵料。因此，在加工观赏鱼饵料的过程中，应当把饵料原料的粉碎度提高到100目以上。

（二）观赏鱼饵料的加工温度和加工时间

饵料中许多活性物质的分解温度一般在95～110℃，而饵料加工过程中的制粒温度在110～130℃，膨化饵料甚至高达180～190℃。这就使大量的活性物质在饵料的加工过程中损失，尤其是膨化饵料，维生素的损失率高达70%以上。因此，观赏鱼饵料的加工温度最好控制在100℃以内。而且要求温度在90℃以上的加工时间不超过1min，制粒温度在接近100℃左右时，停留时间不应超过10s。

（三）观赏鱼饵料在水中的稳定性

高蛋白、营养丰富的饵料一旦发生散失、溶解，就容易污染水质，所以对观赏鱼饵料在水中的稳定性有较为严格的要求。要求饵料在水中30 min内不变形、不分散，不会造成水体混浊，渗出物（散失物和渗出物总和）小于5%。

（四）观赏鱼饵料的诱食性

为了最大限度地防止饵料给水族箱水体带来的污染，必须尽量减少观赏鱼在水族箱中的摄食时间。提高观赏鱼饵料的诱食性能大大加快观赏鱼的摄食速度。饵料在水中的诱食性除了与饵料本身的质量有关外，还与饵料中是否添加诱食剂有关。食用性鱼类的诱食剂主要是深海鱼油、鱼肝油和某些氨基酸等。

四、观赏鱼投饲技术

仅有优良的鱼类饵料还不够，投饲技术不可忽视。这是整个饲养过程中很重要的一个环节。

（一）影响投饲率的因素

投饲率指投入水体中的鱼饲料占鱼体重的百分率；而投饲量为投入水体中鱼饲料的重量。

投饲率受多种因素影响，而主要受水体中的溶氧量、水温、鱼体大小及种类的影响。

1. 溶氧

溶氧是指溶解于水中的氧气。鱼类在高溶氧的水中可提高食欲，促进消化吸收，加速生长；相反，在低溶氧的水中生长的鱼，因呼吸条件差，耗能增加，食欲下降，则生长减缓。如溶氧从 $7\sim9mg/L$ 降至 $3mg/L$ 时，鲤鱼摄食可减少 50%。因此，掌握水中溶氧的动态规律，对组织养殖生产，改进技术夺取高产有重要作用。

2. 水温

水温可直接影响鱼类代谢强度，从而影响鱼类的摄食和生长。各种鱼类都有其最适生长的温度范围，在此范围内，随温度的升高，鱼类的代谢相应加强，摄食量增加，生长加快。

3. 鱼体大小

成熟前幼鱼生长快，耗氧少，代谢旺盛，需要营养多，但随个体增大，则生长速度减慢，需要营养随之递减。试验表明鱼体大小与其耗料量成负相关。

4. 种类

最适生长营养需要依鱼的种类、生长潜能不同而异，这决定了投饲率的差异。

（二）投饲技术

1. 投饲量

判断投饲量是否合理，可通过观察鱼的生长率是否达到正常指标以及鱼体健康状况。如一年生的金鱼，其投饲量约为与头部大小相当的量。二年生的金鱼，为头部的 $1/2$ 的量，三年生的金鱼，为头部的 $1/3$ 的量。家养观赏金鱼，每日可投喂一次，喂七八分饱即可。生产性观赏鱼的饲养，春秋季节，水温适宜，应保持足够的投饲量。繁殖季节，投饲量较正常减少 $1/3\sim1/2$。体弱有病的鱼，减少 $2/3$。

2. 投饵频数

一天中投饵次数及其合理的分配，取决于鱼类消化器官的特征和摄食特性。无胃的鲤科鱼类如鲤鱼、鲫鱼，大多是不断地寻食，适当增加频数是有利的。但过高频数则降低饲料利用率，增加死亡率。

3. 投饵时间

取决于水环境中的温度和溶氧。水温低，每天投饵一次，以中午为佳；若投饵 2 次选择 9：00 和 15：00 较适宜。炎热的夏季若溶氧低于 $3mg/L$ 则投饵效果差，首次投饵时间应依具体实际而定，末次投饵不宜太迟，否则水体缺氧降低饵料效率。

（三）投饲方式

观赏鱼的饲养量都不会太大，因此，投饲的方式仍是人工投饵，能达到一边投饵，观察鱼类摄食，一边观赏鱼的可爱的体态和美丽的水中舞姿。

（四）投饲应注意的问题

1. 不宜过量

投饵过量时残饵在水中浸泡时间过长时导致水质败坏，致使观赏鱼患病。因此，投饵过量时应当除去残饵，换去部分老水，补充新水，换水量控制在 1/3 以内。

2. 不宜过频

投饵过频会使观赏鱼体内未能达到最好的消化吸收，引起金鱼大量排便，污染水质。投饵过频还会引起金鱼发生肠炎，导致金鱼体虚无力，肛门处拖着长长的粪便，甚至还会丧失食欲，从而大大降低了金鱼的免疫能力，引发烂鳃等疾病，甚至突然死亡。

3. 忌饲料成分不良

饵料的营养成分不全或不足，或金鱼对饵料营养成分吸收不足，就会导致金鱼生长不佳，甚至越养越瘦；同时，还会引起因为单一的养分在体内难以实现同化，致使有些观赏鱼（如金鱼）就将其排出体外，最终引起水体中有机物突然增加，导致水质败坏。如给观赏金鱼吃的饵料中鱼粉变质或脂肪变质，金鱼还会发生瘦背病。如饵料中维生素变质或饵料霉变，金鱼体质会明显下降，很容易患烂鳃病或烂鳍烂尾病。

4. 忌饲料质量低劣

假冒的商品饵料或价格便宜的劣质饵料，会使观赏鱼发生强烈的应激反应，如突然加快游泳速度、鱼体分泌大量黏液，从而引起水变成乳白色，致使水中微生态失调，最终病原生物在水中大量繁殖。因此要认真检查，保证投喂的饵料新鲜、干净。

5. 忌不消毒

饵料自身携带的病原微生物在水中孳生，容易引起微生态失调，引起水质败坏，致使金鱼患上急性细菌病和急性寄生虫病，因此，要对鲜活饵料、冰鲜饵料、生鲜饵料进行严格的消毒，其次是增氧，加大循环水量，用氧化剂或专用杀虫剂对养殖水体消毒。

6. 忌不换水

由于观赏鱼多在室内饲养，长期不换水，随着水族箱中有机物含量增高 pH 将越来越低，使水质酸化，水色趋于发黄，会使观赏金鱼食欲减弱，不应大量投喂饵料，应立即换新水，刺激金鱼的食欲。但换水量不应超过 1/3，坚持少量多次的原则，直至水中黄色物质消失，水质呈中性。

复习思考题

1. 各类营养物质对观赏鱼有何营养作用？
2. 说明观赏鱼对蛋白质需要的特点。
3. 观赏鱼的维生素的缺乏症。
4. 观赏鱼的饲料种类包括哪些？
5. 制作观赏鱼的人工饵料有何要求？
6. 观赏鱼的饲料形态有几种？各有何适应性？
7. 喂饲观赏鱼需要掌握哪些投饲技术？

（黑龙江生物科技职业学院　王景芳）

第八章　实训指导

实训一　宠物营养状况的观察与分析

一、目的要求

通过实训，利用幻灯片、录像片、多媒体课件的放映或到饲养场、宠物医院现场观察，识别宠物营养缺乏症的表现，达到能确认宠物典型营养缺乏症的目的。

二、材料设备

1. 幻灯机或放像机或宠物养殖场、宠物医院等现场。
2. 宠物营养缺乏症的幻灯片、课件或录像片一套。

三、方法步骤

1. 首先，由教师结合幻灯片、课件或录像片或宠物养殖场、宠物医院等现场观察，启发学生回顾课堂讲授的有关内容。
2. 其次，师生共同总结归纳出所观察到的宠物营养缺乏症的名称，从营养学角度分析可能产生的原因，并重点描述营养缺乏症的典型症状。
3. 然后，让学生反复观看，以加深记忆，增强识别能力。
4. 最后，提出解决问题的方法、方案。

四、实训考核

（一）考核内容

1. 现场考核（70 分）

重点考核对宠物的各种营养缺乏症的认识和判断能力。

2. 实训报告（30 分）

对宠物营养缺乏症的认识、判断的表述能力。

（二）考核标准

能准确记录观察到的营养缺乏典型症状，并能从营养角度阐述其产生的原因，提出预防与防治的方法、方案。能识别全部宠物营养缺乏典型症状，回答问题正确者得 100 分；能识别全部宠物营养缺乏典型症状，回答问题基本正确者得 80 分；能识别 90% 以上的宠物营养缺乏典型症状者得 60 分；否则不得分。

实训二　饲料样本的采集、制备与保存

一、目的要求

通过本次实训，要求学生掌握各种饲料样本的采集、制备和保存的方法。

二、仪器与用具

饲料样品、谷物取样器、分样板（或药铲）、粉碎机、标准筛（0.216mm、0.30mm、0.44mm）、剪刀、瓷盘或塑料布、粗天平、恒温干燥箱等。

三、方法与步骤

（一）样本的采集

采样是饲料检测的第一步。样本包括原始样本和化验样本，原始样本来自饲料总体，化验样本来自原始样本。样本代表总体接受检验，再根据样本的检验结果，评价总体质量。因此，要求样本必须在性质、外观和特征上具有充分的代表性和足够的典型性。

由于饲料的种类各异，分析目的不同，实际工作中采样的方法也不完全相同。

粉料和颗粒饲料的采样这类饲料包括磨成粉末的各种谷物和糠麸以及配合饲料、混合饲料、浓缩饲料、预混合饲料等。一般采用谷物取样器取样。由于贮存的地方不同，采样的方法分为散装、袋装、生产过程中采样三种。

1. 散料

根据饲料堆所占面积大小，进行分区，每小区面积小于 50m^2，然后按"几何法"采样。所谓"几何法"，是将一堆饲料看成规则的立体（棱柱、圆台、圆锥等），它由若干个体积相等的部分均匀堆砌在整体中，应对每一部分设点进行采样。操作时，在料堆的各侧面上按不同层次和间隔，分小区设采样点。用适当的取样器在各点取样，各点插样应达足够的深度，取样器规格应根据饲料粒径和料堆的大小选择。每个取样点取出的样作为支样，各支样数量应一致。然后，将支样混合，即得到原始样本。最后将原始样本按"四分法"缩减 500～1 000g，即为化验样本，化验样本一分为二，一份送检，一份复检备份。所谓"四分法"，一般原始样本数量较大，不适直接作为化验样本，需缩小数量后作为化验样本。具体方法是：将原始样本置于一张方形纸或塑料布（大小视原始样本的多少而定），提起纸的一角，使饲料反移动混合均匀，然后将饲料展平，用分样板或药铲，从中划"十"字或以对角线连接，将样本分成四等份，除去对角的两份，将剩余的两份，如前述混合均匀后，再分成四等份，重复上述过程，直到剩余样本数量与测定所需要的用量相接近时为止（一般为 500～1 000g）。对大量的原始样本也可在洁净的地板上进行。

装载工具中的散料：这里装载工具主要是指运货汽车或火车车厢，一般使用取样器，根据装载数量的多少按五点交叉法取样，具体作法是：15t 以下从距离边缘 0.5m 选 4 点，在对角线连接交叉处取一点，共有 5 点，在每点按不同深度取样；15～30t 按上述方法取 4 点，再在相距较远两点间等距离处各取一点，然后相邻 4 点对角相连交叉处取点，共 8 点，在每点按不同深度取样；以此类推，30～50t 选 11 点取样。然后以"四分法"缩样。

2. 袋装料

根据包装袋数量，首先确定取样包数，一般 10 包以下则每包都取样；100 包以下则随机选取 10 包；100 以上从 10 包取样开始，每增加 100 包需补采 3 包。方法是：按随机原则取出事先确定的数量的样包，然后用取样器对每包分别取样。取样时对编织袋包装的散料或颗粒饲料，用口袋取样器从口袋上下两个部位选取，或将料袋放平，从料袋的头到底，斜对角地插入取样器。取样前用软刷刷净选定的位置，然后将取样器槽口向下按规定插入料袋，再将取样器转 180°，取出，取完后封存好袋口；再取下一袋，直到全部取完，即得支样，将各支样均匀混合即得原始样本。将取得的原始样本按"四分法"缩样至适当量。

3. 配合饲料生产过程中采样

在确定饲料充分混合均匀后，样本的采取可以从混合机的出口处定期（或定时）取样，取样的间隔也应该是随机的。

（二）化验样本的制备

将采集的原始样本经粉碎、干燥等处理，制成易于保存、符合化验要求的化验样本的过程称为样本的制备。具体方法是：

1. 风干样本的制备

饲料中的水分有三种存在形式即游离水、吸附水（吸附在蛋白质、淀粉及细胞膜上的水）、结合水（与糖和盐类结合的水）。风干样本是指饲料或饲料原料中不含有游离水，仅有少量的吸附水（5% 以下）的样本。主要有籽实类、糠麸类、干草类、秸秆类、乳粉、血粉、鱼粉、肉骨粉及配合饲料等。这类饲料样本制备的方法是：

（1）缩减样本　将原始样本按"四分法"取得化验样本。

（2）粉碎　将所得的化验样本经处理（如剪碎、捣碎等）后，用粉碎机粉碎。

（3）过筛　按照检验要求，将粉碎后的化验样本全部过筛。用于常规营养成分分析时要求全部通过 0.44mm（40 目）标准分析筛；用于微量矿物质元素、氨基酸分析时要求全部通过 0.172～0.30 mm（60～100 目）标准分析筛，使其具备均质性，便于溶样。对于不易粉碎过筛的渣屑类也应剪碎，混入样本中，不可抛弃，避免引起误差。粉碎完毕的样本约 200～500g，装入磨口广口瓶内保存。

2. 新鲜样本的制备

对于新鲜样本，如果直接用于分析可将其匀质化，用匀浆机或超声破碎仪破碎、混匀，再取样，装入塑料袋或瓶内密闭，冷冻保存后测定。若需干燥处理的新鲜样本，则应先测定样本的初水分（所谓初水分，是指首先将新鲜样本置于 60～65℃ 的恒温干燥箱中烘 8～12h，除去部分水分，然后回潮使其与周围环境的空气湿度保持平衡，在这种条件下所失去的水分称为初水分），制成半干样本（测定初水分之后的样本称为半干样本），再粉碎装瓶保存。

（三）样本的登记与保存

制备好的样本应置于干燥且清洁的磨口广口瓶内，作为化验样本，并在样本瓶上登记如下内容：

1. 样本名称（一般名称，学名和俗名）和种类（必要时注明品种、质量等级）。
2. 生长期（成熟程度）、收获期、茬次。
3. 调制和加工方法及贮存条件。
4. 外观性状及混杂度。
5. 采样地点和采集部位。
6. 生产厂家和出厂日期。
7. 重量。
8. 采样人、制样人的姓名。

饲料样本都由专人采取，登记、粉碎与保管。如需测氨基酸和矿物质等项目的原料（样本）应用高速粉碎机，粉碎粒度为 0.172mm（100 目），其他样本可用圆环式或自制链片式粉碎机，粒度 0.30～0.44mm（40～60 目），样本量一般在 500～1 000g。

样本保存时间的长短应有严格规定，一般情况下原料样本应保留 2 周，成品样本应保留 1 个月。

样本保存或送检过程中，须保持样本原有的状态和性质，减少样本离开总体后发生的各种可能变化，如污染、损失、变质等。接触样本的器具应洁净，容器密闭，防止水分蒸发。风干样本置于避光、通风、干燥处，避免高温。新鲜饲料样本需低温冷藏，抑制微生物作用及生物酶作用，减少高温和氧化损失。

样本制备后，应尽快完成分析化验。

四、实训考核

（一）考核内容

1. 理论考核（30 分）

（1）饲料样本的采集有哪几种方法。

（2）制备饲料样本应注意哪些问题。

（3）对已经制备好的样本如何正确地进行登记和保管。

2. 技能考核（70 分）

根据现有条件及教师确定的原料或产品进行采样或制作。

（二）考核标准

在规定时间内能够独立完成饲料样本的采集与制作，操作方法、步骤正确，而且熟练，回答问题正确、结果符合要求得 100 分；若操作方法、步骤正确，但不够熟练，超过规定的时间，回答问题正确，结果符合要求得 80 分；若回答问题基本正确，操作在教师指导下完成，得 60 分；否则不得分。

实训三 饲料中水分的测定

一、目的要求

通过本次实训，要求学生掌握饲料中水分测定的方法。

二、原理及适用范围

饲料样品在105℃±2℃烘箱内，在一个标准大气压下烘干，直至恒重，失去的重量为水分。

本测定标准适用于测定配合饲料和单一饲料中水分含量。但用作饲料的奶制品、动物和植物油脂、矿物质除外。

三、仪器设备

1. 实验室用样品粉碎机或研钵。
2. 分样筛：孔径0.44mm（40目）。
3. 分析天平：感量0.000 1g。
4. 电热式恒温烘箱：可控制温度为105℃±2℃。
5. 称样皿：玻璃皿或铝盒，直径40mm以上，高25mm以下。
6. 干燥器：用氯化钙（干燥剂）或变色硅胶作干燥剂。
7. 常用物品：磨口样本瓶、药匙等。

四、试样的选取和制备

1. 选取已制备好的饲料样本，其原始样量应在1 000g以上。
2. 用四分法将原始样本缩至500g，风干后粉碎至0.44mm，再用四分法缩至200g，装入密封容器，于阴凉干燥处保存。
3. 如试样是多汁的鲜样，或无法粉碎时，应预先干燥处理。称取试样200～300g，在105℃烘箱中烘15min，立即降至65℃，烘干5～6h。取出后，在室内空气中冷却4h，称重，即得风干试样。

五、测定步骤

1. 洁净称样皿，在105℃±2℃烘箱中烘1h，取出，盖好盖，在干燥器中冷却30min，称准至0.000 2g，再烘干30min，同样冷却，称重，直至两次重量之差小于0.000 5g为恒重。

2. 用已恒重称样皿称取两份平行试样，每份2～5g（含水重0.1g以上，样本厚度4mm以下）。准确至0.000 2g，不盖称样皿盖，在105℃±2℃烘箱中烘3h（以温度到105℃开始计时），取出，盖好称样皿盖，在干燥器中冷却30min，称重。

3. 再同样烘干1h，冷却，称重，直至两次称重的重量差小于0.002g。

六、测定结果的计算

1. 计算公式

$$水分含量（\%）=\frac{W_1-W_2}{W_1-W_0}\times100$$

式中：W_1——105℃烘干前试样及称样皿重（g）。

W_2——105℃烘干后试样及称样皿重（g）。

W_0——已恒重的称样皿重（g）。

2. 重复性

每个试样，应取两个平行样进行测定，以其算术平均值为结果。两个平行样测定值相差不得超过 0.2%。否则应重做。

七、注意事项

1. 如果试样已经进行过预先干燥处理，应按下式计算原来试样中所含水分总量：

总水分（%）= 预干燥减重（%）+［100 − 预干燥减重（%）］风干试样水分（%）

2. 某些含脂肪高的样品，烘干时间长反而重量增加，这是脂肪氧化所致，故应以重量增加前那次重量为准。

3. 含糖分高的易分解或易焦化试样，应使用减压干燥法（70℃、80kPa 以下，烘干 5h）测定水分。

八、实训考核

（一）考核内容

1. 理论考核（30 分）

（1）如何解释恒重的概念。

（2）饲料水分测定过程中应注意那些问题。

2. 技能考核（70 分）

根据现有条件，测定某饲料中水分含量。

（二）考核标准

在规定时间内能够独立完成饲料水分的测定，操作方法、步骤正确，而且熟练，回答问题正确、结果符合要求得 100 分；若操作方法、步骤正确，但不够熟练，超过规定的时间，回答问题正确，结果符合要求得 80 分；若回答问题基本正确，操作在教师指导下完成，得 60 分；否则不得分。

实训四 饲料中粗蛋白质的测定

一、目的要求

通过本次实训，要求学生掌握饲料中粗蛋白质测定的方法。

二、原理及适用范围

用凯氏法测定试样中的含氮量，即在催化剂作用下，用硫酸破坏有机物，使含氮物转化成硫酸铵。加入强碱进行蒸馏使氨逸出，用硼酸吸收后，加入甲基红—溴甲酚绿混合指示剂，再用标准盐酸滴定，测出氮含量，将结果乘以换算系数 6.25，计算出粗蛋白含量。

本测定标准适用于配合饲料、浓缩饲料和单一饲料。

三、试剂

1. 硫酸（GB625） 化学纯，含量为98%，无氮。

2. 混合催化剂 0.4g 五水硫酸铜（GB665）；6g 硫酸钾（HG - 920）或硫酸钠（HG3 - 908），均为化学纯，磨碎混匀。

3. 氢氧化钠（GB629） 化学纯，40% 水溶液（W/V）。

4. 硼酸（GB628） 化学纯，2% 水溶液（W/V）。

5. 混合指示剂 0.1% 甲基红（HG3 - 958）乙醇溶液，0.5% 溴甲酚绿（HG3 - 12W）乙醇溶液，两溶液等体积混合，在阴凉处保存期为3个月。

6. 盐酸标准溶液 邻苯二甲酸氢钾法标定，按 GB601 制备。

（1）盐酸标准溶液：c（HCL）= 0.1mol/L。8.3ml 盐酸（GB622，分析纯），注入1 000ml 蒸馏水中。

（2）盐酸标准溶液：c（HCL）= 0.02mol/L。1.67ml 盐酸（GB622，分析纯），注入1 000ml 蒸馏水中。

7. 蔗糖（HG3 - 1001） 分析纯。

8. 硫酸铵（GB1396） 分析纯，干燥。

9. 硼酸吸收液 1% 硼酸水溶液 1 000ml，加入 0.1% 溴甲酚绿乙醇溶液 10ml，0.1% 甲基红乙醇溶液 7ml，4% NaOH 水溶液 0.5ml，混合，置阴凉处。保存期为 1 个月（全自动程序用）。

四、仪器设备

1. 实验室用样品粉碎机或研钵。

2. 分样筛 孔径0.44mm（40目）。

3. 分析天平 感量0.000 1g。

4. 消煮炉或电炉。

5. 滴定管 酸式，10、25ml。

6. 凯氏烧瓶 250ml。

7. 凯氏蒸馏装置 半微量凯氏蒸馏器。

8. 锥形瓶 150、250ml。

9. 容量瓶 100ml。

10. 消煮管 250ml。

11. 蒸汽发生瓶 3 000 ml。

12. 洗瓶 500 ml。

13. 移液管 5 ml。

14. 量筒 50 ml、10 ml。

五、试样的选取和制备

选取具有代表性的试样用四分法缩减至200g，粉碎后全部通过0.44mm 筛，装于密封容器中，防止试样成分的变化。

六、分析步骤

1. 试样的消化

称取风干样本 0.2～0.3g，准确至 0.000 2 g，无损失地移入消化管底部，注意不要附着在管壁上，再加入混合催化剂一匙，浓硫酸 10ml，将消化管放在消煮炉上加热，开始小火，待样品焦化泡沫消失后，再加强火力（360～410℃），消化 4～5 h，直至无白烟冒出、溶液澄清透明。

2. 定容

取出消化管，待冷却后加入蒸馏水 20ml，摇匀，将消化管中液体无损失地移入 100ml 容量瓶中，用洗瓶中的蒸馏水冲洗消化管数次，冲洗液同样注入容量瓶中，冷却后，准确加入蒸馏水至刻度处，供测定用。

3. 蒸馏

将凯氏半微量定氮装置准备完毕后，先用蒸汽洗涤一次。然后用量筒量取 2% 硼酸溶液 20ml，倒入 150ml 三角瓶中，再加入混合指示剂 2 滴，置于蒸馏装置冷凝管下，使管口浸入硼酸溶液中（准备 2～3 个三角瓶）。

煮沸蒸汽发生瓶中的蒸馏水，用移液管移取 10.00ml 样本消化液注入蒸馏装置的反应室内，再用少量蒸馏水冲洗进样入口，塞好入口玻璃塞，再加入 10ml 饱和氢氧化钠溶液，小心提起玻璃塞使之流入反应室，将玻璃塞塞好，且在入口处加水密封，防止漏气，蒸馏 3min，并用蒸馏水冲洗管口外壁，将三角瓶移开蒸馏装置，准备滴定（重复 2～3 次）。

4. 滴定

吸收氨后的吸收液立即用 0.010mol/L 盐酸标准溶液滴定，溶液由蓝绿色转变成灰色为终点。

七、空白测定

称取蔗糖 0.5g，代替试样，进行空白测定，消耗 0.1mol/L 盐酸标准溶液的体积不得超过 0.2ml。消耗 0.02mol/L 盐酸标准溶液的体积不得超过 0.3ml。

八、分析结果的计算

1. 计算公式

$$粗蛋白质含量（\%）= \frac{(V_2 - V_1) \times c \times 0.0140 \times 6.25}{m \times V'/V} \times 100$$

式中：V_2——滴定试样时所需标准酸溶液体积（ml）。

V_1——滴定空白时所需标准酸溶液体积（ml）。

c——盐酸标准溶液浓度（mol/L）。

m——试样质量（g）。

V——试样分解液总体积（ml）。

V'——试样分解液蒸馏用体积（ml）。

0.014 0——与 1.00ml 盐酸标准溶液 [c（HCL）=1.000 0mol/L] 相当的、以 g 表示的氮的质量。

6.25——氮换算成蛋白质的平均系数。

2. 重复性

每个试样取两个平行样进行测定，以其算术平均值为结果。当粗蛋白质含量在25%以上时，允许相对偏差为1%。当粗蛋白质含量在10%～25%时，允许相对偏差为2%。当粗蛋白质含量在10%以下时，允许相对偏差为3%。

九、注意事项

试样消煮时，加入硫酸铜0.2g，无水硫酸钠3g，与试样混合均匀，再加硫酸10ml，仍可使饲料试样分解完全，只是试样焦化再变为澄清所需要时间略长些。

十、实训考核

（一）考核内容

1. 理论考核（30分）

简述饲料中粗蛋白质的测定原理、操作方法步骤以及注意事项。

2. 技能考核（70分）

在凯氏蒸馏装置的安装、试样的消煮、蒸馏以及滴定中任选一项进行操作。

（二）考核标准

在规定时间内能够独立完成考核规定的项目，操作方法、步骤正确，而且熟练，回答问题正确、结果符合要求得100分；若操作方法、步骤正确，但不够熟练，超过规定的时间，回答问题正确，结果符合要求得80分；若回答问题基本正确，操作在教师指导下完成，得60分；否则不得分。

实训五　饲料中粗纤维的测定

一、目的要求

通过本次实训，要求学生掌握饲料中粗纤维测定的方法。

二、原理及适用范围

用浓度准确的酸和碱，在特定条件下消煮样本，再用乙醇、乙醚除去可溶物，经高温灼烧扣除矿物质的量，所余量即为粗纤维。它不是一个确切的化学实体，只是在公认强制规定的条件下测出的概略成分，其中以纤维素为主，还有少量半纤维素和木质素。

本测定标准适用于各种混合饲料、配合饲料、浓缩饲料及单一饲料。

三、试剂

本方法试剂使用分析纯，水为蒸馏水。标准溶液按GB601制备。

1. 硫酸（GB625-77）溶液　分析纯，0.128 ± 0.005mol/L，每100ml含硫酸1.25g。应用氢氧化钠标准溶液标定，GB601。

2. 氢氧化钠（GB629 – 81）溶液　分析纯，0.313 ± 0.005mol/L，每 100ml 含氢氧化钠 1.25g。用邻苯二甲酸氯钾法标定，GB601。

3. 酸洗石棉（HG 3 – 1062）　市售或自制（中等长度酸洗石棉在 1∶3 的盐酸中煮沸 45min，过滤后于 550℃ 灼烧 16h，用 0.128mol/L 硫酸浸泡且煮沸 30min，过滤，用少量硫酸溶液洗一次，再用水洗净，烘干后于 550℃ 灼烧 2h），其空白试验结果为每克石棉含粗纤维值小于 1mg。

4. 95% 乙醇 GB679 – 80）　化学纯。

5. 乙醚（HG 3 – 1002）　化学纯。

6. 正辛醇（防泡剂）　分析纯。

四、仪器设备

1. 实验室用样品粉碎机。

2. 分样筛　孔径 1mm（18 目）。

3. 分析天平　感量 0.000 1g。

4. 电加热器（电炉）　可调节温度。

5. 电热恒温箱（烘箱）　可控制温度在 130℃。

6. 高温炉　有高温计可控制温度在 500～600℃。

7. 消煮器　有冷凝球的 600ml 高型烧杯或有冷凝管的锥形瓶。

8. 抽滤装置　抽真空装置，吸滤瓶和漏斗（滤器使用 0.077mm（200 目）不锈钢网或尼龙滤布）。

9. 古氏坩埚　30ml，预先加入酸洗石棉悬浮液 30ml（内含酸洗石棉 0.2～0.3g）再抽干，以石棉厚度均匀、不透光为宜。上下铺两层玻璃纤维有助于过滤。

10. 干燥器　以氯化钙或变色硅胶为干燥剂。

五、试样制备

将样本用四分法缩减至 200g，粉碎，全部通过 1mm 筛，放入密封容器。

六、分析步骤

1. 称取 1～2g 试样　准确至 0.000 2g，用乙醚脱脂（含脂肪大于 10% 必须脱脂，含脂肪不大于 10%，可不脱脂）。

2. 将称量好的试样放入消煮器　加浓度准确且已沸腾的硫酸溶液 200ml 和 1 滴正辛醇，立即加热，应使其在 2min 内沸腾，调整加热器，使溶液保持微沸，且连续微沸 30min，注意保持硫酸浓度不变。试样不应离开溶液沾到瓶壁上。随后抽滤，残渣用沸蒸馏水洗至中性后抽干。

3. 用浓度准确且已沸腾的氢氧化钠溶液将残渣转移至原容器中　并加至 200ml，同样准确微沸 30min，立即在铺有石棉的古氏坩埚上过滤，选用硫酸溶液 25 ml 洗涤，再用沸蒸馏水洗至中性。再用 10ml 乙醇洗涤，抽干。

4. 将坩埚放入烘箱　在 130℃ ±2℃ 下烘干 2h，取出后在干燥器中冷却至室温，称重，再于 550℃ ±25℃ 高温炉中灼烧 30min，取出后于干燥器中冷却至室温后称重。

七、测定结果的计算

1. 计算公式

$$粗纤维含量（\%）= \frac{m_1 - m_2}{m} \times 100$$

式中：m_1——130℃烘干后坩埚及试样残渣重（g）。

m_2——550℃（或500℃）灼烧后坩埚及试样残渣重（g）。

m ——试样（未脱脂）质量（g）。

2. 重复性

每个试样取两平行样进行测定，以算术平均值为结果。

粗纤维含量在10%以下，绝对值相差0.4。粗纤维含量在10%以上，相对偏差为4%。

八、实训考核

（一）考核内容

1. 理论考核（30分）

简述饲料粗纤维的测定原理以及注意事项。

2. 技能考核（70分）

测定配合饲料或单一饲料的粗纤维含量并计算其结果。

（二）考核标准

在规定时间内能够独立完成饲料粗纤维的测定，操作方法、步骤正确，而且熟练，回答问题正确、结果符合要求得100分；若操作方法、步骤正确，但不够熟练，超过规定的时间，回答问题正确，结果符合要求得80分；若回答问题基本正确，操作在教师指导下完成，得60分；否则不得分。

实训六　饲料中粗脂肪的测定

一、目的要求

通过本次实训，要求学生掌握饲料中粗脂肪测定的方法。

二、原理及适用范围

索氏（Soxhlet）根据脂肪能溶解于有机溶剂的原理，采用脂肪提取器中乙醚提取试样，称提取物的重量，除脂肪外还有有机酸、磷脂、脂溶性维生素、叶绿素等，因而测定结果称粗脂肪或乙醚提取物。

本测定标准适用于各种单一饲料、混合饲料、配合饲料和预混料。

三、试剂

无水乙醚（分析纯）。

四、仪器设备

1. 实验室用样品粉碎机或研钵。
2. 分样筛　孔径 0.44mm。
3. 分析天平　感量 0.000 1g。
4. 电热恒温水浴锅　室温至 100℃。
5. 恒温烘箱　50～200℃。
6. 索氏脂肪提取器（带球形冷凝管）　100ml 或 150ml。
7. 滤纸和脱脂棉线（用乙醚浸泡过）。
8. 干燥器　用氯化钙（干燥剂）或变色硅胶为干燥剂。
9. 铝盒。

五、试样的制备

选取有代表性的试样，用四分法将试样缩减至 500g，粉碎至 0.44mm（40 目），再用四分法缩减至 200g，于密封容器中保存。

六、分析步骤

1. 索氏提取器应干燥无水　在 105℃烘箱中烘干，冷却 30min。
2. 称取试样 2g　精确至 0.000 2g，放入滤纸中，包成长方形，用线系紧。用铅笔在滤纸包上写好铝盒号，放入相对应铝盒中。
3. 将装有滤纸包的铝盒放入 105℃烘箱中烘 6h，冷却后称重。
4. 第二次在 105℃烘箱中烘 2h　冷却 30min，称重至恒重。
5. 用长柄镊子把恒重后的滤纸包排列好放入索氏提取器的抽取腔中　然后放入乙醚浸泡过夜，第二天回流浸提 8～12h，控制乙醚回流次数为 10 次/h，水浴锅温度控制在 65～75℃。
6. 取出浸提完毕的滤纸包放在方盘中　室温下使乙醚挥发干净。
7. 将滤纸包放入对应的铝盒中　于 105℃烘箱中开盖烘 2h 后，冷却称重。
8. 再烘 1h　冷却称重，直至恒重。

七、计算

1. 计算公式

$$粗脂肪含量（\%）＝\frac{m_2-m_1}{m}\times100$$

式中：m ——风干试样重量（g）。

m_1——已恒重的抽提瓶重量（g）。

m_2——已恒重的盛有脂肪的抽提瓶重量（g）。

2. 重复性

每个试样取两平行样进行测定，以其算术平均值为结果。

粗脂肪含量在 10% 以上（含 10%）允许相对偏差为 3%。粗脂肪含量在 10% 以下时，允许相对偏差为5%。

八、实训考核

（一）考核内容

1. 理论考核（30分）

简述饲料中粗脂肪的测定原理以及注意事项。

2. 技能考核（70分）

测定配合饲料或单一饲料的粗脂肪含量并计算其结果。

（二）考核标准

在规定时间内能够独立完成饲料粗脂肪的测定，操作方法、步骤正确，而且熟练，回答问题正确、结果符合要求得100分；若操作方法、步骤正确，但不够熟练，超过规定的时间，回答问题正确，结果符合要求得80分；若回答问题基本正确，操作在教师指导下完成，得60分；否则不得分。

实训七　饲料中粗灰分的测定

一、目的要求

通过本次实训，要求学生掌握饲料中粗灰分测定的方法。

二、原理及适用范围

试样在550℃灼烧后所得残渣，用质量百分率来表示。残渣中主要是氧化物、盐类等矿物质，也包括混入饲料中的砂石、土等，故称粗灰分。

本测定标准适用于配合饲料、浓缩饲料及各种单一饲料中粗灰分测定。

三、仪器设备

1. 实验室用样品粉碎机或研钵。
2. 分样筛　孔径0.44mm（40目）。
3. 分析天平　感量0.0001g。
4. 高温炉　有高温计且可控制炉温在550℃±20℃。
5. 坩埚　瓷质，容积50ml。
6. 干燥器　用氯化钙（干燥试剂）或变色硅胶作干燥剂。

四、试样的选取和制备

取具有代表性试样，粉碎至0.45mm（40目）。用四分法缩减至200g，装于密封容器，防止试样的成分变化或变质。

五、测定步骤

1. 将干净坩埚放入高温炉　在 550℃ ±20℃ 下灼热 30min。取出，在空气中冷却约 1min，放入干燥器冷却 30min，称重。再重复灼热、冷却、称重，直至两次质量之差小于 0.000 5g 为恒重。

2. 称取 2～5g 试样（灰分质量 0.05g 以上）　放在已恒重的坩埚中，准确至 0.000 2g，在电炉上小心炭化。在炭化过程中，应将试样在较低温状态加热灼烧至无烟，尔后升温灼烧至样品无炭粒，再放入高温炉，于 550℃ ±20℃ 下灼烧 3h。取出，在空气中冷却约 1min，放入干燥器中冷却 30min，称取质量。再同样灼烧 1h，冷却，称重，直至两次质量之差小于 0.001g 为恒重。

六、分析结果计算和表述

1. 计算公式

$$粗灰分含量（\%） = \frac{m_2 - m_0}{m_1 - m_0} \times 100$$

式中：m_0——为恒重空坩埚质量（g）。

m_1——为坩埚加试样的质量（g）。

m_2——为灰化后坩埚加灰分的质量（g）。

所得结果应表示至 0.01%。

2. 允许差

每个试样应取两个平行样进行测定，以其算术平均值为分析结果。

粗灰分含量在 5% 以上，允许相对偏差为 1%；粗灰分含量在 5% 以下，允许相对偏差 5%。

七、注意事项

1. 用电炉炭化时应小心，以防止炭化过快，试样飞溅。

2. 灼烧残渣颜色与试样中各元素含量有关，含铁高时为红棕色，含锰高时为淡蓝色。灰化后如果还能观察到炭粒，须加蒸馏水或过氧化氢进行处理。

八、实训考核

（一）考核内容

1. 理论考核（30 分）

简述饲料中粗灰分的测定原理以及注意事项。

2. 技能考核（70 分）

测定配合饲料或单一饲料的粗灰分含量并计算其结果。

（二）考核标准

在规定时间内能够独立完成饲料粗灰分的测定，操作方法、步骤正确，而且熟练，回答问题正确、结果符合要求得 100 分；若操作方法、步骤正确，但不够熟练，超过规定的时间，回答问题正确，结果符合要求得 80 分；若回答问题基本正确，操作在教师指导下完成，得 60 分；否则不得分。

实训八　饲料中钙含量的测定

一、目的要求

通过本次实训，要求学生掌握饲料中钙含量测定的方法。

二、原理及适用范围

将试样中有机物破坏，钙变成溶于水的离子，用草酸铵定量沉淀，用高锰酸钾法间接测定钙含量。

本测定标准适用于配合饲料、单一饲料和浓缩饲料。

三、试剂

1. 盐酸　GB622 – 77，分析纯 1∶3。
2. 硫酸　GB625 – 77，分析纯 1∶3。
3. 氨水　GB631 – 77，分析纯 1∶3，1∶50。
4. 草酸铵水溶液　42g/L。
5. 高锰酸钾标准溶液 c（1/5KMnO$_4$ = 0.05mol/L）

（1）配制：称取高锰酸钾（GB643）约 1.6g，溶于 1 000ml 蒸馏水中煮沸 10min，冷却且静置 1～2d，用烧结玻璃滤器过滤，保存于棕色瓶中。

（2）标定：测定方法：称取草酸钠（GB 1289 基准物，105℃ 干燥 2h，存于干燥器中）0.1g，准确到 0.000 2g，溶于 50ml 水中，再加硫酸溶液 10ml，将此溶液加热至 75～85℃，用配制好的高锰酸钾滴定，溶液呈现粉红色且 1min 不褪色为终点。滴定结束时，溶液温度在 60℃ 以上，同时做空白试验。

计算：高锰酸钾标准溶液浓度按下式计算：

$$C（1/5\ KMnO_4）= \frac{m}{(V_1 - V_2) \times 0.067\ 00}$$

式中：C（1/5 KMnO$_4$）——高锰酸钾标准溶液的量浓度（mol/L）。

m——草酸钠的质量（g）。

V_1——高锰酸钾的用量（ml）。

V_2——空白试验高锰酸钾溶液的用量（ml）。

0.067 00 ——与 1.00ml 高锰酸钾标准溶液［c（1/5KMnO$_4$）= 1.000mol/L］相当的以 g 表示的草酸钠质量。

6. 甲基红指示剂　0.1g 甲基红溶于 100ml 95% 乙醇中。

四、仪器和设备

1. 实验室用样品粉碎机或研钵。

2. 分样筛　孔径 0.45mm（40 目）。

3. 分析天平　感量 0.000 1g。

4. 高温炉　电加热，可控温度在 550℃±20℃。

5. 坩埚　瓷质。

6. 容量瓶　100ml。

7. 滴定管　酸式，25ml 或 50ml。

8. 玻璃漏斗　6cm 直径。

9. 定量滤纸　中速，7～9cm。

10. 移液管　10ml、20ml。

11. 烧杯　200ml。

12. 凯氏烧瓶　250ml 或 500ml。

13. 量筒　10 ml、50 ml。

五、试样制备

取具有代表性试样，粉碎至 0.45mm（40 目），用四分法缩分至 200g，装于密封容器，防止试样成分变化或变质。

六、分析步骤

1. 试样的分解

（1）干法　称取试样 2～5g 于坩埚中，精确至 0.000 2g，在电炉上小心炭化，再放入高温炉于 550℃下灼烧 3h（或测定粗灰分后连续进行），在盛灰坩埚中加入盐酸溶液 10ml 和浓硝酸数滴，小心煮沸，将此溶液转入容量瓶，冷却至室温，用蒸馏水稀释至刻度，摇匀，为试样分解液。

（2）湿法　称取试样 2～5g 于凯氏烧瓶中，精确至 0.000 2g，加入硝酸（GB 623，分析纯）10ml，加热煮沸，至二氧化氮黄烟逸尽，冷却后加入 70%～72% 高氯酸（GB 623 分析纯）10ml，小心煮沸至溶液无色，不得蒸干（危险！），冷却后加蒸馏水 50ml，且煮沸驱逐二氧化氮，冷却后转入容量瓶，蒸馏水稀释至刻度，摇匀，为试样分解液。

2. 试样的测定

准确移取试样液 10～20ml（含钙量 20mg 左右）于烧杯中，加蒸馏水 100ml，甲基红指示剂 2 滴，滴加氨水溶液至溶液呈橙色，再加盐酸溶液使溶液恰变红色（pH 值为 2.5～3.0），小心煮沸，慢慢滴加草酸铵溶液 10ml，且不断搅拌，如溶液变橙色，应补滴盐酸溶液至红色，煮沸数分钟，放置过夜使沉淀沉化（或在水浴上加热 2h）。

用滤纸过滤，用 1:50 氨水溶液洗沉淀 6～8 次，至无草酸根离子（接滤液数毫升加硫酸溶液数滴，加热至 80℃，再加高锰酸钾溶液 1 滴，呈微红色，0.5min 不褪色）。将沉淀和滤纸转入原烧杯，加硫酸溶液 10ml，蒸馏水 50ml，加热至 75～80℃，用 0.05mol/L 高锰酸钾标准溶液滴定，溶液呈粉红色且 0.5min 不褪色为终点。同时进行空白溶液的测定。

七、测定结果的计算

1. 计算公式

$$Ca（\%）=\frac{(V-V_0)\times C\times 0.02}{m\times V'/100}\times 100$$

$$=\frac{(V-V_0)\times C\times 200}{m\times V'}$$

式中：V——0.05mol/L 高锰酸钾溶液的用量（ml）。

V_0——测空白时 0.05mol/L 高锰酸钾溶液的用量（ml）。

C——高锰酸钾标准溶液的量浓度（mol/L）。

V'——滴定时移取试样分解液体积（ml）。

m——试样质量（g）。

0.02——与 1.00ml 高锰酸钾标准溶液〔$C（1/5MnO_4）=1.000/mol/L$〕相当的、以 g 表示的钙的质量。

2. 重复性

每个试样取两个平行样进行测定，以其算术平均值为结果。

含钙量在 5% 以上，允许相对偏差 3%；含钙量 5%～1% 时，允许相对偏差 5%；含钙量 1% 以下，允许相对偏差 10%。

八、实训考核

（一）考核内容

1. 理论考核（30 分）

简述饲料中钙含量的测定原理、方法步骤以及注意事项。

2. 技能考核（70 分）

根据现有条件，测定某饲料中钙的含量。

（二）考核标准

在规定时间内能够独立完成饲料中钙含量的测定，操作方法、步骤正确，而且熟练，回答问题正确、结果符合要求得 100 分；若操作方法、步骤正确，但不够熟练，超过规定的时间，回答问题正确，结果符合要求得 80 分；若回答问题基本正确，操作在教师指导下完成，得 60 分；否则不得分。

实训九　饲料中总磷量的测定

一、目的要求

通过本次实训，要求学生掌握饲料中总磷量测定的方法。

二、原理及适用范围

将试样中的有机物破坏，使磷游离出来，在酸性溶液中，用钒钼酸铵处理，生成黄色的 $(NH_4)_3PO_4VO_3NH_4VO_3 \cdot 16MoO_3$，在波长420nm下进行比色测定。

本测定标准适用于配合饲料、浓缩饲料、预混合饲料和单一饲料。测定范围磷含量 $0\sim20\mu g/ml$。

三、试剂

本标准中所用试剂，除特殊说明外，均为分析纯。

实验室用水为蒸馏水或同等纯度的水。

1. 盐酸　1+1水溶液。

2. 硝酸

3. 高氯酸

4. 钒钼酸铵显色剂　称取偏钒酸铵1.25g，加硝酸250ml，另称取钼酸铵25g，加水400ml将其溶解，在冷却的条件下，将两种溶液混合，用水定容1 000ml。避光保存，若生成沉淀，则不能继续使用。

5. 磷标准液　将磷酸二氢钾在105℃干燥1h，在干燥器中冷却后称取0.219 5g溶解于水，定量转入1 000ml容量瓶中，加硝酸3ml，用水稀释至刻度，摇匀，即为 $50\mu g/ml$ 的磷标准液。

四、仪器设备

1. 实验室用样品粉碎机或研钵。

2. 分样筛　孔径0.44mm（40目）。

3. 分析天平　感量0.000 1g。

4. 分光光度计　有10mm比色池，可在420nm下测定吸光度。

5. 高温炉　可控温度在550℃±20℃。

6. 瓷坩埚　50ml。

7. 容量瓶　50ml、100ml、1 000ml。

8. 刻度移液管　1.0ml、2.0ml、3.0ml、5.0ml、10ml。

9. 凯氏烧瓶　125ml、250ml。

10. 可调温电炉　1 000W。

五、试样制备

取具有代表性试样，粉碎至0.44mm（40目），用四分法缩分至200g，装于密封容器，防止试样成分变化或变质。

六、测定步骤

1. 试样的分解

（1）干法［不适用含 $Ca(H_2PO_4)_2$ 的饲料］　称取试样2～5g（精确至0.000 2g）

于坩埚中，在电炉上小心炭化，再放入高温炉，在 550℃灼烧 3h（或测粗灰分后继续进行），取出冷却，加入 10ml 盐酸溶液和硝酸数滴，小心煮沸约 10min，冷却后转入 100ml 容量瓶中，用水稀释至刻度，摇匀，为试样分解液。

（2）湿法　称取试样 0.5～5g（精确至 0.000 2g）于凯氏烧瓶中，加入硝酸 30ml，小心加热煮沸至黄烟逸尽，稍冷，加入高氯酸 10ml，继续加热至高氯酸冒白烟（不得蒸干），溶液基本无色，冷却，加水 30ml，加热煮沸，冷却后，用水转移至 100ml 容量瓶中，并稀释至刻度，摇匀，为试样分解液。

2. 准确移取磷酸标准液

准确取磷酸标准液 0ml、1.0ml、2.0ml、5.0ml、10.0ml、15.0ml 于 50ml 容量瓶中，各加钒钼酸铵显色剂 10ml，用水稀释至刻度，摇匀，常温下放置 10min 以上，以 0ml 溶液为参比，用 10mm 比色池，在 420nm 波长下，用分光光度计测定各溶液的吸光度。以磷含量为横坐标，吸光度为纵坐标绘制标准曲线。

3. 试样的测定

准确移取试样分解液 1～10ml（含磷量 50～750μg）于 50ml 容量瓶中，加入钒钼酸铵显色剂 10ml，按 6.2 的方法显色和比色测定，测得试样分解液的吸光度，用标准曲线查得试样分解液的含磷量。

七、测定结果的计算

1. 计算公式

$$P（\%）=\frac{X}{m \times V \times 100} \times 100$$

式中：m——试样的质量（g）。

X——由标准曲线查得试样分解液总磷含量（μg）。

V——移取试样分解液的体积（ml）。

所得到的结果应精确到 0.01%。

2. 允许差

每个试样称取两个平行样品进行测定，以其算术平均值为测定结果。其间分析结果的相对偏差总磷含量低于 0.5%，不超过 10%；总磷含量大于或等于 0.5%，不超过 3%。

八、实训考核

（一）考核内容

1. 理论考核（30 分）

简述饲料中总磷的测定原理、方法步骤以及注意事项。

2. 技能考核（70 分）

（1）提供标准磷酸溶液，绘制磷的标准曲线。

（2）提供灰化后的饲料样本进行磷的测定。

（二）考核标准

在规定时间内能够独立完成饲料样本磷含量的测定的规定项目，操作方法、步骤正确，而且熟练，回答问题正确、结果符合要求得 100 分；若操作方法、步骤正确，但不够熟练，超过规定的时间，回答问题正确，结果符合要求得 80 分；若回答问题基本正确，操作在教师指导下完成，得 60 分；否则不得分。

实训十　饲料中可溶性氯化物的测定

一、目的要求

通过本次实训，要求学生掌握饲料中可溶性氯化物测定的方法。

二、原理及适用范围

溶液澄清，在酸性条件下，加入过量硝酸银溶液使样品溶液中的氯化物形成氯化银沉淀，除去沉淀后，用硫氰酸铵回滴过量的硝酸银，根据消耗的硫氰酸铵的量，计算出其氯化物的含量。

本测定标准适用于各种配合饲料、浓缩饲料和单一饲料。检测范围氯元素含量为 0～60mg。

三、试剂

实验室用水应符合 GB 6682 中三级用水的规格。使用试剂除特殊规定外应为分析纯。

1. 硝酸。

2. 硫酸铁（60g/L）　称取硫酸铁〔$Fe_2(SO_4)_3 \cdot XH_2O$〕60g 加水微热溶解后，调成 1 000ml。

3. 硫酸铁指示剂　250g/L 的硫酸铁水溶液，过滤除去不溶物，与等体积的浓硝酸混合均匀。

4. 氨水　1＋19 水溶液。

5. 硫氰酸铵〔$c(NH_4CNS)=0.02mol/L$〕　称取硫氰酸铵 1.52g 溶于 1 000ml 水中。

6. 氯化钠标准贮备溶液　基准级氯化钠于 500℃灼烧 1h，干燥器中冷却保存，称取 5.845 4g 溶解于水中，转入 1 000ml 容量瓶中，用水稀释至刻度，摇匀。此氯化钠标准贮备液的浓度为 0.100 0mol/L。

7. 氯化钠标准工作溶液　准确吸取贮备溶液 20.00 ml 于 1 000 ml 容量瓶中，用水稀释至刻度，摇匀。此氯化钠标准溶液的浓度为 0.020 0mol/L。

8. 硝酸银标准溶液〔$c(AgNO_3)=0.02mol/L$〕　称取 3.4g 硝酸银溶于 1 000ml 水中，贮于棕色瓶中。

（1）体积比：吸取硝酸银溶液 20.00ml，加硝酸 4ml，指示剂 2ml，在剧烈摇动下用硫氰酸铵溶液滴定，滴至终点为持久的淡红色，由此计算两溶液的体积比 F：

$$F=\frac{20.00}{V_2}$$

式中：F——硝酸银与硫氰酸铵溶液的体积比。

20.00——硝酸银溶液的体积（ml）。

V_2——硫氰酸铵溶液的体积（ml）。

（2）标定：准确移取氯化钠标准溶液10.00ml，于100ml容量瓶中加硝酸4ml，硝酸银标准溶液25.00ml，振荡使沉淀凝结，用水稀释至刻度，摇匀，静置5min，过滤入干锥形瓶中，吸取滤液50.00ml，加硫酸铁指示剂2ml，用硫氰酸铵溶液滴定出现淡红棕色，且30s不褪色即为终点。硝酸银标准溶液浓度的计算：

$$c\,(AgNO_3)\ =\frac{M'\times\,(20/1\,000)\,\,(10/100)}{0.058\,45\times\,(V_1-F\times V_2\times100/50)}$$

式中：$c\,(AgNO_3)$——硝酸银标准溶液摩尔浓度（mol/L）。

M'——氯化钠质量（g）。

V_1——硝酸银标准溶液体积（ml）。

V_2——硫氰酸铵溶液体积（ml）。

F——硝酸银与硫氰酸铵溶液的体积比。

0.058 48——与1.00ml硝酸银标准溶液 $[c\,(AgNO_3)\ =1.000mol/L]$ 相当的、以g表示的氯化钠质量。

所得结果应表示至4位小数。

四、仪器设备

1. 实验室用样品粉碎机或研钵。

2. 分样筛　孔径0.44mm（40目）。

3. 分析天平　分度值0.1mg。

4. 刻度移液管　10ml、2ml。

5. 移液管　50ml、25ml。

6. 滴定管　酸式、25ml。

7. 容量瓶　100ml、1 000ml。

8. 烧杯　250ml。

9. 滤纸　快速，直径15.0cm；慢速，直径12.5cm。

五、样品的选取和制备

选取有代表性的样品，粉碎至0.44mm（40目），用四分法缩减至200g，密封保存，以防止样品组分的变化或变质。

六、测定步骤

1. 氯化物的提取

称取样品适量（氯含量在0.8%以内，称取样品5g左右；氯含量在0.8%～1.6%，称取样品3g左右；氯含量在1.6%以上，称取样品1g左右），准确至0.000 2g，准确加入硫酸铁溶液50mg，氨水溶液100ml，搅拌数分钟，放置10min，用干的快速滤纸过滤。

2. 测定

准确吸取滤液50.00ml，于100ml容量瓶中加浓硝酸10ml，硝酸银标准溶液25.00ml，用力振荡使沉淀凝结，用水稀释至刻度，摇匀。静置 5 min，过滤入 150 ml 干锥形瓶中或静置（过夜）沉化，吸取滤液（澄清液）50.00 ml，加硫酸铁指示剂 10 ml，用硫氰酸铵溶液滴定，出现淡橘红色，且 30 s 不褪色即为终点。

七、测定结果的计算

1. 计算公式

氯化物含量用氯元素的百分含量表示：

$$Cl（\%）=\frac{(V_1-V_2\times F\times 100/50)\times c\times 150\times 0.035\,5}{m\times 50}\times 100$$

式中：m——样品质量（g）。

V_1——硝酸银溶液体积（ml）。

V_2——滴定消耗的硫氰酸铵溶液体积（ml）。

F——硝酸银与硫氰酸铵溶液体积比。

c——硝酸银的摩尔浓度（mol/L）。

0.035 5——1.00 ml 硝酸银标准溶液〔$c（AgNO_3）=1.000\,mol/L$〕相当的以 g 表示的氯元素的质量。

所得结果以表示至 2 位小数。

2. 允许差

每个样品应取两份平行样进行测定，以其算术平均值为分析结果。

氯含量在 3% 以下（含 3%），允许绝对差 0.05；氯含量在 3% 以上，允许相对偏差 3%。

附注：水溶性氯化物快速测定法

称取 5～10 g 样品，准确至 0.001 g，准确加蒸馏水 200 ml，搅拌 15 min，放置 15 min，准确移取上清液 20 ml，加蒸馏水 50 ml，10% 铬酸钾指示剂 1 ml，用硝酸银标准溶液滴定，呈现砖红色，且 1 min 不褪色为终点。

计算公式：

$$Cl（\%）=\frac{V_2\times c\times 200\times 0.035\,5}{m\times 20}\times 100$$

式中：V_2——滴定消耗的硫氰酸铵溶液体积（ml）。

c——硝酸银的摩尔浓度（mol/L）。

0.035 5——与 1.00 ml 硝酸银标准溶液〔$c（AgNO_3）=1.000\,mol/L$〕相当的、以 g 表示的氯元素的质量。

八、实训考核

（一）考核内容

1. 理论考核（30 分）

简述饲料中水溶性氯化物的测定原理及注意事项。

2. 技能考核（70 分）

根据现有的条件，测定某饲料中食盐的含量。

（二）考核标准

在规定时间内能够独立完成饲料中食盐含量的测定，操作方法、步骤正确，而且熟练，回答问题正确、结果符合要求得 100 分；若操作方法、步骤正确，但不够熟练，超过规定的时间，回答问题正确，结果符合要求得 80 分；若回答问题基本正确，操作在教师指导下完成，得 60 分；否则不得分。

实训十一 饲料中氟含量的测定

一、目的要求

了解饲料中氟含量的测定原理、方法步骤，并在规定时间内，测定某饲料中氟的含量。

二、原理及适用范围

（一）原理

氟离子选择电极的氟化镧单晶膜对氟离子产生选择性的对数响应，氟电极和饱和甘汞电极在被测试液中，电位差可随溶液中氟离子活度的变化而改变，电位变化规律符合能斯特方程式：

$$E = E^0 - \frac{2.303\mathrm{R}T}{F}\lg c_F$$

E 与 $\lg c_F$ 呈线性关系。2.303RT/F 为该直线的斜率（25℃时为 59.16）。

在水溶液中，易与氟离子形成络合物的三价铁（Fe^{3+}）、三价铝（Al^{3+}）及硅酸根（SiO_3^-）等离子干扰氟离子测定，其他常见离子对氟离子测定无影响。测量溶液的酸度为 pH 值 5～6，用总离子强度缓冲液消除干扰离子及酸度的影响。

（二）范围

本标准规定了饲料中氟的测定方法（离子选择性电极法）GB/T 13083 - 2002。适用于饲料原料、饲料产品中氟的测定。本方法氟的最低检测限为 0.08μg。

GB/T 6682 - 1992 分析实验室用水规格和试验方法（neq ISO 3696：1987）

三、试剂和溶液

全部溶液贮于聚乙烯塑料瓶中。

1. c（$CH_3COONa \cdot 3H_2O$）=3mol/L 乙酸钠溶液

称取 204g 乙酸钠（$CH_3COONa \cdot 3H_2O$），溶于约 300ml 水中，待溶液温度恢复到室温后，以 1mol/L 乙酸调节至 pH 值 7.0，移入 500ml 容量瓶，加水至刻度。

2. c（$Na_3C_6H_5O_7 \cdot 2H_2O$）=0.75mol/L 柠檬酸钠溶液

称取 110g 柠檬酸钠（$Na_3C_6H_5O_7 \cdot 2H_2O$），溶于约 300ml 水中，加高氯酸 14ml，移入 500ml 容量瓶，加水至刻度。

3. 总离子强度缓冲液

乙酸钠溶液与柠檬酸钠溶液等量混合，临用时配制。

4. c（HCl）＝1mol/L 盐酸溶液

量取 10ml 盐酸，加水稀释至 120ml。

5. 氟标准溶液

（1）氟标准储备液　称取经 100°C 干燥 4h 冷却的氟化钠 0.221 0g，溶于水，移入 100ml 容量瓶中，加水至刻度，混匀，储备于塑料瓶中，置冰箱内保存，此液每毫升相当于 1.0mg 氟。

（2）氟标准溶液　临用时准确吸取氟储备液 10.00ml 于 100ml 容量瓶中，加水至刻度，混匀。此液每毫升相当于 100.0μg。

（3）氟标准稀溶液　准确吸取氟标准溶液 10.00ml 于 100ml 容量瓶中，加水至刻度，混匀，此液每毫升相当于 10.0μg 氟。即配即用。

四、仪器、设备

1. 氟离子选择电极　测量范围 $0.1 \sim 5 \times 10^{-7}$ mol/L，pF－1 型或与之相当的电极。
2. 甘汞电极　232 型或与之相当的电极。
3. 磁力搅拌器
4. 酸度计　测量范围 $0.0 \sim 1\,400$ mV，pH 值测定使用 3S－3 型或与之相当的酸度计或电位计。
5. 分析天平　感量 0.000 1g。
6. 纳氏比色管　50ml。
7. 容量瓶　50ml、100ml。
8. 超声波提取器

五、试样制备

取具有代表性的样品 2kg，以四分法缩分至约 250g，粉碎，过 0.42mm 孔筛，装入样品瓶，密闭保存，备用。

六、分析步骤

（一）氟标准工作液的制备

吸取氟标准稀溶液 0.50 ml、1.00 ml、2.00 ml、5.00 ml、10.00ml，再吸取氟标准溶液 2.00 ml、5.00ml，分别置于 50ml 容量瓶中，于各容量瓶中分别加入盐酸溶液 5.00ml，总离子强度缓冲液 25ml，加水至刻度，混匀。上述标准工作液分别为 0.1μg/ml、0.2μg/ml、0.4μg/ml、1.0μg/ml、2.0μg/ml、4.0μg/ml、10.0μg/ml。

（二）试液制备

1. 饲料试液制备（除饲料级磷酸盐外）

精确称取 0.5～1g 试样（精确至 0.000 2g），置于 50ml 纳氏比色管中，加入盐酸溶液 5.0ml，密闭提取 1h（不时轻轻摇动比色管），应尽量避免样品粘于管壁上，或置于超声波提取器中密闭提取 20min。提取后加总离子强度缓冲液 25ml，加水至刻度，混匀，干过滤。滤液供测定用。

2. 磷酸盐试液制备

准确称取约含 2 000μg 氟的试样（精确至 0.000 2g）置于 100ml 容量瓶中，用盐酸溶液溶解至刻度，混匀。取 5.00ml 溶解液至 50ml 容量瓶中，加入 25ml 总离子强度缓冲液，加水至刻度，混匀。供测定用。

3. 测定

将氟电极和甘汞电极与测定仪器的负端和正端连接，将电极插入盛有水的 50ml 聚乙烯塑料烧杯中，并预热仪器，在磁力搅拌器上以恒速搅拌，读取平衡电位值，更换 2～3 次水，待电位值平衡后，即可进行标准液和试样液的电位测定。

由低到高浓度分别测定氟标准工作液的平衡电位。同法测定试液的平衡。

以平衡电位为纵坐标，氟标准工作液的氟离子的浓度为横坐标，用回归方程计算或在半对数坐标纸上绘制标准曲线。每次测定均应同时绘制标准曲线。从标准曲线上读取试液的氟离子浓度。

七、分析结果计算和表达

1. 计算公式

（1）饲料（除饲料添加剂级磷酸盐外）式样中氟含量：

$$X = \frac{\rho \times 50 \times 1\ 000}{m \times 1\ 000} = \frac{\rho}{m} \times 50$$

式中：X——试样中氟的含量（mg/kg）；

ρ——试液中氟的浓度（μg/ml）；

m——试样质量（g）；

50——测试液体积（ml）。

（2）磷酸盐试样中氟含量的计算：

$$X = \frac{\rho \times 50 \times 1\ 000}{m \times 1\ 000} \times \frac{100}{50} = \frac{\rho}{m} \times 50$$

每个试样取两个平行样进行测定，以其算术平均值为结果，结果表示到 0.1mg/kg。

2. 允许差

同一分析者对同一饲料同时或快速连续地进行两次测定，所得结果之间的相对偏差：在试样中氟含量小于或等于 50mg/kg 时，不超过 10%；在试样中氟含量大于 50mg/kg 时，不超过 5%。

八、实训考核

（一）考核内容

1. 理论考核（30 分）

叙述饲料中氟含量测定的原理及方法步骤。

2. 技能考核（70 分）

仪器设备的使用、试液的制备与测定。

（二）考核标准

在规定时间内能够独立进行饲料中氟含量的测定，操作方法、步骤正确，而且熟练，回答问题正确、结果符合要求得 100 分；若操作方法、步骤正确，但不够熟练，超过规定的时间，回答问题正确，结果符合要求得 80 分；若回答问题基本正确，操作在教师指导下完成，得 60 分；否则不得分。

实训十二　饲料中黄曲霉毒素 B_1 的测定

一、目的要求

了解饲料中黄曲霉毒素的测定原理，并在规定时间内，测定某饲料中黄曲霉毒素 B_1 的含量。

二、原理及适用范围

（一）原理

样品中黄曲霉毒素 B_1 经提取、柱层析、洗脱、浓缩、薄层分离后，在波长 365nm 紫外灯光下产生蓝紫色荧光，根据其在薄层上显示荧光的最低检出量来测定含量。

（二）适用范围

本标准参照采用国际标准 ISO 6651—1983（E）《饲料中黄曲霉毒素 B_1 的测定方法》（GB 8381—87）。适用于各种单一饲料和配合饲料。

三、试剂和溶液

1. 三氯甲烷（GB 682 – 78）
2. 正己烷（HG 3 – 1003 – 76）
3. 甲醇（GB 683 – 79）
4. 苯（GB 690 – 77）
5. 乙腈（HGB 3329 – 60）
6. 无水乙醚或乙醚经无水硫酸钠脱水（HGB 1002 – 76）
7. 丙酮（GB 686 – 78）

以上试剂于试验时先进行一次试剂空白试验，如不干扰测定即可使用。否则需逐一检查进行重蒸。

8. 苯 – 乙腈混合液　量取 98ml 苯，加 2ml 甲醇混匀。
9. 三氯甲烷 – 甲醇混合液　取 97ml 三氯甲烷，3ml 甲醇混匀。
10. 硅胶　柱层析用 80～200 目。
11. 硅胶 G　薄层色谱用。
12. 三氟乙酸
13. 无水硫酸钠（HG 3 – 123 – 76）

14. 硅藻土

15. 黄曲霉毒素 B_1 标准溶液

①仪器校正：测定重铬酸溶液的摩尔消光系数，以求出使用仪器的校正因素：精密称取 25mg 经干燥的重铬酸钾（基准级）。用 0.009mol/L 硫酸溶解后准确稀释至 200ml（相当于 0.000 4mol/L 的溶液）。再吸取 25ml 此稀释液于 50ml 容量瓶中，加 0.009mol/L 硫酸稀释至刻度（相当于 0.000 2mol/L 溶液）。再吸取 25ml 此稀释液于 50ml 容量瓶中，加 0.009mol/L 硫酸稀释至刻度（相当于 0.000 1mol/L 溶液）。用 1 cm 石英杯，在最大吸收峰的波长处（接近 350nm）用 0.009mol/L 硫酸作空白，测得以上三种不同浓度的摩尔溶液的吸光度。并按下式计算出以上三种浓度的摩尔消光系数的平均值。

$$E_1 = \frac{A}{m}$$

式中：E_1——重铬酸溶液的摩尔消光系数；

　　　A——测得重铬酸钾溶液的吸光度；

　　　m——重铬酸钾溶液的摩尔浓度。

再以此平均值与重铬酸钾的摩尔消光系数值 3 160 比较，按下式求出使用仪器的校正因素（a）。

$$a = \frac{3\ 160}{M}$$

式中：a——使用仪器的校正因素；

　　　M——测得重铬酸摩尔消光系数平均值。

若 a 大于 0.95 或小于 1.05，则使用仪器的校正因素可略而不计。

②10μg/ml 黄曲霉毒素 B_1 标准溶液的制备：精密称取 1～1.2mg 黄曲霉毒素 B_1 标准品，先加入 2ml 的乙腈溶解后，再用苯稀释至 100ml，置于 4℃冰箱保存。

用紫外分光光度计测此标准溶液的最大吸收峰的波长及该波长的吸光度值，并按下式计算该标准溶液的浓度。

$$X_1 = \frac{A \times M \times 1\ 000 \times f}{E_2}$$

式中：X_1—黄曲霉毒素 B_1 标准溶液的浓度（μg/ml）；

　　　A——测得的吸光度值；

　　　M——黄曲霉毒素残的分子量，312；

　　　E_2——黄曲霉毒素残在苯–乙腈混合液中的摩尔消光系数，19 800。

根据计算，用苯–乙腈混合液调到标准液浓度恰为 10μg/ml，并用分光光度计核对其浓度。

③纯度的测定：取 5ml，10μg/ml 黄曲霉毒素 B_1，标准溶液滴加于涂层厚 0.25mm 的硅胶 G 薄层板上。用甲醇—氯仿（4：96）与丙酮，氯仿（8：92）展开剂展开，在紫外光灯下观察荧光的产生，必须符合以下条件：

一是在展开后，只有单一的荧光点，无其他杂质荧光点。二是原点上没有任何残留的荧光物质。

16. 黄曲霉毒素 B_1 标准使用液　精密吸取 1ml，10μg/ml 标准溶液于 10ml 容量瓶中，加苯-乙腈混合液至刻度，混匀，此溶液每毫升相当于 $1\mu g$ 黄曲霉毒素 B_1。吸取 $1.0ml$ 此稀释液置于 $5ml$ 容量瓶中，加苯-乙腈混合液稀释至刻度，此溶液每毫升相当于 $0.2\mu g$ 黄曲霉毒素 B_1。另吸取 $1.0ml$ 此置于 $5ml$ 容量瓶中，加苯-乙腈混合稀释至刻度。此溶液每毫升相当于 $0.04g$ 黄曲霉毒素 B_1。

17. 次氯酸钠溶液（消毒用）　取 $100g$ 漂白粉，加入 $500ml$ 水，搅拌均匀。另将 $80g$ 工业用碳酸钠（$Na_2CO_3 \cdot 10H_2O$）溶于 $500ml$ 温水中，再将两混合，搅拌、澄清后过滤。此滤液含次氯酸钠浓度约为 2.5%。若用漂白粉精制备则碳酸钠的量可以加倍。所得溶液的浓度约为 5%，污染的玻璃仪器用 1% 次氯酸钠溶液浸泡半天或用 5% 次氯酸钠溶液浸泡片刻后即可达到去毒效果。

四、仪器

1. 小型粉碎机
2. 分样筛一套
3. 电动振荡器
4. 层析管内径 $22mm$，长 $300mm$，下带活塞，上有贮液器。
5. 玻璃板　$5cm \times 20cm$。
6. 薄层板涂布器
7. 展开槽　内长 $25cm$，宽 $6cm$，高 $4cm$。
8. 紫外光灯　波长 $365nm$。
9. 天平
10. 具塞刻度试管　$10.0ml$，$2.0ml$。
11. 旋转蒸发器或蒸发皿
12. 微量注射器或血色吸管

五、操作方法

（一）取样

样品中污染黄曲霉毒素高的毒粒可以左右测定结果。而且有毒霉粒的比例小，同时分布不均匀。为避免取样带来的误差必须大量取样，并将该大量粉碎样品混合均匀，才有可能得到确能代表一批样品的相对可靠的结果，因此采样必须注意。

1. 根据规定检取有代表性样品
2. 对局部发霉变质的样品要检验时，应单独取样检验
3. 每份分析测定用的样品应用大样经粗碎与连续多次四分法缩减至 $5 \sim 1kg$，全部粉碎，样品全部通过 20 目筛，混匀，取样时应搅拌均匀。必要时，每批样品可采取三份大样作样品制备及分析测定用。以观察所采样品是否具有一定的代表性。

（二）样品的制备

如果样品脂肪含量超过 5%，粉碎前应脱脂。如果经脱脂，分析结果以未脱脂样品计。

（三）提取

取 $20g$ 制备样品，置于磨口锥形烧瓶中，加硅藻土 $10g$，水 $10ml$，三氯甲烷 $100ml$，

加塞，在振荡器上振荡 30min，用滤纸过滤，滤液至少 50ml。

（四）柱层析纯化

1. 柱的制备

柱中加三氯甲烷约 2/3，加无水硫酸钠 5g，使表面平整小量慢加柱层析硅胶 10g，小心排除气泡，静止 15min，再慢慢加入 10g 无水硫酸钠，打开活塞，让液体流下，直至液体到达硫酸钠层上表面，关闭活塞。

2. 纯化

用移液管取 50ml 滤液，放入烧杯中，加正己烷 100ml，混合均匀，把混合液定量转移层析柱中，用正己烷洗涤烧杯倒入柱中。打开活塞，使液体以 8～12ml/min 流下，直至到达硫酸钠层上表面，再把 100ml 乙醚倒入柱子，使液体再流至硫酸钠层上表面，弃去以上收集液体。整个过程保证柱不干。

用三氯甲烷 – 甲醇 150ml 洗脱柱子，用旋转蒸发器烧瓶收集全部洗脱液。在 50℃ 以下减压蒸馏，用苯 – 乙腈混合液定量转移残留物到刻度试管中，经 50℃ 以下水浴气流挥发，使液体体积到 2.0ml 为止。洗脱液也可在蒸发皿中经 50℃ 以下水浴气流挥发干，再用苯乙腈转移至具塞到刻度试管中。

如用小口径层析管进行层析，则全部试剂按层析管内径平方之比缩小。

（五）单向展开法测定

1. 薄层板的制备

称取约 3g 硅胶 G，加相当于硅胶量 2～3 倍的水，用力研磨 1～2min 至成糊状后立即倒入涂布器内，推成 5cm×20cm，厚度约 0.25mm 的薄层板 3 块。在空气中干燥约 15min，在 100℃ 活化 2h，取出放干，于干燥器中保存。一般可保存 2～3d，若放置时间较长，可再活化后使用。

2. 点样

将薄层板边缘附着的吸附剂刮净，在距薄层板下端 3cm 的基线上用微量注射器或血色素吸管滴加样液。一块板可滴加 4 个点，点距边缘和点间距约为 1cm，点直径约 3mm。在同块上滴加点的大小应一致，滴加时可用吹风机用冷风边吹加。滴加样式如下：

第一点：10μl 0.04μg/ml 黄曲霉毒素 B_1 标准使用液；

第二点：16μl 样液；

第三点：16μl 样液 + 10μl 0.04μg/ml 黄曲霉毒素 B_1 标准使用液；

第四点：16μl 样液 + 10μl 0.2μg/ml 黄曲霉毒素残标准使用液。

3. 展开与观察

在展开槽内加 10ml 无水乙醚预展 12cm，取出挥干，再于另一展开槽内加 10ml 丙酮 – 三氯甲烷（8:92），展开 10～12cm，取出，在紫外光灯下观察结果，方法如下：

由于样液点上加滴黄曲霉毒素 B_1 标准使用液，可使黄曲霉毒素 B_1 标准点与样液中的黄曲霉毒素 B_1 荧光点重。如样液为阴性，薄层板上的第三点中黄曲霉毒素 B_1 0.004μg，可用作检在样液内黄曲霉毒素 B_1 最低检出量是否正常出现；如为阳性，则起定位作用。薄层板上的第四点中黄曲霉毒素 B_1 为 0.002μg，主要起定位作用。

若第二点在与黄曲霉毒素 B_1 标准点的相应位置上无蓝紫色荧点，表示样品中黄曲霉毒素的含量在 5μg/kg 以下；如在相应位置上有蓝紫色荧光点，则需进行确证试验。

4. 确证试验

为了证实薄层板上样液荧光系由黄曲霉毒素残产生的，加滴三氟乙酸，产生黄曲霉毒素残的衍生物，展开后此衍生物的比移值约在 0.1。

方法：

于薄层板左边依次滴加两个点。

第一点：16μl 样液。

第二点：10μl 0.04μg/ml 黄曲霉毒素 B_1 标准使用液。

于以上两点各加 1 小滴三氟乙酸盖于样点上，反应 5min 后，用吹风机吹热 2min，使热风吹到薄层板上的温度不高于 40℃。再于薄层板上滴加以下两个点。

第三点：16μl 样液。

第四点：14μl 0.04μg/ml 黄曲霉毒素 B_1 标准使用液。

再展开同前。在紫外光灯下观察样液是否产生与黄曲霉毒素 B_1 标准点相同的衍生物。未加三氟乙酸的三、四两点，可依次作为样液与标准的生物空白对照。

5. 稀释定量

样液中的黄曲霉毒素残荧光点的荧光强度如与黄曲霉毒素 B_1 标准点的最低检出量（0.000 4μg）的荧光强度一致，则样品中黄曲霉毒素 B_1 含量即为 5μg/kg。如样液中荧光强度比最低检出量强，则根据其强度估计减少滴加微升数或将样液稀释后再滴加不同的微升数，直到样液点的荧光强度与最低检出量的荧光强度一致为止。滴加式样如下：

第一点：10μl 0.04μg/ml 黄曲霉毒素 B_1 标准使用液；

第二点：根据情况滴加 10μl 样液；

第三点：根据情况滴加 15μl 样液；

第四点：根据情况滴加 20μl 样液；

6. 计算和结果的表示

$$X_2 = 0.000\ 4 \times \frac{V_1 \times D}{V_2} \times \frac{1\ 000}{m}$$

式中：X_2——样品中黄曲霉毒素 B_1 的含量（μg/kg）；

　　　V_1——加入苯–乙腈混合液的体积（ml）；

　　　V_2——出现最低荧光时滴加样液的体积（ml）；

　　　D——样液的总稀释倍数；

　　　m——加苯–乙腈混合液溶解时相当样品的质量（g）；

　　　0.000 4–黄曲霉毒素 B_1 的最低检出量（μg）。

（六）双向展开法测定

如用单向展开法展开后，薄层色谱由于杂质干扰掩盖了黄曲霉毒素 B_1 的荧光强度，需采用双向展开法。薄层板先用无水乙醚作横向展开，将干扰的杂质展至样液点的一边而黄曲霉毒素残不动，然后再用丙酮–三氯甲烷（8：92）作纵向展开，样品在黄曲霉毒素 B_1 相应处的杂质底色大量减少，因而提高了方法灵敏度。如用双向展开法中滴加两点法，展开仍有杂质干扰时则可改用滴加一点法。

1. 滴加两点法

点样：取薄层板 3 块，在距下端 3cm 基线上滴加黄曲霉毒素 B_1 标准溶液与样液。即在 3 块板的距左边缘 0.8～1cm 处各滴加 10μl 0.04μg/ml 黄曲霉毒素 B_1 标准使用液，在距左边缘 2.8～3cm 处各滴加 16μl 样液，然后在第二块板的样液点上加滴 10μl 0.04μg/ml 黄曲霉毒素 B_1 标准使用液。在第三块板的样液点上加滴 10μl 0.2μg/ml 黄曲霉毒素 B_1 标准使用液。

展开：

①横向展开：在展开槽内的长边置一玻璃支架，加入 10ml 无水乙醚。将上述点好的薄层板标准点的长边置于展开槽内展开，展至板端后，取出挥干，或根据情况需要时可再重复展开 1～2 次。

②纵向展开：挥干的薄层板以丙酮、三氯甲烷（8:92）展开至 10～12cm 为止。丙酮与三氯甲烷的比例根据不同条件自行调节。

观察及评定结果：在紫外灯下观察第一、二板。若第二板的第二点在黄曲霉毒素 B_1，标准点的相应处出现最低检出量，而第一板在与第二板的相同位置上未出现荧光点，则样品中黄曲霉毒素 B_1 含量在 5μg/kg 以下。

若第一板在与第二板的相同位置上出现荧光点，则将第二块板与第三块板比较，看第三块板上第二点与第一板上第二点的相同位置上的荧光点是否与黄曲霉毒素 B_1 标准点重叠，如果重叠，再进行确证试验。在具体测定中，第一、二、三板可以同时作，也可按照顺序作。如果按顺序作，当在第一板出现阴性时，第三板可以省略。如第一板为阳性，则第二板可以省略，直接作第三板。

确证试验：另取两块薄层板。于第四、第五两板距边缘 0.8～1cm 处各滴加 10μl 0.04μg/ml 黄曲霉毒素 B_1 标准使用液及 1 小滴三氟乙酸；距左边缘 2.8～3cm 处，第四板滴加 16μl 样液及 1 小滴三氟乙酸。第五板滴加 16μl 样液，10μl 0.04μg/ml 黄曲霉毒素 B_1 标准使用液及 1 小滴三氟乙酸，产生衍生物的步骤同单向展开法，再用双向展开法展开后，观察样液是否产生与黄曲霉毒素马标准点重叠的衍生物。观察时，可将第一板作为样液的衍生物空白板。如样液黄曲霉毒素 B_1 含量高时，则将样液稀释后，按单向展开法测定中④作确证试验。

稀释定量：如样液黄曲霉毒素 B_1 含量高时，按单向展开法测定中⑤作稀释定量操作，如黄曲霉毒素 B_1 含量低稀释倍数小，在定量的纵向展开板上仍有杂质干扰，影响结果的判断，可将样液作双向展开测定，以确定含量。

计算：单向展开法测定中的计算和结果表示相同。

2. 滴加一点法

点样：取薄层板三块，在距下端 3cm 基线上滴加黄曲霉毒素 B_1 标准使用液与样液。即在三块板距左边缘 0.8～1cm 处各滴加 16μl 样液，在第二板的点上加滴 10μl 0.04μg/ml 黄曲霉毒素 B_1 标准使用液，在第三板的点上加滴 10μl 0.2μg/ml 黄曲霉毒素 B_1 标准使用液。

展开：同双向展开法测定中滴加两点法的展开步骤，进行横向展开与纵向展开。

观察及评定结果：在紫外灯下观察第一、二板，如第二板出现最低检出量的黄曲霉毒素 B_1 标准点，而第一板与其相同位置上未出现荧光点，样品中黄曲霉毒素 B_1 在 5μg/kg 以下。如第一块板在与第二块板黄曲霉毒素 B_1 的荧光点是否与黄曲霉毒素 B_1 标准点重叠，如果重叠，再进行以下确证试验。

确证试验：于距左边缘 0.8～1cm 处，第四板滴加 16μl 样液及 1 小滴三氟乙酸。产生衍生物及展开方式同双向展开法测定中的滴加两点法。再将以上二板在紫外光灯下观察以确定样液点是否产生与黄曲霉毒素 B_1 标准点重叠的衍生物，观察时可将第一板作为样液的衍生物的空白板。

经过以上确证试验定阳性后，再进行稀释定量，如含黄曲霉毒素 B_1 低不需稀释或稀释倍数小，杂质荧光仍有严重干扰，可根据样液中黄曲霉毒素 B_1 荧光的强弱，直接用双向展开法定量，或与单向展开法结合，方法同上。

计算：同单向展开法测定中的计算和结果表示。

六、实训考核

（一）考核内容

1. 理论考核（30 分）

简述饲料中黄曲霉毒素 B_1 测定的原理、方法步骤以及注意事项。

2. 技能考核（70 分）

根据现有条件，对某饲料黄曲霉毒素 B_1 进行测定。

（二）考核标准

在规定时间内能够独立进行指定的一种饲料黄曲霉毒素 B_1 的测定，操作方法、步骤正确，能够熟练掌握，回答问题正确，结果符合要求得 100 分；若所用时间较长，操作方法步骤正确，但不够熟练，回答问题正确，结果符合要求得 80 分；若在教师指导下完成，回答问题基本正确得 60 分，否则不得分。

实训十三　饲料原料的质量鉴定

饲料原料的鉴定包括感官鉴定，物理学检测、化学分析和动物试验四个方面。本实验只介绍感观鉴定和物理学检测。

一、感官鉴定

感官鉴定主要通过人的感官（视、嗅、味、触觉）来检查饲料的外观性状（颗粒大小、形状、色泽、杂质、异物、虫害、霉变和结块等），气味（酸败、焦味、氧化、腐臭）和质地（软硬程度、松散程度、水分含量等），味道（香、甜、苦、咸、涩等）。

鉴定时应根据国家颁布的饲料原料标准中的规定内容进行检查。下面介绍一些常用饲料感官鉴定的内容。

（一）玉米

形状：不同品种的玉米，其籽粒大小，形状，硬度各有不同，但同一品种要求籽粒整齐，均匀一致。

颜色：除黄玉米呈淡黄色至金黄色外，其他玉米呈白色至浅黄色，通常凹形玉米比硬玉米的色泽较浅，脐色鲜亮。

味道：具有玉米特有之甜味，粉碎时有生谷味道，但无发酵酸味，霉味，结块及异臭。

其他：无异物、虫蛀、鼠类污染等。

（二）小麦麸

形状：呈细碎屑或片状，疏松。

颜色：淡黄褐色至带红色的灰色，但依小麦品种、等级和品质而异。

味道：具有粉碎小麦特有的气味，没有发酵酸味、霉味或其他异味。

其他：无虫蛀、发热、结块现象。

（三）大豆饼

形状：水压机压榨的成圆形饼；螺旋铰榨的成"瓦块"状饼；碎豆饼为不规则的碎块。

颜色：新鲜一致，淡黄褐色至淡褐色。若颜色过深，说明过熟，若颜色较浅，黄白或略带绿色，说明过生。

味道：有豆香味，但不应有酸败，霉坏及焦化等味道，亦不应有生豆味。

（四）菜籽饼粕

形状：菜籽饼呈小瓦片状、片状或饼状；菜籽粕呈碎片或粗粉状。菜籽饼粕，脆易碎。

颜色：菜籽饼呈褐色，菜籽粕呈黄色或浅褐色，色泽新鲜一致。

味道：具有菜籽饼粕油芳香味，微辣，无异味异臭。

其他：无发酵、霉变、结块

（五）棉仁饼粕

形状：小瓦片粗屑状或饼状。实际榨油中很难全部去掉棉籽壳，棉仁粕为不规则的碎块。

颜色：棉仁饼粕呈黄褐色，带壳的棉籽饼粕呈深褐色，色泽新鲜一致。

味道：具有棉仁饼粕油香味，无异味异臭。

其他：无发酵、霉变、结块及虫蛀。

（六）肉骨粉

形状：粉末状，含粗骨碎粒。

颜色：黄色，淡褐色至深褐色。含脂量高或过热处理时色深，一般猪肉骨制成的肉骨粉颜色较浅。

味道：具有烤肉香味及牛油、猪油味道。变质时会出现酸败时的哈喇味。

（七）水解羽毛粉

形状：粉末状。

颜色：因羽毛颜色深浅不同而呈现由金黄色至深褐色或黑色。加热过度时颜色较深。

味道：新鲜之羽毛有臭味，不应有焦味、腐败味及其他刺鼻味道。

（八）鱼粉

形状：粉末状，含鳞片，鱼骨等。加工良好的鱼粉具有可见之肉丝，但不应有过热颗粒及杂物，也不应有虫蛀，结块现象。

颜色：色泽随鱼种不同而异。墨罕敦鱼粉呈淡黄色或淡褐色，白鱼粉呈淡黄色或灰白色，沙丁鱼粉呈红褐色。加热过度或含脂较高者，颜色加深。

味道：具有正常的鱼腥气味，或者烹烤之鱼香味，不应有腐败、氨臭及焦糊等不良气味。

二、物理学鉴定

物理学鉴定主要指饲料原料的容重测量和显微镜检测。

（一）饲料容重的测量

1. 原理

容重测量是测定单位体积中饲料的重量（g/L）。通常各种不同的饲料都有其一定的容重，若饲料原料掺有杂质或异物，容重就会改变。我国一些常用饲料的容重见表 8 - 1。

表 8 - 1　常用饲料原料的容重

饲料	容重（g/L）	饲料	容重（g/L）	饲料	容重（g/L）
玉米	626	玉米粉	702～723	棉籽饼粕	594～642
小麦麸	209	大麦	353～401	肉骨粉	594
米糠	351～338	高粱	546	大豆饼粕	594～610
木薯粉	533～552	干啤酒糟	321	鱼粉	562
小麦	610～626	血粉	610	羽毛粉	546
苜蓿（晒干）	225	碎米	546	花生饼粕	466

2. 仪器设备

1 000ml 量筒 1 个。

不锈钢盘（30cm×40cm）4 个。

小刀、刮铲、直尺、匙各 1 个。

台称（5kg）1 台。

3. 样品制备

若测整粒谷实类饲料容重，只需将谷粒充分混匀，无需粉碎。但对颗粒、碎粒和粉粒状饲料必须通过 10 目筛板粉碎机粉碎。

4. 测量步骤

（1）用四分法取样　然后将样品轻轻倒入 1 000ml 量筒内，使之达到 1 000ml 刻度处，用刮铲轻轻将饲料面刮平。注意在倒入样品时，切勿敲打量筒和用力压实饲料。

（2）将量好的 1 000ml 饲料倒入台称称盘中进行称重　以 g/L 为单位记录样品容重。

（3）每一样品进行三次平行测量　取其算术平均值作为容重。

（二）饲料的显微镜检测

1. 目的

显微镜检测饲料质量是一种快速、准确、分辨率高的检测方法，它可以检查出用化学方法不易检出的项目,是检查饲料掺假定性和定量分析的有效方法。

2. 原理

借助显微镜扩展人眼功能,依据各种饲料原料的色泽、组织结构、形态、细胞形态及其不同的染色特性等,对样品的种类,品质进行检定。

检测方法有两种,最常用的一种是用立体显微镜(7~40倍),观察样品的组织结构和细胞形态。要求镜检人员必须熟悉各种饲料及掺杂物的显微特征。

3. 仪器设备与试剂

(1)仪器设备

立体显微镜 (5~40倍)1台。

生物显微镜 (40~500倍)1台。

放大镜 (5倍、10倍)各一个。

样品筛 可套在一起的10,20,40,60,80目筛及底盘1套。

天平 万分之一克分析天平,药物天平各一台。

干燥箱 1台。

研钵 1套。

点滴板 玻璃质及陶瓷质各一个。

辅助工具:毛刷、小镊子、探针、小剪刀、培养皿、载玻片、盖玻片、擦镜纸、滤纸等。

(2)试剂

二甲苯。

四氯化碳或氯仿 工业级,预先经过过滤和蒸馏处理。

丙酮 工业级。

75%的丙酮 75ml丙酮用25ml水稀释。

稀盐酸 盐酸:水=1:1。

稀硫酸 硫酸:水=1:1。

碘溶液 0.75g碘化钾和0.1g碘溶于30ml水中,加入0.5ml盐酸,贮存于琥珀色滴瓶中。

悬浮液Ⅰ 溶解10g水合氯醛于10ml水中,加入10ml甘油,储于琥珀色滴瓶中。

悬浮液Ⅱ 溶解160g水合氯醛于100ml水中,并加入10ml盐酸。

间苯三酚溶液 间苯三酚2g溶于95%乙醇100ml中。

4. 饲料镜检基本步骤

见图8-1。

鉴定步骤根据具体样品安排,并非每一样品均以通过以上所有步骤,才能准确无误。应该以完成所要求的鉴定为目的。

5. 镜检前的准备工作

(1)准备参考样品 搜集各种纯饲料,掺杂物及杂草种子等的样品。并标明品种、来源及加工方法等。

(2)准备一本常用饲料图鉴 以便作为参考,进行对照。

(3)利用立体显微镜和生物显微镜反复观察 并尽量熟记各种纯饲料、掺杂物和杂草

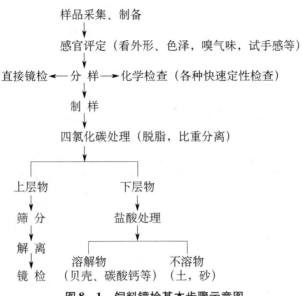

图8-1 饲料镜检基本步骤示意图

种子的外观形态和细胞特征。

（4）制备样品 对不同粒度的单一或混合饲料通过人工筛分的初步分离，使样品中在某些方面性状接近的物质相对集中，以利鉴定。

筛分法：通过筛分法处理，使单一饲料或混合饲料具有不同的粒度。样品若为粉状，可将10、20、40目筛套在一起进行人工筛分，将每层筛面上的样品分别镜检。如为饼状、碎粒状，必须用研钵研碎，注意不要研的像化学分析样品那样细，也不要用粉碎机粉碎，以保持原来的组织形态特征。

浮选法：通过浮选处理，用四氯化碳或氯仿等有机溶剂将有机成分和无机成分分离。然后将其有机成分与无机成分分开镜检。取约 $10 \sim 20g$ 样品置于100ml高型烧杯中，加入 $80 \sim 90ml$ 四氯化碳，充分搅拌后静置10min，将上浮物（有机物）滤出，干燥，筛分；将沉淀物（无机物）滤出，干燥。上浮物和沉淀物分别镜检。如有必要可将沉淀物灰化，尔后用稀盐酸（浓盐酸：水 $=1：3$ ）煮沸、滤过、水洗、干燥、称重，可得土砂含量。

6. 操作步骤

（1）立体显微镜检查 将筛分过的饲料样品铺在培养皿或玻璃平台上，置于立体显微镜下，调节好上方和接近平台的光源，使光以45°角度照到样品上以缩小阴影。调节放大倍数至15倍，调节照明情况，选择滤光片以便能清晰的观察。先粗看，后细看，在显微镜下从一边开始到另一边，用探针触深，用镊子连续地拨动，翻转着仔细观察，并对样品加压，检查硬度，质地和结构等。

对样品中应存在或不应存在的物质应分别记录，并与标准样品比较。如有必要，可将被检样品与标准样品放在同一载玻片上进行观察比较。

用立体显微镜检查时要注意两个问题，一是由于不同的光源，色温不同，因此在不同光源下观察样品的色彩会有区别。以标准日光为全色光，用日光灯作光源，效果偏蓝，用白炽灯则会偏红。另一个问题是要注意衬板的选择，一般检查深色颗粒用浅色板，检查浅色颗粒时用深色板，以增加对比度，便于观察。

（2）生物显微镜检查　一般将立体显微镜下不能确切判断的样粒移至生物显微镜下观察。使用生物显微镜分析饲料样品时，一般采用涂布法制片，有时也用压片法，但基本不用切片法。

用微型刮勺取少许细粒样品于载玻片上，加两滴悬浮液Ⅰ，用探针搅匀，使样品均匀地薄薄地分布在载玻片上，加盖玻片，吸去多余的悬浮液。检查样品时先用低倍镜头，后用高倍镜头。从左上方开始，顺序检查。通常一个样品要看三张玻片。

由于涂布法制的样片较厚，而生物显微镜的景深范围有限，调焦时只能看清样品一个很薄的平面。这就要求镜检者有丰富的想象力，在将焦距调节从样片底部到顶部的过程中，应将观察到的各个断层综合成立体印象，然后与标准图鉴进行组织上的比较。

有时不易观察的样品还可借助染色技术。对植物性样品，常用碘染色法和间苯三酚染色法。碘染色法即在样品上加1滴碘溶液，搅拌，再观察，此时淀粉细胞被染成浅蓝色至黑色，酵母及其他蛋白质细胞呈黄色至棕色。

间苯三酚染色法即用间苯三酚试液浸润样品，放置5min后滴加浓盐酸，可使木质素显深红色。注意滴盐酸后，要待盐酸挥发后才可观察，以免盐酸挥发腐蚀镜头。

若欲做进一步的组织分级，可取少量相同的细粒筛分物，加入约5ml悬浮液Ⅱ并煮沸1min，冷却，移取1或2滴底部沉积物置载玻片上，加盖玻片，用显微镜观察。

镜检油类饲料或含有被粘附的细小颗粒遮盖的大颗粒饲料时，取10g未研细的饲料置于100ml高型烧杯中，在通风橱内加入三氯甲烷至近满，搅拌，放置1min。用勺移取漂浮物（有机物）于9cm表玻璃上，滤干并在蒸汽浴上干燥，过筛后进行镜检。

镜检如有糖蜜而形成团块结构或模糊不清的饲料时，取10g未研磨饲料置于100ml高型烧杯中，加入75%丙酮75ml，搅拌几分钟以溶解糖蜜，并使其沉降。小心滤析并反复提取，用丙酮洗涤，滤析残渣两次，置蒸汽浴上干燥，筛分后镜检。

显微镜镜检技术较难掌握，需要反复练习、对照、熟悉各种饲料的形态特征，才能掌握。对初学者应首先掌握常用饲料在立体显微镜下的形态特征。

7. 几种常用饲料立体显微镜下的形态描述

（1）玉米　玉米可根据玉米的端帽和颖片确定。端帽是半漏斗状的木质片；颖片是处于玉米端帽和玉米芯之间的薄片，在玉米筛屑中颖片特别多，玉米碎粒为不规则、稍硬的小粒，一般为浅黄色，一面是光滑的皮层，其余面为胚乳。

玉米糠是有光泽、半透明、薄的不规则碎片，一面附有粉质。玉米芯有较硬的木质结构，白色海绵状的髓及包皮等。

（2）小麦麸　小麦麸由浅黄到红棕色，粗糙，表面有细皱纹，部分顶端有簇茸毛。小麦麸有两层，用镊子可以分开，其中一层色深。麸皮内面粘附有白色闪亮的淀粉粒。

（3）大麦　碎大麦中易见被分离开的呈近似三角形的稃壳碎片，碎片较薄，色淡，表面粗糙，其麸皮呈暗褐色，粘附有粉质性的，白色不透明的胚乳。

（4）大豆饼　大豆种皮上有似针刺般小孔，可作为大豆的特征。内表面色白至淡黄，呈多孔海绵状。在饼粕粉中种皮往往成卷状。种脐为较硬的斑块，长椭圆形，颜色从黑到棕，中间有裂纹，边缘一圈隆起。浸出粕为扁平小片，形状不规则，易碎。豆仁表面无光泽，不透明。压榨大豆饼粉表面粗糙，半透明。

（5）棉籽饼　棉纤维和壳是确定棉籽饼粕存在的主要依据。棉纤维卷曲着粘附在壳上或包埋在粉块中。棉籽壳较厚，内外表面有小凹陷，壳的断面可见五层不同色泽的组织构成。棉籽仁碎粒呈棕黄色，偶然可见微红色的色腺体残迹。

（6）菜籽饼　菜籽壳呈暗红色或深褐色小片，常卷曲，表面可见网格状结构。

（7）鱼粉　鱼骨为半透明至不透明碎片，有些鱼骨呈琥珀色。大多数鱼骨细长，有些一端似树枝状。鱼鳞为平坦或卷曲的薄片，近透明，表面有同心圆花纹。鱼眼表面多碎裂，似乳色的玻璃珠样。鱼肌肉表面粗糙，有明显的纤维结构，用尖镊子很易将纤维结构撕开。

（8）水解羽毛粉　完全水解的羽毛粉能消除羽毛的特征，呈黄、棕、褐色的碎玻璃样，小粒质硬。未完全水解的羽毛粉，有生羽毛的残迹。有轴状硬杆的羽毛梗，根部中空半透明，有成行的羽支组成的羽片。

（9）血粉　喷雾血粉呈晶亮的红色半透明小珠。滚筒干燥的血粉像干硬的沥青块样，黑中透暗红。晒干血粉外观色泽混杂，血块质地较软。

（10）肉骨粉　肉骨粉由各色颗粒组成，主要有浅色的骨和黄色的肉。深色的血及毛发等不应过多。肌肉颗粒表面粗糙，有明显的纤维结构，用尖镊子很易撕开。骨为尖硬的白、灰，浅棕黄色的石块状，可见到点状空隙。血块似干硬的沥青块，黑中透暗红。动物毛呈长条状。猪毛通常不卷曲。蹄或角是表面有平行线的灰色颗粒。

三、实训考核

（一）考核内容

1. 理论考核（30 分）

饲料原料的鉴定方法。

2. 技能考核（70 分）

根据现有条件，进行饲料质量鉴定。

（二）考核标准

在规定时间内能够独立进行饲料质量鉴定，操作方法、步骤正确，而且熟练，回答问题正确、结果符合要求得 100 分；若操作方法、步骤正确，但不够熟练，超过规定的时间，回答问题正确，结果符合要求得 80 分；若回答问题基本正确，操作在教师指导下完成，得 60 分；否则不得分。

实训十四　宠物饲粮的配合

在饲养伴侣观赏动物时，应根据不同实验动物对营养的需求来选择饲料，确定合理的饲料配方，来保证实验动物能从饲料中获得足够的营养。

一、配合饲料的原则

首先应满足所饲喂伴侣动物的营养需要，尽量选用营养丰富、来源充足和价格合理的原料进行配合；选用多种饲料原料，使各种营养成分互补，还要充分考虑不同种类伴侣动物的消化特点，日粮的适口性，是否需要添加其他营养成分以及饲料的贮存时间。

二、配合方法及步骤

（一）四角法

最简单的饲粮配合技术，适用于选用饲料的原料品种少且对某一种营养指标的要求。如为生长犬配制一蛋白质为25%的混合饲粮，选用原料是小麦和豆饼，计算出两种原料的用量应是多少？

解答：应用四角法，首先查小麦的粗蛋白质含量为14%，豆饼的粗蛋白质的含量为41%。

小麦 14 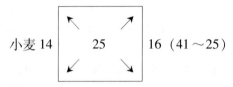 16 （41～25）

豆饼 41 11 （25～14）

因此，小麦所占比例应是 16/（16 + 11）×100% = 59.26%，豆饼所占比例应是 11/（16 + 11）×100% = 40.74%。

（二）方程法

本法要求的营养指标为一种，选用的原料两种，直接计算出两种原料所需要的具体数量。如为成年犬配制一蛋白质为18%的饲粮100kg，选用原料是 CP 是9.4%的玉米和 CP 是41%的豆饼，计算出需要这两种原料各是多少？

解答：根据题义，设需要玉米和豆饼分别为 X、Ykg，可得方程：

X + Y = 100

9.4X + 41Y = 18 × 100

解此方程得 X = 70.83kg Y = 29.17kg

（三）试差法

本方法能解决几个营养指标的要求和选用多种原料，但计算起来比较繁琐。经验多的人配合时较便利，但现在先进的方法是采用计算机软件的办法来配合日粮。试差法的具体方法步骤如下：示例请参考宠物食品原料配制一章。

1. 选定伴侣观赏宠物的营养需要或营养标准。

2. 确定配合饲料的原料种类。

3. 初步确定一个配方比例。

4. 按其比例计算饲料配方中所含有的主要营养物质含量。

5. 与营养需要标准进行对比。

6. 调整配方、补充不足。

7. 抽样、分析。

三、实训考核

（一）考核内容

1. 理论考核（30 分）

宠物饲粮配合的原则。

宠物饲粮配合的方法。

2. 技能考核（70 分）

根据现有条件，设计饲料配方。

（二）考核标准

在规定时间内，回答问题正确，设计符合要求，计算正确，且独立完成者得 100 分；所用时间较长，回答问题正确，设计符合要求且独立完成者得 80 分；在教师指导下，完成配方设计，回答问题基本正确者得 60 分；否则不得分。

实训十五　配方软件的应用

一、目的要求

通过实训，熟悉宠物配方软件的使用方法，并在规定时间内，利用某种配方软件为生长犬设计出一个较为合理的食品配方。

二、材料设备

某种饲料配方软件、计算机。

三、方法步骤

1. 通过课堂学习或计算机操作训练，学生能够利用配方软件，较熟练地设计宠物生长犬的食品配方。

2. 在规定时间内，检查学生利用配方软件及计算机、设计宠物食品配方的方法及独立完成的情况。

四、实训考核

（一）考核内容

1. 理论考核（30 分）

简述饲料配方软件的方法。

2. 技能考核（70 分）

根据现有条件，为体重 170kg 经产母猪设计全价配合饲料。

（二）考核标准

在规定时间内能够独立进行配方设计，计算符合要求，回答问题正确者得 100 分；若所用时间较长，计算符合要求，回答问题正确，且独立完成者得 80 分；若在教师指导下完成配方设计，回答问题基本正确者得 60 分；否则不得分。

实训十六　参观饲料加工厂

一、目的

1. 了解我国饲料工业现状及配合饲料生产的主要设备。
2. 了解与熟悉配合饲料生产的工艺流程和配合饲料的主要质量标准。

二、方法与内容

选择典型饲料加工厂进行参观实习。以教师与饲料技术人员的指导、讲解和学生观察分析、召开座谈会为主要形式进行实习。

（一）饲料工业现状与实习厂概况

1. 我国饲料工业现状与发展方向。
2. 实习饲料加工厂发展简史、远景规划。
3. 规模、占地面积、生产车间及附属车间的建筑面积，产品结构、生产能力及经济效益等。
4. 工厂主要设备及工艺情况，各项经济技术指标，如产量、成本等。
5. 工作人员安排，各项规章制度及管理。
6. 生产技术工作经验，现存问题等。

（二）饲料原料与成品

1. 原料来源、价格、性状、质量及营养成分。
2. 原料及新产品的检测方法、产品指标、饲料配方。
3. 产品的质量标准。
4. 产品的种类、销售。

（三）生产工艺与设备

1. 原料接收与清理
（1）原料入厂形式，运输工具和接收设备。
（2）原料接收工艺。
（3）原料清理工艺及清理设备。

2. 粉碎
（1）饲料粉碎工序的任务和生产技术要求（粉碎料比例、筛孔大小等）。
（2）粉碎工艺与设备（型号、数量、动力配备、结构及工作原理等）。
（3）粉碎机的操作。

3. 配料
（1）配料工序的任务和技术要求（如精度要求）。

（2）配料工艺、工作原理及工作过程。

（3）配料秤种类及特点。

4. 混合

（1）混合工序的任务和生产技术要求（如混合均匀度及混合时间）。

（2）混合工艺、混合机的结构、原理。

（3）微量成分的预混合及所用设备。

5. 制粒

（1）制粒工序的任务和生产技术要求（颗粒比例、膜孔直径、蒸汽温度及压力等）。

（2）制粒工艺、成形原理、制粒机性能参数、结构、原理等。

（3）成形后颗粒的处理，包括冷却、碎粒、分级及油脂喷涂等。

6. 成品处理

（1）产品处理形式（包装、散装）及要求。

（2）成品包装及散装工艺与设备，包括称重、打包、缝口等。

（3）产品包装要求。

7. 输送、搬运设备

（1）输送设备（包括斗式提升机、螺旋输送机及气力输送等）的结构、性能参数、原理等。

（2）装卸搬运设备（包括卸料、堆包和搬运车等）。

（四）原料库、成品库、配料仓、中间仓

1. 原料库、成品库与中间仓的型式、容量及有关作业情况。

2. 配料仓规格、仓体结构、尺寸与防拱措施。

3. 料位器的使用情况。

4. 中间缓冲仓的设置及作用。

（五）环境保护和安全措施

1. 粉尘控制设施及通风除尘设施。

2. 噪声控制措施及效果。

3. 安全防火设施。

（六）其他

1. 动力配置情况。

2. 给排水情况。

三、实训考核

（一）考核内容

1. 理论考核（40分）

分小组进行讨论，结合所学专业理论知识探讨该厂的成功经验与不足之处，并提出初步改进措施。

2. 技能考核（60分）

实习报告。

（二）考核标准

实习报告优秀、所提改进措施客观且较为正确者得 100 分；实习报告较好、所提改进措施基本正确者得 80 分；实习报告一般、所提改进措施基本正确者得 60 分；否则不得分。

（黑龙江生物科技职业学院　王景芳）

附录一　生长犬和成年犬的每天营养物质需要量

生长犬和成年犬的每天营养物质需要量

（美国 NRC 标准，每千克体重每天需要量，1995）

营养成分		生长犬	成年犬
脂肪	（g）	2.7	1.0
亚油酸	（mg）	540	200
精氨酸	（mg）	274	21
组氨酸	（mg）	98	22
亮氨酸	（mg）	318	84
异亮氨酸	（mg）	196	48
赖氨酸	（mg）	280	50
蛋氨酸 + 胱氨酸	（mg）	212	30
苯丙氨酸 + 酪氨酸	（mg）	390	86
苏氨酸	（mg）	254	44
色氨酸	（mg）	82	13
缬氨酸	（mg）	210	60
非必需氨基酸	（mg）	3 414	1 266
钙	（mg）	320	119
磷	（mg）	240	89
钾	（mg）	240	89
钠	（mg）	30	11
氯	（mg）	46	17
镁	（mg）	22	8.2
铁	（mg）	1.74	0.65
铜	（mg）	0.16	0.06
锰	（mg）	0.28	0.10
锌	（mg）	1.94	0.72
碘	（mg）	0.032	0.012
硒	（μg）	6.0	2.2
维生素 A	（IU）	202	75
维生素 D	（IU）	22	8
维生素 E	（IU）	1.2	0.5

续表

营养成分		生长犬	成年犬
维生素 B_1	（μg）	54	20
维生素 B_2	（μg）	100	50
维生素 B_6	（μg）	60	22
维生素 B_{12}	（μg）	1.0	0.5
泛酸	（μg）	400	200
尼克酸	（μg）	450	225
叶酸	（μg）	8	4
胆碱	（mg）	50	25

附录二 猫的营养需要量

（美国 NRC 标准，每千克饲料养分含量，1986）

营 养 成 分		含 量
亚油酸	(g)	5
花生油酸	(g)	0.2
粗蛋白质	(g)	240
精氨酸	(g)	10
组氨酸	(g)	3
亮氨酸	(g)	12
异亮氨酸	(g)	5
赖氨酸	(g)	8
蛋氨酸＋胱氨酸（总含硫氨基酸）	(g)	7.5
蛋氨酸	(g)	4
苯丙氨酸	(g)	8.5
苯丙氨酸＋酪氨酸	(g)	4
牛磺酸	(g)	0.4
苏氨酸	(g)	7
色氨酸	(g)	1.5
缬氨酸	(g)	6
钙	(g)	8
磷	(g)	6
钾	(g)	4
钠	(g)	0.5
氯	(g)	1.9
镁	(g)	0.4
铁	(mg)	80
铜	(mg)	5

营 养 成 分		含 量
锰	(mg)	5
锌	(mg)	50
碘	(μg)	350
硒	(μg)	100
视黄醇	(μg)	4 000
胆钙化醇	(μg)	12.5
α - 生育酚	(mg)	30
叶绿醌	(μg)	100
维生素 B_1	(mg)	5
维生素 B_2	(mg)	4
维生素 B_6	(mg)	4
维生素 B_{12}	(μg)	20
泛酸	(mg)	0.8
叶酸	(μg)	800
胆碱	(g)	2.4
生物素	(μg)	70

附录三　饲料卫生标准（GB 13078—2001）

本标准是对 GB 13078—1991《饲料卫生标准》的修订和补充。

本标准与 GB 13078—1991 的主要技术内容差异是：

根据饲料产品的客观需要，增加了铬在饲料、饲料添加剂中的允许量指标。

补充规定了饲料添加剂及猪、禽添加剂预混合饲料和浓缩饲料，牛、羊精料补充料产品中的砷允许量由每千克 10mg 修订为 20mg。

补充规定了铅在鸭配合饲料，牛精料补充料，鸡、猪浓缩饲料，骨粉，肉骨粉，鸡、猪复合预混料中的允许量指标。

氟在磷酸氢钙产品中的允许量由每千克 2 000mg 修订为 1 800mg；补充规定了氟在骨粉，肉骨粉，鸭配合饲料，牛精料补充料，猪、禽添加剂预混合饲料，产蛋鸡、猪、禽浓缩饲料产品中的允许量指标。

补充规定了霉菌在豆饼（粕），菜籽饼（粕），鱼粉，肉骨粉，猪、鸡、鸭配合饲料，猪、鸡浓缩饲料，牛精料补充料产品中的允许量指标。

黄曲霉毒素 B$_1$ 卫生指标中，将肉用仔鸡配合饲料分为前期和后期料两种，其允许量指标分别修订为每千克饲料中 10μg 和 20μg；补充规定了黄曲霉毒素 B$_1$ 在棉籽饼（粕），菜籽饼（粕），豆粕，仔猪、种猪配合饲料及浓缩饲料，鸭配合饲料及浓缩饲料，鹌鹑配合饲料及浓缩饲料，牛精料补充料产品中的允许量指标。

补充规定了各项卫生指标的试验方法。

本标准自实施之日起代替 GB 13078—1991。

本标准由全国饲料工业标准化技术委员会提出并归口。

饲料及饲料添加剂的卫生指标及试验方法见下表。

序号	卫生指标项目	产品名称	指标	试验方法	备注
1	砷（以总砷计）的允许量（每千克产品中），mg	石粉		GB/T 13079	不包括国家主管部门批准使用的有机砷制剂中的砷含量
		硫酸亚铁、硫酸镁	≤2.0		
		磷酸盐	≤20		
		沸石粉、膨润土、麦饭石	≤10		
		硫酸铜、硫酸锰、硫酸锌、碘化钾、碘酸钙、氯化钴	≤5.0		
		氧化锌	≤10.0		
		鱼粉、肉粉、肉骨粉	≤10.0		
		家禽、猪配合饲料	≤2.0		
		牛、羊精料补充料			
		猪、家禽浓缩饲料	≤10.0		以在配合饲料中20%的添加量计
		猪、家禽添加剂预混合饲料			以在配合饲料中1%的添加量计
2	铅（以Pb计）的允许量（每千克产品中），mg	生长鸭、产蛋鸭、肉鸭配合饲料、鸡配合饲料、猪配合饲料	≤5	GB/T 13080	
		奶牛、肉牛精料补充料	≤8		
		产蛋鸡、肉用仔鸡浓缩饲料仔猪、生长肥育猪浓缩饲料	≤13		以在配合饲料中20%的添加量计
		骨粉、肉骨粉、鱼粉、石粉	≤10		
		磷酸盐	≤30		
		产蛋鸡、肉用仔鸡复合预混合饲料、仔猪、生长肥育猪复合预混合饲料	≤40		以在配合饲料中1%的添加量计
3	氟（以F计）的允许量（每千克产品中），mg	鱼粉	≤500	GB/T 13083	高氟饲料用HG2636－1994中4.4条
		石粉	≤2 000	GB/T 13083	
		磷酸盐	≤1 800	HG 2636	
		肉用仔鸡、生长鸡配合饲料	≤250	GB/T 13083	
		产蛋鸡配合饲料	≤350		
		猪配合饲料	≤100		
		骨粉、肉骨粉	≤1 800		
		生长鸭、肉鸭配合饲料	≤200		
		产蛋鸭配合饲料	≤250		
		牛（奶牛、肉牛）精料补充料	≤50		
		猪、禽添加剂预混合饲料	≤1 000		以在配合饲料中1%的添加量计
		猪、禽浓缩饲料	按添加比例折算后，与相应猪、禽配合饲料规定值相同		

续表

序号	卫生指标项目	产品名称	指标	试验方法	备注
4	霉菌的允许量（每克产品中），霉菌数×10³个	玉米	< 40	GB/T 13092	限量饲用：40～100、禁用：>100
		小麦麸、米糠			限量饲用：40～80、禁用：>80
		豆饼（粕）、棉籽饼（粕）菜籽饼（粕）	< 50		限量饲用：50～100、禁用：>100
		鱼粉、肉骨粉	< 20		限量饲用：20～50、禁用：>50
		鸭配合饲料	< 35		
		猪、鸡配合饲料 猪、鸡浓缩饲料 奶牛、肉牛精料补充料	< 45		
5	黄曲霉毒素B₁允许量（每千克产品中），μg	玉米、花生饼（粕）棉籽饼（粕）、菜籽饼（粕）	≤50	GB/T 17480 或 GB/T 8381	
		豆粕	≤30		
		仔猪配合饲料及浓缩饲料	≤10		
		生长肥育猪、种猪配合饲料及浓缩饲料	≤20		
		肉用仔鸡前期、雏鸡配合饲料及浓缩饲料	≤10		
		肉用仔鸡后期、生长鸡、产蛋鸡、产蛋鸡配合饲料及浓缩饲料	≤20		
		肉用仔鸭前期、雏鸭配合饲料及浓缩饲料	≤10		
		肉用仔鸭后期、生长鸭、产蛋鸭配合饲料及浓缩饲料	≤15		
		鹌鹑配合饲料及浓缩饲料	≤20		
		奶牛精料补充料	≤10		
		肉牛精料补充料	≤50		
6	铬（以Cr计）的允许量（每千克产品中），mg	皮革蛋白粉	≤200	GB/T 13088	
		鸡、猪配合饲料	≤10		
7	汞（以Hg计）的允许量（每千克产品中），mg	鱼粉	≤0.5	GB/T 13081	
		石粉	≤0.1		
		鸡配合饲料 猪配合饲料			

序号	卫生指标项目	产品名称	指标	试验方法	备注
8	镉（以 Cd 计）的允许量（每千克产品中），mg	米糠	≤1.0	GB/T 13082	
		鱼粉	≤2.0		
		石粉	≤0.75		
		鸡配合饲料，猪配合饲料	≤0.5		
9	氰化物（以 HCN 计）的允许（每千克产品中），mg	木薯干	≤100	GB/T 13084	
		胡麻饼、粕	≤350		
		鸡配合饲料，猪配合饲料	≤50		
10	亚硝酸盐（以 NaNO$_2$ 计）的允许量（每千克产品中），mg	鱼粉	≤60	GB/T 13085	
		鸡配合饲料，猪配合饲料	≤15		
11	游离棉酚的允许量（每千克产品中），mg	棉籽饼、粕	≤1 200	GB/T 13086	
		肉用仔鸡、生长鸡配合饲料	≤100		
		产蛋鸡配合饲料	≤20		
		生长肥育猪配合饲料	≤60		
12	异硫氰酸酯（以丙烯基异硫氰酸酯计）的允许量（每千克产品中）	菜籽饼、粕	≤4 000	GB/T 13087	
		鸡配合饲料			
		生长肥育猪配合饲料	≤500		
13	噁唑烷硫酮的允许量（每千克产品中），mg	肉用仔鸡、生长鸡配合饲料	≤1 000	GB/T 13089	
		产蛋鸡配合饲料	≤500		
14	六六六的允许量（每千克产品中），mg	米糠	≤0.05	GB/T 13090	
		小麦			
		大豆饼、粕			
		鱼粉			
		肉用仔鸡、生长鸡配合饲料			
		产蛋鸡配合饲料	≤0.3		
		生长肥育猪配合饲料	≤0.4		

续表

序号	卫生指标项目	产品名称		指标	试验方法	备注
15	滴滴涕的允许量（每千克产品中），mg	米糠		≤0.02	GB/T 13090	
		小麦麸				
		大豆饼、粕				
		鱼粉				
		鸡配合饲料、猪配合饲料		≤0.2		
16	沙门氏杆菌	饲料		不得检出	GB/T 13091	
17	细菌总数的允许量（每克产品中），细菌总数×10^6个	鱼粉		<2	GB/T 13093	限量饲用：2～5 禁用：>5

* 注：①所列允许量均为以干物质含量为88%的饲料为基础计算；

　　②浓缩饲料、添加剂预混合饲料添加比例与标准备注不同，其卫生指标允许量可进行折算

允许使用的饲料添加剂品种目录

类　别	饲 料 添 加 剂 名 称
饲料级氨基酸7种	L－赖氨酸盐酸盐；DL－蛋氨酸；DL－羟基蛋氨酸；DL－羟基蛋氨酸钙；N－羟甲基蛋氨酸；L－色氨酸；L－苏氨酸
饲料级维生素26种	β－胡萝卜素；维生素A；维生素A乙酸酯；维生素A棕榈酸酯；维生素D_3；维生素E；维生素E乙酸酯；维生素K_3（亚硫酸氢钠甲萘醌）；二甲基嘧啶醇亚硫酸甲萘醌；维生素B_1（盐酸硫胺）；维生素B_1（硝酸硫胺）；维生素B_2（核黄素）；维生素B_6；烟酸；烟酰胺；D－泛酸钙；DL－泛酸钙；叶酸；维生素B_{12}（氰钴胺）；维生素C（L－抗坏血酸）；L－抗坏血酸钙；L－抗坏血酸－2－磷酸酯；D－生物素；氯化胆碱；L－肉碱盐酸盐；肌醇
饲料级矿物质、微量元素43种	硫酸钠；氯化钠；磷酸二氢钠；磷酸氢二钠；磷酸二氢钾；磷酸氢二钾；碳酸钙；氯化钙；磷酸氢钙；磷酸二氢钙；磷酸三钙；乳酸钙；七水硫酸镁；一水硫酸镁；氧化镁；氯化镁；七水硫酸亚铁；一水硫酸亚铁；三水乳酸亚铁；六水柠檬酸亚铁；富马酸亚铁；甘氨酸铁；蛋氨酸铁；五水硫酸铜；一水硫酸铜；蛋氨酸铜；七水硫酸锌；一水硫酸锌；无水硫酸锌；氧化锌；蛋氨酸锌；一水硫酸锰；氯化锰；碘化钾；碘酸钾；碘酸钙；六水氯化钴；一水氯化钴；亚硒酸钠；酵母铜；酵母铁；酵母锰；酵母硒
饲料级酶制剂12类	蛋白酶（黑曲霉，枯草芽孢杆菌）；淀粉酶（地衣芽孢杆菌，黑曲霉）；支链淀粉酶（嗜酸乳杆菌）；果胶酶（黑曲霉）；脂肪酶；纤维素酶（reesei 木霉）；麦芽糖酶（枯草芽孢杆菌）；木聚糖酶（insolens 腐质霉）；β－聚葡糖酶（枯草芽孢杆菌，黑曲霉）；甘露聚糖酶（缓慢芽孢杆菌）；植酸酶（黑曲霉，米曲霉）；葡萄糖氧化酶（青霉）

续表

类　别	饲料添加剂名称
饲料级微生物添加剂12种	干酪乳杆菌；植物乳杆菌；粪链球菌；屎链球菌；乳酸片球菌；枯草芽孢杆菌；纳豆芽孢杆菌；嗜酸乳杆菌；乳链球菌；啤酒酵母菌；产朊假丝酵母；沼泽红假单胞菌
饲料级非蛋白氮9种	尿素；硫酸铵；液氨；磷酸氢二铵；磷酸二氢铵；缩二脲；异丁叉二脲；磷酸脲；羟甲基脲
抗氧剂4种	乙氧基喹啉；二丁基羟基甲苯（BHT）；丁基羟基茴香醚（BHA）；没食子酸丙酯
防腐剂、电解质平衡剂25种	甲酸；甲酸钙；甲酸铵；乙酸；双乙酸钠；丙酸；丙酸钙；丙酸钠；丙酸铵；丁酸；乳酸；苯甲酸；苯甲酸钠；山梨酸；山梨酸钠；山梨酸钾；富马酸；柠檬酸；酒石酸；苹果酸；磷酸；氢氧化钠；碳酸氢钠；氯化钾；氢氧化铵
着色剂6种	β-阿朴-8'-胡萝卜素醛；辣椒红；β-阿朴-8'-胡萝卜素酸乙酯；虾青素；β-胡萝卜素-4，4-二酮（斑蝥黄）；叶黄素（万寿菊花提取物）
调味剂、香料6种（类）	糖精钠；谷氨酸钠；5'-肌苷酸二钠；5'-鸟苷酸二钠；血根碱；食品用香料均可作饲料添加剂
黏结剂、抗结块剂和稳定剂13种（类）	α-淀粉；海藻酸钠；羧甲基纤维素钠；丙二醇；二氧化硅；硅酸钙；三氧化二铝；蔗糖脂肪酸酯；山梨醇酐脂肪酸酯；甘油脂肪酸酯；硬脂酸钙；聚氧乙烯20山梨醇酐单油酸酯；聚丙烯酸树脂Ⅱ
其他10种	糖萜素；甘露低聚糖；肠膜蛋白素；果寡糖；乙酰氧肟酸；天然类固醇萨洒皂角苷（YUCCA）；大蒜素；甜菜碱；聚乙烯聚吡咯烷酮（PVPP）；葡萄糖山梨醇

＊总计：173种（类）

为保证动物源性食品安全，维护人民身体健康，根据《兽药管理条例》的规定，我部制定了《食品动物禁用的兽药及其他化合物清单》（以下简称《禁用清单》），现公告如下。

一、《禁用清单》序号1至18所列品种的原料药及其单方、复言制剂产品停止生产，已在兽药国家标准、农业部专业标准及兽药地方标准中收载的品种，废止其质量标准，撤消其产品批准文号；已在我国注册登记的进口兽药，废止其进口兽药质量标准，注销其《进口兽药登记许可证》。

二、截至2002年5月15日，《禁用清单》序号1至18所列品种的原料药及其单方、复方制剂产品停止经营和使用。

三、《禁用清单》序号19至21所列品种的原料药及其单方、复方制剂产品不准以抗应激、提高饲料报酬、促进动物生长为目的在食品动物饲养过程中使用。

食品动物禁用的兽药及其他化合物清单

序号	兽药及其他化合物名称	禁止用途	禁用动物
1	β-兴奋剂类：克仑特罗、沙丁胺醇、西马特罗及其盐、酯及制剂	所有用途	所有食品动物
2	性激素类：己烯雌酚及其盐、酯及制剂	所有用途	所有食品动物

续表

序号	兽药及其他化合物名称	禁止用途	禁用动物
3	具有雌激素样作用的物质：玉米赤霉醇、去甲雄三烯醇酮、醋酸甲孕酮及制剂	所有用途	所有食品动物
4	氯霉素及其盐、酯（包括：琥珀氯霉素及制剂）	所有用途	所有食品动物
5	氨苯砜及制剂	所有用途	所有食品动物
6	硝基呋喃类：呋喃唑酮、呋喃酮、呋喃苯烯酸钠及制剂	所有用途	所有食品动物
7	硝基化合物：硝基酚钠、硝呋烯腙及制剂	所有用途	所有食品动物
8	催眠、镇静类：安眠酮及制剂	所有用途	所有食品动物
9	林丹（丙体六六六）	杀虫剂	所有食品动物
10	毒杀芬（氯化烯）	杀虫剂、清塘剂	所有食品动物
11	呋喃丹（克百威）	杀虫剂	所有食品动物
12	杀虫脒（克死螨）	杀虫剂	所有食品动物
13	双甲脒	杀虫剂	水生食品动物
14	酒石酸锑钾	杀虫剂	所有食品动物
15	锥虫胂胺	杀虫剂	所有食品动物
16	孔雀石绿	抗菌、杀虫剂	所有食品动物
17	五氯酚酸钠	杀螺剂	所有食品动物
18	各种汞制剂包括：氯化亚汞（甘汞）、硝酸亚汞、醋酸汞、吡啶基醋酸汞	杀虫剂	所有食品动物
19	性激素类：甲基睾丸酮、丙酸睾酮、苯丙酸诺龙、苯甲酸雌二醇及其盐、酯及制剂	促生长	所有食品动物
20	催眠、镇静类：氯丙嗪、地西泮（安定）及其盐、酯及制剂	促生长	所有食品动物
21	硝基咪唑类：甲硝唑、地美硝唑及其盐、酯及制剂	促生长	所有食品动物

附录四 允许使用的饲料添加剂

允许使用的饲料添加剂

（2003 年 12 月 9 日农业部公告第 318 号公布）

为加强饲料添加剂的管理，根据《饲料和饲料添加剂管理条例》（以下简称《条例》）的规定，现公布《饲料添加剂品种目录》（以下简称"目录"），并就有关事宜公告如下。

一、生产、经营和使用目录中的饲料添加剂应遵守《条例》的相关规定。

二、在中国境内生产目录 1 中带"＊"的饲料添加剂品种，应按照《新饲料和新饲料添加剂管理办法》办理新饲料添加剂证书。

三、目录 2 中的饲料添加剂品种在保护期内只允许获得新饲料添加剂证书的企业生产。保护期后，任何企业生产目录 2 中的饲料添加剂品种都应按照《饲料添加剂和添加剂预混合饲料生产许可证管理办法》的规定办理生产许可证。

四、1999 年 7 月 26 日农业部发布的《允许使用的饲料添加剂品种目录》（农业部公告第 105 号）即日起废止。

附表　饲料添加剂品种目录

类别	饲料添加剂名称	适用范围
氨基酸	L－赖氨酸盐酸盐，L－赖氨酸硫酸盐＊，DL－蛋氨酸，L－苏氨酸，L－色氨酸	养殖动物
	DL－羟基蛋氨酸，DL－羟基蛋氨酸钙	猪，鸡，牛
	N－羟甲基蛋氨酸钙	反刍动物
维生素	维生素 A，维生素 A 乙酸酯，维生素 A 棕榈酸酸，盐酸硫胺（维生素 B_1），硝酸硫胺（维生素 B_1），核黄素（维生素 B_2），盐酸吡哆醇（维生素 B_6），维生素 B_{12}（氰钴胺），L－抗坏血酸（维生素 C），L－抗坏血酸钙，L－抗坏血酸 -2－磷酸脂，维生素 D_3，α－生育酚（维生素 E），α－生育酚乙酸酯，亚硫酸氢钠甲萘醌（维生素 K_3），二甲基嘧啶醇亚硫酸甲萘醌＊，亚硫酸烟酰胺甲萘醌＊，烟酸，烟酰胺，D－泛酸钙，DL－泛酸钙，叶酸，D－生物素，氯化胆碱，肌醇，L－肉碱盐酸盐	养殖动物

续表

类别	饲料添加剂名称	适用范围
矿物元素及其络合物	氯化钠，硫酸钠，磷酸二氢钠，磷酸氢二钠，磷酸二氢钾，磷酸氢二钾，碳酸钙，氯化钙，磷酸氢钙，磷酸二氢钙，磷酸三钙，乳酸钙，七水硫酸镁，一水硫酸镁，氧化镁，氯化镁，六水柠檬酸亚铁，富马酸亚铁，三水乳酸亚铁，一水硫酸亚铁，七水硫酸亚铁，一水硫酸铜，五水硫酸铜，氧化锌，七水硫酸锌，一水硫酸锌，无水硫酸锌，氯化锰，一水硫酸锰，碘化钾，碘酸钾，碘酸钙，六水氯化钴，一水氯化钴，硫酸钴，亚硒酸钠，蛋氨酸铜络合物，甘氨酸铁络合物，蛋氨酸铁络合物，蛋氨酸锌络合物，酵母铜*，酵母铁*，酵母锰*，酵母硒*。	生长肥育猪
	烟酸铬，吡啶羧酸铬（甲基吡啶铬）*，酵母铬*，蛋氨酸铬*	生长肥育猪
酶制剂	淀粉酶（产自黑曲霉，解淀粉芽孢杆菌，地衣芽孢杆菌，枯草芽孢杆菌），纤维素酶（产自长柄木霉，李氏木霉），β-葡聚糖酶（产自黑曲霉，枯草芽孢杆菌，长柄木霉），葡萄糖氧化酶（产自特异青霉），脂肪酶（产自黑曲霉），麦芽糖酶（产自枯草芽孢杆菌），甘露聚糖酶（产自迟缓芽孢杆菌），果胶酶（产自黑曲霉），植酸酶（产自黑曲霉，米曲霉），蛋白酶（产自黑曲霉，米曲霉，枯草芽孢杆菌），支链淀粉酶（产自酸解支链淀粉芽孢杆菌），木聚糖酶（产自米曲霉，孤独腐质霉，长柄木霉）	使用说明书指定的动物和饲料
微生物	地衣芽孢杆菌*，草芽孢杆菌，两歧双歧杆菌*，粪肠球菌，屎肠球菌，乳酸肠球菌，嗜酸乳杆菌，干酪乳杆菌，乳酸乳杆菌*，植物乳杆菌，乳酸片球菌，戊糖片球菌*，产朊假丝酵母，酿酒酵母，沼泽红假单胞菌	使用说明书指定的动物
非蛋白氮	尿素，碳酸氢铵，硫酸铵，液氨，磷酸二氢铵，磷酸氢二铵，缩二脲，异丁叉二脲，磷酸脲	反刍动物
抗氧化剂	乙氧基喹啉，丁基羟基茴香醚（BHA），二丁基羟基甲苯（BHT），没食子酸丙脂	养殖动物
防腐剂，电解质平衡剂	甲酸，甲酸铵，甲酸钙，乙酸，双乙酸钠，丙酸，丙酸铵，丙酸钠，丙酸钙，丁酸，丁酸钠，乳酸，苯甲酸，苯甲酸钠，山梨酸，山梨酸钠，山梨酸钾，富马酸，柠檬酸，酒石酸，苹果酸，磷酸，氢氧化钠，碳酸氢钠，氯化钾	养殖动物
着色剂	β-胡萝卜素，辣椒红，β-阿朴-8'-胡萝卜素醛，β-阿朴-8'-胡萝卜素酸乙酯，β-胡萝卜素-4,4-二酮（斑蝥黄），叶黄素*，万寿菊提取物（天然叶黄素）	家禽
	虾青素	水产动物
调味剂、香料	糖精钠，谷氨酸钠，5'-肌苷酸二钠，5'-鸟苷酸二钠，血根碱，食品用香料	养殖动物

类别	饲料添加剂名称	适用范围
粘结剂、抗结块剂和稳定剂	α-淀粉，三氧化二铝，可食脂肪酸钙盐*，硅酸钙，硬脂酸钙，甘油脂肪酸酯，聚丙烯酸树脂Ⅱ，聚氧乙烯20山梨醇酐单油酸酯，丙二醇，二氧化硅，海藻酸钠，羟甲基纤维素钠，聚丙烯酸钠，山梨醇酐脂肪酸酯，蔗糖脂肪酸酯	养殖动物
其他	甜菜碱，矩菜碱盐酸盐，天然甜菜碱，果寡糖，大蒜素，甘露寡糖，聚乙烯聚吡咯烷酮（PVPP），山梨糖醇，大豆磷脂，丝兰提取物（天然类固醇萨洒皂角苷，YUCCA），二十二碳六烯酸*	养殖动物
	糖萜素，牛至香酚*	猪、禽
	乙酰氧肟酸	反刍动物

*共191种（类）。

注：在中国境内生产带"*"的饲料添加剂需办理新饲料添加剂证书

附录五　常用饲料成分及营养价值表

表 1　常用饲料成分及营养价值表

饲料名称	饲料描述	干物质 DM (%)	粗蛋白质 CP (%)	粗脂肪 EE (%)	粗纤维 CF (%)	粗灰分 Ash (%)	无氮浸出物 NFE (%)	钙 Ca (%)	总磷 TP (%)	有效磷 AP (%)
01 玉米	成熟，高蛋白质	86.0	9.4	3.1	1.2	1.2	71.1	0.02	0.27	0.1
02 玉米	成熟，GB/T 17890－1999 1 级	86.0	8.7	3.6	1.6	1.4	70.7	0.02	0.27	0.1
03 玉米	成熟，GB/T 17890－1999 2 级	86.0	7.8	3.5	1.6	1.3	71.8	0.02	0.27	0.1
04 高粱	NY/T 1 级，成熟	86.0	9.0	3.4	1.4	1.8	70.4	0.13	0.36	0.12
05 小麦	NY/T 2 级，混合小麦，成熟	87.0	13.9	1.7	1.9	1.9	67.6	0.17	0.41	0.21
06 大麦（裸）	NY/T 2 级，裸大麦，成熟	87.0	13.0	2.1	2.0	2.2	67.7	0.04	0.39	0.14
07 大麦（皮）	NY/T 1 级，皮大麦，成熟	87.0	11.0	1.7	4.8	2.4	67.1	0.09	0.33	0.12
08 黑麦	籽粒，进口	88.0	11.0	1.5	2.2	1.8	71.5	0.05	0.3	0.10
09 稻谷	NY/T 2 级，成熟，晒干	86.0	7.8	1.6	8.2	4.6	63.8	0.03	0.36	0.12
10 糙米	良，籽粒，成熟，未去米糠	87.0	8.8	2.0	0.7	1.3	74.2	0.03	0.35	0.13
11 碎米	良，加工精米后的副产品	88.0	10.4	2.2	1.1	1.6	72.7	0.06	0.35	0.13
12 粟（谷子）	合格，带壳，成熟	86.5	9.7	2.3	6.8	2.7	65.0	0.12	0.3	0.11
13 木薯干	NY/T 合格，木薯干片，晒干	87.0	2.5	0.7	2.5	1.9	79.4	0.27	0.09	—
14 甘薯干	NY/T 合格，甘薯干片，晒干	87.0	4.0	0.8	2.8	3.0	76.4	0.19	0.02	—
15 次粉	NY/T 1 级，黑面，黄粉，下面	88.0	15.4	2.2	1.5	1.5	67.1	0.08	0.48	0.15
16 次粉	NY/T 2 级，黑面，黄粉，下面	87.0	13.6	2.1	2.8	1.8	66.7	0.08	0.48	0.15

续表

饲料名称	饲料描述	干物质 DM (%)	粗蛋白质 CP (%)	粗脂肪 EE (%)	粗纤维 CF (%)	粗灰分 Ash (%)	无氮浸出物 NFE (%)	钙 Ca (%)	总磷 TP (%)	有效磷 AP (%)
17 小麦麸	传统制粉工艺	87.0	15.7	3.9	8.9	4.9	53.6	0.11	0.92	0.30
18 米糠	新鲜，不脱脂	87.0	12.8	16.5	5.7	7.5	44.5	0.07	1.43	0.20
19 米糠饼	机榨，未脱脂	88.0	14.7	9.0	7.4	8.7	48.2	0.14	1.69	0.22
20 米糠粕	NY/T 1级，浸提或预压浸提	87.0	15.1	2.0	7.5	8.8	53.6	0.15	1.82	0.24
21 大豆	黄大豆，熟化	87.0	35.5	17.3	4.3	4.2	25.7	0.27	0.48	0.16
22 大豆饼	NY/T 2级，机榨	87.0	40.9	5.7	4.7	5.7	30.0	0.30	0.49	0.16
23 大豆粕	NY/T 1级，浸提或预压浸提，去皮	87.0	46.8	1.0	3.9	4.8	30.5	0.31	0.61	0.20
24 大豆粕	NY/T 2级，浸提或预压浸提	87.0	43.0	1.9	5.1	6.0	26.1	0.32	0.61	0.20
25 棉籽饼	NY/T 2级，机榨	88.0	36.3	7.4	12.5	5.7	26.1	0.21	0.83	0.27
26 棉籽粕	NY/T 2级，浸提或预压浸提	88.0	42.5	0.7	10.1	6.5	28.2	0.24	0.97	0.25
27 菜籽饼	NY/T 2级，机榨	88.0	35.7	7.4	11.4	7.2	26.3	0.59	0.96	0.33
28 菜籽粕	NY/T 2级，浸提或预压浸提	88.0	38.6	1.4	11.8	7.3	28.9	0.65	1.02	0.33
29 花生仁饼	NY/T 2级，机榨	88.0	44.7	7.2	5.9	5.1	25.1	0.25	0.53	0.17
30 花生仁粕	NY/T 2级，浸提或预压浸提	88.0	47.8	1.4	6.2	5.4	27.2	0.27	0.56	0.18
31 向日葵仁饼	NY/T 3级，壳仁比 35∶65	88.0	29.0	2.9	20.4	4.7	31.0	0.24	0.87	0.22
32 向日葵仁粕	NY/T 2级，壳仁比 16∶84	88.0	36.5	1.0	10.5	5.6	34.4	0.27	1.13	0.23
33 向日葵仁粕	NY/T 2级，壳仁比 24∶76	88.0	33.6	1.0	14.8	5.3	38.8	0.26	1.03	0.23
34 亚麻仁饼	NY/T 2级，机榨	88.0	32.2	7.8	7.8	6.2	34.0	0.39	0.88	0.38
35 亚麻仁粕	NY/T 2级，浸提或预压浸提	88.0	34.8	1.8	8.2	6.6	36.6	0.42	0.95	0.42
36 芝麻饼	机榨 CP40%	92.0	39.2	10.3	7.2	10.4	24.9	2.24	1.19	0.22
37 玉米蛋白粉	玉米去胚芽，去淀粉后的面筋部分	90.1	63.5	5.4	1.0	1.0	19.2	0.07	0.44	0.16
38 玉米蛋白粉	同上，中等蛋白产品	91.2	51.3	7.8	2.1	2.0	28.0	0.06	0.42	0.15
39 玉米蛋白粉	同上，中等蛋白产品	89.9	44.3	6.0	1.6	0.9	37.1	—	—	—
40 玉米蛋白饲料	玉米去胚芽去淀粉后的含皮残渣	88.0	19.3	7.5	7.8	5.4	48.0	0.15	0.70	0.17

续表

饲料名称	饲料描述	干物质 DM (%)	粗蛋白质 CP (%)	粗脂肪 EE (%)	粗纤维 CF (%)	粗灰分 Ash (%)	无氮浸出物 NFE (%)	钙 Ca (%)	总磷 TP (%)	有效磷 AP (%)
41 玉米胚芽饼	玉米湿磨后的胚芽，机榨	90.0	16.7	9.6	6.3	6.6	50.8	0.04	1.45	—
42 玉米胚芽粕	玉米湿磨后的胚芽，浸提	90.0	20.8	2.0	6.5	5.9	54.8	0.06	1.23	—
43 玉米 CDGS	玉米酒精糟及可溶物，脱水	90.0	28.3	13.7	7.1	4.1	36.8	0.20	0.74	0.31
44 蚕豆粉浆蛋白粉	蚕豆去皮制粉丝后的浆液，脱水	88.0	66.3	4.7	4.1	2.6	10.3	—	0.59	—
45 麦芽根	大麦芽副产品，干燥	89.7	28.3	1.4	12.5	6.1	41.4	0.22	0.73	2.83
46 鱼粉	7样平均值	90.0	64.5	5.6	0.5	11.4	8.0	3.81	2.83	2.83
47 鱼粉	8样平均值	90.0	62.5	4.0	0.5	12.3	10.0	3.96	3.05	3.05
48 鱼粉	沿海产的鱼粉，脱脂，12样平均值	90.0	60.2	4.9	0.5	12.8	11.6	4.04	2.9	2.90
49 鱼粉	浙江等产小鱼，脱脂，11样平均值	90.0	53.5	10.0	0.8	20.8	4.9	5.88	3.20	3.20
50 血粉	鲜猪血，喷雾干燥	88.0	82.8	0.4	0.0	3.2	1.6	0.29	0.31	0.31
51 羽毛粉	纯净羽毛，水解	88.0	77.9	2.2	0.7	5.8	1.4	0.20	0.68	0.68
52 皮革粉	废牛皮，水解	88.0	74.7	0.8	1.6	10.9	—	4.40	0.15	0.15
53 肉骨粉	屠宰下脚，带骨干燥粉碎	93.0	45.0	8.5	2.5	37.0	—	11.0	5.90	5.90
54 肉粉	脱脂	94.0	54.0	12.0	1.4	—	—	7.69	3.88	3.88
55 苜蓿草粉	NY/T 1级，1茬，盛花期，烘干	87.0	19.1	2.3	22.7	35.3	7.6	1.40	0.51	0.51
56 苜蓿草粉	NY/T 2级，1茬，盛花期，烘干	87.0	17.2	2.6	25.6	8.3	33.3	1.52	0.22	0.22
57 苜蓿草粉	NY/T 3级	87.0	14.3	2.1	21.6	10.1	33.8	1.34	0.19	0.19
58 啤酒糟	大麦酿造副产品	88.0	24.3	5.3	13.4	4.2	40.8	0.32	0.42	0.14
59 啤酒酵母	啤酒酵母菌粉，QB/T 1940-94	91.7	52.4	0.4	0.6	4.7	33.6	0.16	1.02	0.31
60 乳清粉	乳清，脱水，含乳糖72%以上	94.0	12.0	0.7	0.0	9.7	71.6	0.87	0.79	0.79
61 牛奶乳糖	含乳糖80%以上	96.0	4.0	0.5	0.0	8.0	83.5	0.52	0.62	0.62

表 2 常用饲料有效能含量

饲料名称	粗蛋白质 CP (%)	猪消化能 DE (MJ/kg)	鸡代谢能 ME (MJ/kg)	肉牛消化能 DE (MJ/kg)	奶牛产奶净能 NE (MJ/kg)	羊消化能 DE (MJ/kg)
01 玉米	9.4	14.39	13.31	14.64	7.66	14.23
02 玉米	8.7	14.27	13.56	14.73	7.70	14.27
03 玉米	7.8	14.18	13.47	14.56	7.61	14.14
04 高粱	9.0	13.18	12.30	12.84	6.65	13.05
05 小麦	13.9	14.18	12.72	14.06	7.32	14.23
06 大麦 (裸)	13.0	13.56	11.21	13.51	7.03	13.43
07 大麦 (皮)	11.0	12.64	11.30	13.01	6.78	13.22
08 黑麦	11.0	13.85	11.26	13.47	7.03	—
09 稻谷	7.8	12.09	11.00	12.34	6.40	12.64
10 糙米	8.8	14.39	14.06	14.73	7.70	14.27
11 碎米	10.4	15.06	14.23	15.73	8.24	14.35
12 粟 (谷子)	9.7	12.93	11.88	13.39	6.99	12.55
13 木薯干	2.5	13.10	12.38	11.63	5.98	12.51
14 甘薯干	4.0	11.80	9.79	12.64	6.57	13.68
15 次粉	15.4	13.68	12.76	—	—	—
16 次粉	13.6	13.43	12.51	15.56	8.16	13.60
17 小麦麸	15.7	9.37	6.82	11.80	6.11	12.18
18 米糠	12.8	12.64	11.21	14.23	7.45	13.77
19 米糠饼	14.7	12.51	10.17	12.13	6.28	11.92
20 米糠粕	15.1	11.55	8.28	10.33	5.27	10.00
21 大豆	35.5	16.60	13.55	15.15	7.95	16.36
22 大豆饼	40.9	13.51	10.54	14.06	7.32	14.10
23 大豆粕	46.8	13.74	9.83	13.93	7.28	15.02
24 大豆粕	43.0	13.18	9.62	13.89	7.24	13.51
25 棉籽饼	36.3	9.92	9.04	12.76	6.61	13.22
26 棉籽粕	42.5	9.46	8.41	12.43	6.44	12.47
27 菜籽饼	35.7	12.05	8.16	11.51	5.94	13.14

续表

饲料名称	粗蛋白质 CP (%)	猪消化能 DE (MJ/kg)	鸡代谢能 ME (MJ/kg)	肉牛消化能 DE (MJ/kg)	奶牛产奶净能 NE (MJ/kg)	羊消化能 DE (MJ/kg)
28 菜籽粕	38.6	10.59	7.41	11.25	5.82	12.05
29 花生仁饼	44.7	12.89	11.63	16.05	8.49	14.39
30 花生仁粕	47.8	12.43	10.88	14.43	7.53	13.56
31 向日葵仁饼	29.0	7.91	6.65	10.46	5.36	8.79
32 向日葵仁粕	36.5	11.63	9.71	12.34	6.40	10.63
33 向日葵仁粕	33.6	10.42	8.49	11.42	5.90	8.54
34 亚麻仁饼	32.2	12.13	9.79	13.35	6.95	13.39
35 亚麻仁粕	34.8	9.92	7.95	12.47	6.44	12.51
36 芝麻饼	39.2	13.29	8.95	13.56	7.07	14.69
37 玉米蛋白粉	63.5	15.05	16.23	16.11	8.45	18.37
38 玉米蛋白粉	51.3	15.60	14.26	15.06	7.91	—
39 玉米蛋白粉	44.3	15.01	13.30	13.97	7.28	—
40 玉米蛋白饲料	19.3	10.38	8.45	13.64	7.11	13.39
41 玉米胚芽饼	16.7	14.69	9.37	14.02	7.32	—
42 玉米胚芽粕	20.8	13.72	8.66	12.89	6.69	—
43 玉米 CDGS	28.3	14.35	9.20	14.06	7.32	14.64
44 蚕豆粉浆蛋白粉	66.3	13.51	14.53	15.31	—	—
45 麦芽根	28.3	9.67	5.90	11.63	5.98	11.42
46 鱼粉	64.5	13.18	12.38	13.56	7.07	—
47 鱼粉	62.5	12.97	12.18	13.10	6.82	—
48 鱼粉	60.2	12.55	11.80	13.14	6.82	—
49 鱼粉	53.5	12.93	12.13	12.97	6.74	—
50 血粉	82.8	11.42	10.29	10.88	5.61	10.04
51 羽毛粉	77.9	11.59	11.42	10.88	5.61	10.63
52 皮革粉	74.7	11.09	—	—	—	10.63
53 肉骨粉	45.0	10.03	9.96	11.59	5.98	11.59
54 肉粉	54.0	11.29	9.20	13.96	7.30	—

续表

饲料名称	粗蛋白质 CP （%）	猪消化能 DE （MJ/kg）	鸡代谢能 ME （MJ/kg）	肉牛消化能 DE （MJ/kg）	奶牛产奶净能 NE （MJ/kg）	羊消化能 DE （MJ/kg）
55 苜蓿草粉	19.1	6.95	4.06	9.46	4.81	9.87
56 苜蓿草粉	17.2	6.11	3.64	9.41	4.77	9.58
57 苜蓿草粉	14.3	6.23	3.51	8.33	4.18	—
58 啤酒糟	24.3	9.41	9.92	11.30	5.82	—
59 啤酒酵母	52.4	14.81	10.54	13.39	6.99	13.43
60 乳清粉	12.0	14.39	11.42	13.77	7.20	14.35
61 牛奶乳糖	4.0	14.11	11.25	12.55	6.53	14.06

表3　常用饲料中矿物质含量

饲料名称	粗蛋白质 CP (%)	钠 Na (%)	钾 K (%)	氯 Cl (%)	镁 Mg (%)	硫 S (%)	铁 Fe (mg/kg)	铜 Cu (mg/kg)	锰 Mn (mg/kg)	锌 Zn (mg/kg)	硒 Se (mg/kg)
01 玉米	9.4	0.01	0.29	0.04	0.11	0.13	36	3.4	5.8	21.1	0.04
02 玉米	8.7	0.02	0.30	0.04	0.12	0.08	37	3.3	6.1	19.2	0.03
03 玉米	7.8	0.02	0.30	0.04	0.12	0.08	37	3.3	6.1	19.2	0.03
04 高粱	9.0	0.03	0.34	0.09	0.15	0.08	87	7.6	17.1	20.1	<0.05
05 小麦	13.9	0.06	0.50	0.07	0.11	0.11	88	7.9	45.9	29.7	0.05
06 大麦（裸）	13.0	0.04	0.36	0.00	0.11	—	100	7.0	18.0	30.0	0.16
07 大麦（皮）	11.0	0.02	0.56	0.15	0.14	0.15	87	5.6	17.5	23.6	0.06
08 黑麦	11.0	0.02	0.42	0.04	0.12	0.15	117	7.0	53.0	35.0	0.40
09 稻谷	7.8	0.04	0.34	0.07	0.07	0.05	40	3.5	20.0	8.0	0.04
10 糙米	8.8	—	0.34	0.06	0.09	0.10	78	3.3	21.0	10.0	0.07
11 碎米	10.4	—	0.13	0.08	0.11	0.06	62	8.8	47.5	36.4	0.06
12 粟（谷子）	9.7	0.04	0.43	0.14	0.16	0.13	270	24.5	22.5	15.9	0.08
13 木薯干	2.5	—	—	—	0.08	—	150	4.2	6.0	14.0	0.04
14 甘薯干	4.0	—	—	—	0.41	—	107	6.1	10.0	9.0	0.07
15 次粉	15.4	0.06	0.60	0.04	0.41	0.17	140	11.6	94.2	73.0	0.07
16 次粉	13.6	0.06	0.60	0.04	0.52	0.17	140	11.6	94.2	73.0	0.07
17 小麦麸	15.7	0.07	1.19	0.07	0.52	0.22	170	13.8	104.3	96.5	0.07
18 米糠	12.8	0.07	1.73	0.07	0.90	0.18	304	7.1	175.9	50.3	0.09
19 米糠饼	14.7	0.08	1.80	—	1.26	—	400	8.7	211.6	56.4	0.09
20 米糠粕	15.1	0.09	1.80	—	—	—	432	9.4	228.4	60.9	0.10
21 大豆	35.5	0.02	1.70	0.03	0.28	0.23	111	18.1	21.5	40.7	0.06
22 大豆饼	40.9	0.02	1.77	0.02	0.25	0.33	187	19.8	32.0	43.4	0.04
23 大豆粕	46.8	0.03	2.00	0.05	0.27	0.43	181	23.5	37.3	45.3	0.10
24 大豆粕	43.0	0.03	1.68	0.05	0.27	0.43	181	23.5	27.4	45.4	0.06
25 棉籽饼	36.3	0.04	1.20	0.14	0.52	0.40	266	11.6	17.8	44.9	0.11
26 棉籽粕	42.5	0.04	1.16	0.04	0.04	0.31	263	14.0	18.7	55.5	0.15
27 菜籽饼	35.7	0.02	1.34	—	—	—	687	7.2	78.1	59.2	0.29

续表

饲料名称	粗蛋白质 CP (%)	钠 Na (%)	钾 K (%)	氯 Cl (%)	镁 Mg (%)	硫 S (%)	铁 Fe (mg/kg)	铜 Cu (mg/kg)	锰 Mn (mg/kg)	锌 Zn (mg/kg)	硒 Se (mg/kg)
28 菜籽粕	38.6	0.09	1.40	0.11	0.51	0.85	653	7.1	82.2	67.5	0.16
29 花生仁饼	44.7	0.04	1.15	0.03	0.33	0.29	347	23.7	36.7	52.5	0.06
30 花生仁粕	47.8	0.07	1.23	0.03	0.31	0.30	368	25.1	38.9	55.7	0.06
31 向日葵仁饼	29.0	0.02	1.17	0.01	0.75	0.33	424	45.6	41.5	62.1	0.09
32 向日葵仁粕	36.5	0.20	1.00	0.01	0.75	0.33	226	32.8	34.5	82.7	0.06
33 向日葵仁粕	33.6	0.02	1.23	0.10	0.68	0.30	310	35.0	35.0	80.0	0.08
34 亚麻仁饼	32.2	0.09	1.25	0.04	0.58	0.39	204	27.0	40.3	36.0	0.18
35 亚麻仁粕	34.8	0.14	1.38	0.05	0.56	0.51	219	25.5	43.3	38.7	0.18
36 芝麻饼	39.2	0.04	1.39	0.05	0.50	0.43	—	50.4	32.0	2.4	—
37 玉米蛋白粉	63.5	0.01	0.30	0.05	0.08	0.43	230	1.9	5.9	19.2	0.02
38 玉米蛋白粉	51.3	0.02	0.35	—	—	—	332	10.0	78.0	49.0	—
39 玉米蛋白粉	44.3	0.02	0.40	0.08	0.05	0.60	400	28.0	7.0	—	1.00
40 玉米蛋白饲料	19.3	0.12	1.30	0.22	0.42	0.16	282	10.7	77.1	59.2	0.23
41 玉米胚芽饼	16.7	0.01	0.30	—	0.10	0.30	99	12.8	19.0	108.1	—
42 玉米胚芽粕	20.8	0.01	0.69	—	0.16	0.32	214	7.7	23.3	126.6	0.33
43 玉米DDGS	28.3	0.88	0.98	0.17	0.35	0.30	197	43.9	29.5	83.5	0.37
44 蚕豆粉浆蛋白	66.3	0.01	0.06	—	—	—	—	22.0	16.0	—	—
45 麦芽根	28.3	0.06	2.18	0.59	0.16	0.79	198	5.3	67.8	42.4	0.60
46 鱼粉	64.5	0.88	0.90	0.60	0.24	0.77	226	9.1	9.2	98.9	2.70
47 鱼粉	62.5	0.78	0.83	0.61	0.16	0.48	181	6.0	12.0	90.0	1.62
48 鱼粉	60.2	0.97	1.10	0.61	0.16	0.45	80	8.0	10.0	80.0	1.50
49 鱼粉	53.5	1.15	0.94	0.61	0.16	—	292	8.0	9.7	88.0	1.94
50 血粉	82.8	0.31	0.90	0.27	0.16	0.32	2100	8.0	2.3	14.0	0.70
51 羽毛粉	77.9	0.31	0.18	0.26	0.20	1.39	73	6.8	8.8	53.8	0.80
52 皮革粉	74.7	—	—	—	—	—	131	11.1	25.2	89.8	—
53 肉骨粉	45.0	0.60	1.30	0.70	1.00	0.40	500	1.5	10.1	90.0	0.25
54 肉粉	54.0	0.80	0.57	0.97	0.35	0.45	440	10.0	10.0	94.0	0.37

续表

饲料名称	粗蛋白质 CP（%）	钠 Na（%）	钾 K（%）	氯 Cl（%）	镁 Mg（%）	硫 S（%）	铁 Fe（mg/kg）	铜 Cu（mg/kg）	锰 Mn（mg/kg）	锌 Zn（mg/kg）	硒 Se（mg/kg）
55 苜蓿草粉	19.1	0.09	2.08	0.38	0.30	0.30	372	9.1	30.7	17.0	0.46
56 苜蓿草粉	17.2	0.17	2.40	0.46	0.36	0.37	361	9.7	30.7	21.0	0.46
57 苜蓿草粉	14.3	0.11	2.22	0.46	0.36	0.17	437	9.1	33.2	22.6	0.48
58 啤酒糟	24.3	0.25	0.08	0.12	0.19	0.21	274	20.1	35.6	—	0.41
59 啤酒酵母	52.4	0.10	1.70	0.12	0.23	0.38	248	61.0	22.3	86.7	1.00
60 乳清粉	12.0	2.11	1.81	0.14	0.13	1.04	160	—	4.6	—	0.06
61 牛奶乳糖	4.0	—	2.40	—	0.15	—	—	—	—	—	—

附表 4　常用饲料中氨基酸含量

饲料名称	粗蛋白质 CP (%)	赖氨酸 Lys (%)	蛋氨酸 Met (%)	胱氨酸 Cys (%)	苏氨酸 Thr (%)	异亮氨酸 Ile (%)	亮氨酸 Leu (%)	精氨酸 Arg (%)	缬氨酸 Val (%)	组氨酸 His (%)	酪氨酸 Tyr (%)	苯丙氨酸 Phe (%)	色氨酸 Trp (%)
01 玉米	9.4	0.26	0.19	0.22	0.31	0.26	1.03	0.38	0.40	0.23	0.34	0.43	0.08
02 玉米	8.7	0.24	0.18	0.20	0.30	0.25	0.93	0.39	0.38	0.21	0.33	0.41	0.07
03 玉米	7.8	0.23	0.15	0.15	0.29	0.24	0.93	0.37	0.35	0.20	0.31	0.38	0.06
04 高粱	9.0	0.18	0.17	0.12	0.26	0.35	1.08	0.33	0.44	0.18	0.32	0.45	0.08
05 小麦	13.9	0.30	0.25	0.24	0.33	0.44	0.80	0.58	0.56	0.27	0.37	0.58	0.15
06 大麦（裸）	13.0	0.44	0.14	0.25	0.43	0.43	0.87	0.64	0.63	0.16	0.40	0.68	0.16
07 大麦（皮）	11.0	0.42	0.18	0.18	0.41	0.52	0.91	0.65	0.64	0.24	0.35	0.59	0.12
08 黑麦	11.0	0.37	0.16	0.25	0.34	0.40	0.64	0.50	0.52	0.25	0.26	0.49	0.12
09 稻谷	7.8	0.29	0.19	0.16	0.25	0.32	0.58	0.57	0.47	0.15	0.37	0.40	0.10
10 糙米	8.8	0.32	0.20	0.14	0.28	0.30	0.61	0.65	0.49	0.17	0.31	0.35	0.12
11 碎米	10.4	0.42	0.22	0.17	0.38	0.39	0.74	0.78	0.57	0.27	0.39	0.49	0.12
12 粟（谷子）	9.7	0.15	0.25	0.20	0.35	0.36	1.15	0.30	0.42	0.20	0.26	0.49	0.17
13 木薯干	2.5	0.13	0.05	0.04	0.10	0.11	0.15	0.40	0.13	0.05	0.04	0.10	0.03
14 干薯干	4.0	0.16	0.06	0.08	0.18	0.17	0.26	0.16	0.27	0.08	0.13	0.19	0.05
15 次粉	15.4	0.59	0.23	0.37	0.50	0.55	1.06	0.86	0.72	0.41	0.46	0.66	0.21
16 次粉	13.6	0.52	0.16	0.33	0.50	0.48	0.98	0.85	0.68	0.33	0.45	0.63	0.18
17 小麦麸	15.7	0.58	0.13	0.26	0.43	0.46	0.81	0.97	0.63	0.39	0.28	0.58	0.20
18 米糠	12.8	0.74	0.25	0.19	0.48	0.63	1.00	1.06	0.81	0.39	0.50	0.63	0.14
19 米糠饼	14.7	0.66	0.26	0.30	0.53	0.72	1.06	1.19	0.99	0.43	0.51	0.76	0.15
20 米糠粕	15.1	0.72	0.28	0.32	0.57	0.78	1.30	1.28	1.07	0.46	0.55	0.82	0.17
21 大豆	35.5	2.22	0.48	0.55	1.38	1.44	2.53	2.59	1.67	0.87	1.11	1.76	0.56
22 大豆饼	40.9	2.38	0.59	0.61	1.41	1.53	2.69	2.47	1.66	1.08	1.50	1.75	0.63
23 大豆粕	46.8	2.81	0.56	0.60	1.89	2.00	3.66	3.59	2.10	1.33	1.65	2.46	0.64
24 大豆粕	43.0	2.45	0.64	0.66	1.88	1.76	3.20	3.12	1.95	1.07	1.53	2.18	0.68
25 棉籽饼	36.3	1.40	0.41	0.70	1.14	1.16	2.07	3.94	1.51	0.90	0.95	1.88	0.39
26 棉籽粕	42.5	1.59	0.45	0.82	1.31	1.30	2.35	4.30	1.74	1.06	1.19	2.18	0.44
27 菜籽饼	35.7	1.33	0.60	0.82	1.40	1.24	2.26	1.82	1.62	0.83	0.92	1.35	0.42

续表

饲料名称	粗蛋白质 CP (%)	赖氨酸 Lys (%)	蛋氨酸 Met (%)	胱氨酸 Cys (%)	苏氨酸 Thr (%)	异亮氨酸 Ile (%)	亮氨酸 Leu (%)	精氨酸 Arg (%)	缬氨酸 Val (%)	组氨酸 His (%)	酪氨酸 Tyr (%)	苯丙氨酸 Phe (%)	色氨酸 Trp (%)
28 菜籽粕	38.6	1.30	0.63	0.87	1.49	1.29	2.34	1.83	1.74	0.86	0.97	1.45	0.43
29 花生仁饼	44.7	1.32	0.39	0.38	1.05	1.18	2.36	4.60	1.28	0.83	1.31	1.81	0.42
30 花生仁粕	47.8	1.40	0.41	0.40	1.11	1.25	2.50	4.88	1.36	0.88	1.39	1.92	0.45
31 向日葵仁饼	29.0	0.96	0.59	0.43	0.98	1.19	1.76	2.44	1.35	0.62	0.77	1.21	0.28
32 向日葵仁粕	36.5	1.22	0.72	0.62	1.25	1.51	2.25	3.17	1.72	0.81	0.99	1.56	0.47
33 向日葵仁粕	33.6	1.13	0.69	0.50	1.14	1.39	2.07	2.89	1.58	0.74	0.91	1.43	0.37
34 亚麻仁饼	32.2	0.73	0.46	0.48	1.00	1.15	1.62	2.35	1.44	0.51	0.50	1.32	0.48
35 亚麻仁粕	34.8	1.16	0.55	0.55	1.10	1.33	1.85	3.59	1.51	0.64	0.93	1.51	0.70
36 芝麻饼	39.2	0.82	0.82	0.75	1.29	1.42	2.52	2.38	1.84	0.81	1.02	1.68	0.49
37 玉米蛋白粉	63.5	0.97	1.42	0.96	2.08	2.85	1.59	1.90	2.98	1.18	3.19	4.10	0.36
38 玉米蛋白粉	51.3	0.92	1.14	0.76	1.59	1.75	7.87	1.48	2.05	0.89	2.25	2.83	0.31
39 玉米蛋白粉	44.3	0.71	1.04	0.65	1.38	1.63	7.08	1.31	1.84	0.78	2.03	2.61	—
40 玉米蛋白饲料	19.3	0.63	0.29	0.33	0.68	0.62	1.82	0.77	0.93	0.56	0.50	0.70	0.14
41 玉米胚芽饼	16.7	0.70	0.31	0.47	0.64	0.53	0.25	0.16	0.91	0.45	0.54	0.64	0.16
42 玉米胚芽粕	20.8	0.75	0.21	0.28	0.68	0.77	1.54	1.51	1.66	0.62	0.66	0.93	0.18
43 玉米 DDGS	28.3	0.59	0.59	0.39	0.92	0.98	2.63	0.98	1.30	0.59	1.37	1.93	0.19
44 蚕豆粉浆蛋白	66.3	4.44	0.60	0.57	2.31	2.90	5.88	5.96	3.20	1.66	2.21	3.43	—
45 麦芽根	28.3	1.30	0.37	0.26	0.96	1.08	1.58	1.22	1.44	0.54	0.67	0.85	0.42
46 鱼粉	64.5	5.22	1.71	0.58	2.87	2.68	4.99	3.91	3.25	1.75	2.13	2.71	0.78
47 鱼粉	62.5	5.12	1.66	0.55	2.78	2.79	5.06	3.86	3.14	1.83	2.01	2.67	0.75
48 鱼粉	60.2	4.72	1.64	0.52	2.57	2.68	4.80	3.57	3.17	1.71	1.96	2.35	0.70
49 鱼粉	53.5	3.87	1.39	0.49	2.51	2.30	4.30	3.24	2.77	1.29	1.70	2.22	0.60
50 血粉	82.8	6.67	0.74	0.98	2.86	0.75	8.38	2.99	6.08	4.40	2.55	5.23	1.11
51 羽毛粉	77.9	1.65	0.59	2.93	3.51	4.21	6.78	5.30	6.05	0.58	1.79	3.57	0.40
52 皮革粉	74.7	2.18	0.80	0.16	0.71	1.06	2.53	4.45	1.91	0.40	0.63	1.56	0.50
53 肉骨粉	45.0	2.20	0.53	0.26	1.58	1.70	2.90	2.70	2.40	1.50	—	1.80	0.18
54 肉粉	54.0	3.07	0.80	0.60	1.97	1.60	3.84	3.60	2.66	1.14	1.40	2.17	0.35

续表

饲料名称	粗蛋白质 CP (%)	赖氨酸 Lys (%)	蛋氨酸 Met (%)	胱氨酸 Cys (%)	苏氨酸 Thr (%)	异亮氨酸 Ile (%)	亮氨酸 Leu (%)	精氨酸 Arg (%)	缬氨酸 Val (%)	组氨酸 His (%)	酪氨酸 Tyr (%)	苯丙氨酸 Phe (%)	色氨酸 Trp (%)
55 苜蓿草粉	19.1	0.82	0.21	0.22	0.74	0.68	1.20	0.78	0.91	0.39	0.58	0.82	0.43
56 苜蓿草粉	17.2	0.81	0.20	0.16	0.69	0.66	1.10	0.74	0.85	0.32	0.54	0.81	0.37
57 苜蓿草粉	14.3	0.60	0.18	0.15	0.45	0.58	1.00	0.61	0.58	0.19	0.38	0.59	0.24
58 啤酒糟	24.3	0.72	0.52	0.35	0.81	1.18	1.08	0.98	1.66	0.51	1.17	2.35	—
59 啤酒酵母	52.4	3.38	0.83	0.50	2.33	2.85	4.76	2.67	3.40	1.11	0.12	4.07	2.08
60 乳清粉	12.0	1.10	0.20	0.30	0.80	0.90	1.20	0.40	0.70	0.20	—	0.40	0.20
61 牛奶乳糖	4.0	0.16	0.03	0.04	0.10	0.10	0.18	0.29	0.10	0.10	0.02	0.10	0.10

参考文献

[1] 张建平. 我爱我狗——宠物狗饲养与疾病防治. 上海：上海科学普及出版社，2003

[2] 韦旭斌，王哲. 大型名犬饲养与疾病. 长春：吉林科学技术出版社，2002

[3] 刘云，田文儒. 饲养繁殖训练与保健大全. 北京：中国农业出版社，2003

[4] 王培潮. 名犬饲养指南. 上海：上海科学技术出版社，2001

[5] 张建平. 我爱我猫——宠物猫饲养与疾病防治. 上海：上海科学普及出版社，2003

[6] 姚军虎. 动物营养与饲料. 北京：中国农业出版社，2004

[7] 胡万通. 膨化宠物饲料生产技术. 农村养殖技术，2002，10

[8] 李江. 英国等欧洲国家宠物食品市场一瞥. 河北畜牧兽医，2001，9

[9] 何大庆等. 浅谈宠物及其饲料市场。广东饲料．2003，2

[10] 李江. 英国等欧洲国家宠物食品市场一瞥（续）. 饲料广角，2001，2

[11] 张立波. 实用养犬大全. 北京：中国农业出版社，1993

[12] 马保臣，刘锡武. 世界宠物食品的概况及对中国宠物食品发展的思考. 饲料工业，2007，15

[13] 胡新旭，李尚坤. 如何宠爱你的猫狗——关于宠物食品和饲喂的知识. 动物保健，2004，7

[14] 郑宗林，黄朝芳. 猫狗的营养需求及饲料开发问题探讨. 饲料广角，2001，16

[15] 李焕江，李伟忠. 宠拘犬饲喂特点与日粮昀营养配制. 黑龙江畜牧兽医，2003，7

[16] 刘渊. 宠物饲料的开发与展望. 今日畜牧兽医，2005，11

[17] 杨久仙，宁金友. 动物营养与饲料加工. 北京：中国农业出版社，2005

[18] 佟建明. 饲料配方手册. 北京：中国农业大学出版社，2000

[19] 林德贵，董军. 宠猫训养. 北京：农村读物出版社，1999

[20] 夏兆飞. 最新养狗手册. 北京：中国农业科技出版社，2001

[21] 杨凤. 动物营养学. 北京：中国农业出版社，2000

[22] 沈同，王镜岩. 生物化学. 北京：高等教育出版社，1991

[23] 李德发，范石军. 饲料工业手册. 北京：农业大学出版社，2002

[24] （英）艾伦·爱德华兹著 唐姝瑶译. 家庭养狗大全. 哈尔滨：黑龙江科学技术出版社，2008

[25] （英）泰勒. 你和你的宠物养狗指南. 北京：中国友谊出版公司，2006

[26] 马衍忠. 猫病防治与护理——宠物疾病防治丛书. 天津：天津科学技术出版社，2005

[27] 贝基·J. 拉特克. 小小动物园. 北京：商务印书馆，2004

[28] 潘宗生. 宠物100——猫. 北京：中国林业出版社，2003

[29] 和田. 宠物100——狗. 北京：中国林业出版社，2003

[30] 王祥生. 爱犬训养与疾病防治大全 北京：中国农业出版社，2001.7

[31] （德）乌特-克利斯汀 施玛福斯，布里基特 哈瑞斯著. 狗. 周慧，石兴玲译. 济南：山东科学技术出版社，2003

[32] 孙丽丽. 家庭宠物狗. 北京：海潮出版社，2000

[33] 韦旭斌，王哲. 大型名犬饲养与疾病. 长春：吉林科学技术出版社，2002

[34] 王尔茂. 食品营养与卫生. 北京：中国轻工业出版社，1995

[35] 中央农业广播电视学校组编. 家畜饲养学. 北京：中国农业出版社，1997

[36] 关爱江. 鱼类营养与饲料学. 成都：电子科技大学出版社，1998

［37］匡庸德等编译．家养观赏鱼．广州：广东科技出版社，1991

［38］王占海等．观赏鱼欣赏与饲养．上海：上海书店出版社，2001

［39］王培潮．观赏鱼饲养指南．上海：上海科学技术文献出版社，1997

［40］吴遵霖．鱼类营养与配合饲料．北京：农业出版社，1990

［41］魏清河．水产动物营养与饲料．北京：中国农业出版社，2002

［42］何文辉．家庭观赏鱼饲养．上海：上海科学技术出版社，2003

［43］齐广海．饲料配制技术手册．北京：中国农业出版社，2000

［44］周家春．食品工艺学．北京：化学工业出版社，2003

［45］肖旭霖．食品加工机械与设备．北京：中国轻工业出版社，2000

［46］曹康．现代饲料加工技术．上海：上海科学技术文献出版社，2003

［47］中华人民共和国国家标准，肉类罐头卫生标准（GB 13100—2005）

［48］中华人民共和国国家标准，膨化食品卫生标准（GB 17041—2003）

［49］单安山．饲料配制大全．北京：中国农业出版社，2005

［50］李爱杰．水产动物营养与饲料学．北京，中国农业出版社，1996

［51］中华人民共和国国家标准，淀粉制品卫生标准（GB 2713—2003）

［52］中华人民共和国国家标准，粮食卫生标准（GB 2715—2005）